测绘地理信息科技出版资金资助

# GNSS 多系统多频实时精密相对定位理论与方法

## Theory and Method Based on Multi-GNSS & Multi-frequency Precision Relative Positioning

谢建涛　郝金明　吕志伟　张康　著

U0251128

测绘出版社

·北京·

## 内容简介

本书立足于探讨和展现我国北斗系统在多频信号体制方面的优势,对基于多频组合的实时精密相对定位理论与方法进行了介绍,并通过与其他全球导航卫星系统进行联合定位,拓展了多系统组合定位算法在中长基线实时解算方面的应用。主要内容涉及多频周跳实时探测与修复、多频观测线性组合理论、多频多系统短基线与中长基线实时动态解算模型介绍及实验分析,重点对多系统联合测姿这一重要应用进行了详细阐述。

本书可为高等院校测量工程、导航工程等专业高年级本科生或研究生,以及从事全球导航卫星多系统多频组合定位研究的科研人员和工程技术人员提供参考。

**图书在版编目(CIP)数据**

GNSS多系统多频实时精密相对定位理论与方法/谢建涛等著. 一北京:测绘出版社,2019.7

ISBN 978-7-5030-4250-8

Ⅰ.①G… Ⅱ.①谢… Ⅲ.①卫星导航－全球定位系统－研究 Ⅳ.①P228.4

中国版本图书馆 CIP 数据核字(2019)第 153637 号

| 责任编辑 | 李 莹 | 执行编辑 | 刘 策 | 封面设计 | 李 伟 | 责任校对 | 孙立新 |
|---|---|---|---|---|---|---|---|
| **出版发行** | 测绘出版社 | | | **电 话** | 010－83543965(发行部) | | |
| **地　址** | 北京市西城区三里河路 50 号 | | | | 010－68531609(门市部) | | |
| **邮政编码** | 100045 | | | | 010－68531363(编辑部) | | |
| **电子信箱** | smp@sinomaps.com | | | **网　址** | www.chinasmp.com | | |
| **印　刷** | 北京建筑工业印刷厂 | | | **经　销** | 新华书店 | | |
| **成品规格** | 169mm×239mm | | | | | | |
| **印　张** | 12　彩插4 | | | **字　数** | 232 千字 | | |
| **版　次** | 2019 年 7 月第 1 版 | | | **印　次** | 2019 年 7 月第 1 次印刷 | | |
| **印　数** | 001－800 | | | **定　价** | 58.00 元 | | |
| **书　号** | ISBN 978-7-5030-4250-8 | | | | | | |

本书如有印装质量问题,请与我社门市部联系调换。

# 前　言

　　近些年来,世界几大国家和组织如美国、俄罗斯、欧盟等都在加快发展、建设各自的导航卫星系统,使得全球导航卫星系统(global navigation satellite system, GNSS)逐步迈入基于多个导航频率多个 GNSS 系统联合定位的新时代,因此,单一的全球定位系统(global positioning system, GPS)定位模式逐步被多系统多频 GNSS 定位所代替已成新趋势。而作为目前唯一能够实现多频 RTK 定位的GNSS 系统,北斗卫星导航系统(BDS)三频载波相位组合的应用将进一步改善周跳的实时探测与修复的可靠性并提高模糊度解算的成功率,能够极大推动 GNSS产业向前发展。本书就 GNSS 多系统多频精密相对定位的理论与方法,对相关知识和理论进行详细的介绍。

　　本书共分为 8 章。第 1 章 GNSS 多系统多频 RTK 技术现状与发展,简要介绍 GNSS 系统的进展和现状,系统总结相关问题的研究现状。第 2 章 GNSS 精密相对定位数学模型,介绍 GNSS 的基本观测模型、GNSS 多频观测量线性组合理论以及非线性模型参数估计方法和混合整数最小二乘估计方法。第 3 章 RTK 定位误差源及多系统组合时空基准统一,介绍 RTK 定位中存在的误差源以及多系统组合定位时空基准统一方法。第 4 章快速模糊度解算方法,介绍几种常用的模糊度固定解估计方法、模糊度固定解可靠性检验方法、经典 TCAR 算法和综合TCAR 算法。第 5 章周跳实时探测与修复,介绍周跳的起因、经典处理方法、两种基于 BDS 的多频周跳实时探测与修复模型。第 6 章短基线 RTK,介绍短基线BDS 三频无几何解算模型,BDS/GPS 以及 BDS/GLONASS 组合单频 RTK、双频以及多频 RTK 的数学模型,介绍 GLONASS 观测量频间偏差对模糊度解算造成的不利影响以及修正方法。第 7 章中长基线 RTK,介绍基于几何的 BDS 优化TCAR 算法以及适用于 BDS 中长基线模糊度解算的无电离层无几何 TCAR 模型,介绍两种基于 BDS 三频和 GPS 双频观测的中长基线组合 RTK 处理模型。第 8 章 GNSS 多系统姿态测量,分别就姿态表征方法、GNSS 姿态参数估计的模型、附加固定基线长度约束的模糊度解算方法、GNSS 基线网三维无约束平差以及多 GNSS 组合姿态测量的性能评估指标进行详细的介绍。

　　本书由谢建涛、郝金明、吕志伟、张康共同著写,由谢建涛统稿。在著写过程中,刘伟平博士、于合理博士、田英国博士提出了大量宝贵的意见和无私的帮助,在此一一表示感谢。

　　本书可作为大专院校测量工程、导航工程等相关专业的教材,也可以作为有关专业技术人员的参考书。

　　由于笔者水平有限,书中难免会有不准确甚至错误之处,敬请读者批评指正。

# 目 录

# CONTENTS

# 第1章 GNSS 多系统多频 RTK 技术现状与发展

近些年来,世界几大国家和组织如美国、俄罗斯、欧盟等都在加快发展、建设各自的导航卫星系统,使得全球导航卫星系统(global navigation satellite system,GNSS)逐步迈入基于多个导航频率多个 GNSS 系统联合定位的新时代,由此,单一的全球定位系统(global positioning system,GPS)定位模式逐步被多系统多频GNSS 定位所代替已成新趋势。

相较于单系统模式定位,多系统组合定位可以成倍地提高卫星可用数量,改善卫星几何分布,提高卫星导航定位结果的可靠性、可用性、精确性以及导航系统本身的自主完备性(receiver autonomous integrity monitoring,RAIM),弥补单一系统在某些情况下无法定位的缺陷。

多个频率的观测模式有利于形成多种特性较优的线性组合,从而给模糊度快速解算创造了有利条件。在进行多频模糊度解算时,最为经典的是 TCAR(triple carriers ambiguity resolution)法和 CIR (cascade integer resolution)法。这两种方法基本思路是相同的,均是通过采用具有低噪声、长波长以及其他弱观测误差的组合观测量,依次固定超宽巷(extra wide lane,EWL)、宽巷(wide lane,WL)和窄巷(narrow lane,NL)模糊度参数,最后计算得到原始载波观测量的模糊度参数。通常而言,这两种方法其模糊度解算可获得较高的成功率,这是多频观测相较于双频观测的优势所在。

作为目前唯一能够实现多频实时动态(real time kinematic,RTK)定位的GNSS 系统,北斗卫星导航系统(BeiDou navigation satellite system,BDS)三频载波相位组合应用将进一步改善周跳的实时探测与修复的可靠性以及提高模糊度解算的成功率,能够极大体现北斗卫星导航系统自身的巨大优势。因此,研究 GNSS多系统多频精密相对定位理论与方法,不仅对多个 GNSS 条件下高精度导航定位服务具有重要意义,对于北斗卫星导航系统在高精度测量领域的产业化推广也具有重要意义。

## §1.1 GNSS 系统进展和现状

GNSS 是能在地球表面或近地空间的任何地点为用户提供全天候的三维坐标和速度以及时间信息的空基无线电导航定位系统(Hofmann et al,2008)。GNSS泛指全球范围内的导航卫星系统,是一个综合性概念,涵盖了全球导航卫星系统、广域增强系统(即星基增强系统)和区域系统三者。目前来看,卫星导航定位技术推动了大地测量与导航定位领域的全新发展,并最终取代了地基无线电导航、天文测量导航和传统大地测量定位技术。

鉴于卫星导航系统在政治、经济、军事等各个领域都具有重要的战略意义,目前世界范围内的几个主要经济体和军事大国都在不遗余力地研发、建设拥有独立自主能力的导航卫星系统。预计在 2020 年之前,全球范围内投入运营以及建成的全球系统有 4 个:GPS(美国)、GLONASS(俄罗斯)、BDS(中国)以及 Galileo(欧洲)。其中,GPS 和 GLONASS 目前已经实现全球覆盖运营,BDS 已投入区域运营服务,而 Galileo 正在建设当中。预计在 2020 年前后,BDS 和 Galileo 将实现向全球提供服务。目前,GPS、GLONASS、BDS 和 Galileo 概况如下。

表 1.1　GPS、GLONASS、BDS 和 Galileo 系统现状

| 系统 | 卫星 | 信号 | 卫星数 |
|---|---|---|---|
| GPS | ⅡA | L1 C/A,L1/L2 P(Y) | 4 |
| | ⅡR-A/B | L1C/A,L1/L2 | 12 |
| | ⅡR-M | +L2C | 7 |
| | ⅡF | +L5 | 12 |
| GLONASS | M | L1/L2 C/A+P | 27 |
| | K | +L3 | 2 |
| BDS | GEO | B1,B2,B3 | 6 |
| | IGSO | B1,B2,B3 | 5 |
| | MEO | B1,B2,B3 | 9 |
| Galileo | IOV | E1,(E6),E5a/b/ab | 4 |
| | FOC | E1,(E6),E5a/b/ab | 8 |

除了上述 4 大全球导航卫星系统外,GNSS 还包括增强系统和区域系统。其中,增强系统有美国的广域增强系统、俄罗斯的差分修正检测系统、欧洲的伽利略导航重叠系统、中国的星基增强系统、日本的 MASA,以及印度的 GAGAN。区域系统正在建设中的有印度的无线电导航系统和日本的准天顶卫星系统。

就目前来看,GNSS 呈现出不可逆转的发展趋势,其产业化、大众化特点也日益明晰。欧洲全球导航卫星系统管理局在 2015 年 3 月发布的《全球导航卫星系统(GNSS)市场报告》(第四版)中概要阐述了全球 GNSS 市场的最新进展,其分析的应用领域涵盖了位置服务、铁路、航运、农业、道路、航空、测绘和授时同步 8 个方面,报告同时对 2023 年前的发展趋势进行了预测。报告中还指出,2015 年全球在使用的 GNSS 设备数量达到了 40 亿部,呈全区域增长态势,并且从宏观来看,GNSS 应用处于智慧城市、多式联运物流、大数据以及物联网与机器对机器通信四大动态环境中。

今后卫星导航能够提供时间和空间位置服务的基础功能将进一步发扬光大

(曹冲,2013),从 GPS 单系统时代到多 GNSS 兼容并存的新时代,将引领卫星导航体系的全球化和多模化发展。从以卫星导航应用为主导向到将定位、导航、授时以及移动通信和互联网等信息载体和技术相互融合的新阶段迅速转变,其技术手段和应用将进一步得到拓展,如利用 GNSS 反射信号获取目标信息的 GNSS-R 技术、GNSS 掩星技术、多种 GNSS 定位技术并用、多传感器融合定位以及多频多模联合定位技术等多个研究方向(宁津生 等,2013)。

未来几年,卫星导航系统将进入一个全新的阶段(刘基余,2008;陈俊勇,2010)。对于用户而言,将面临四大全球系统近百颗导航卫星并存且相互兼容的全新局面。丰富的导航信息可以提高卫星导航用户的可用性、精确性、完备性以及可靠性,但与此同时,也需要面对诸如卫星导航市场竞争、频率资源竞争、时间频率主导权竞争以及兼容和互操作争论等诸多问题(陈俊勇,2010)。因此,卫星导航系统的发展机遇与挑战并存。

### 1.1.1　GPS

GPS 由美国海军主导发展而来,是基于导航卫星系统发展起来的无线电导航定位系统。GPS 能够为用户提供高精度的三维坐标、速度和时间信息,具有全能性、全球性、全天候、连续性和实时性等诸多优点。

2014 年 2 月 20 日、5 月 16 日、8 月 1 日和 10 月 29 日,美国陆续将 4 颗 GPS-ⅡF 卫星成功送入太空。2015 年 3 月 26 日、7 月 19 日、11 月 4 日,第 9 颗、10 颗、11 颗 GPS-ⅡF 卫星发射成功。2016 年 2 月 6 日,第 12 颗也是最后一颗 GPS-ⅡF 卫星发射成功。GPS-ⅡF 卫星是 GPS 现代化卫星的主打卫星,在导航精确度、抗干扰性、使用寿命等诸多方面做了现代化改进和提高,并且支持软件系统在轨升级,此外,还加载了新的 L5 波段民用信号。

根据 GPS 现代化计划,2024 年前将完成 16 颗 GPS-ⅢB 卫星的发射,2030 年前将完成 16 颗 GPS-ⅢC 卫星的发射。

为了给全球用户提供高抗干扰、高定位精度和高安全可靠的服务,GPS 现代化进程将对空间段、地面段和用户段进行现代化升级改造,从而极大缓解了当前 GPS 存在的脆弱性问题。目前,第 3 代 GPS 研发工作正在顺利进行中,预计将在 20 年的时间内取代当前的 GPS-Ⅱ。第 3 代 GPS 不再采用现行的 6 轨道、24 颗卫星星座的结构和布局,而是选择全新的优化设计方案,计划用 33 颗 GPS-Ⅲ卫星构建成高椭圆轨道(high elliptical orbit,HEO)和地球静止轨道(geostationary orbit,GEO)相结合的新型 GPS 混合星座。此外,为达到导航信息更具完整性、精度和有效性更高的目的,还将在 GPS 第一导航定位信号上新增设一个伪噪声码(LIC 码),并为其他民用信号(LIC、L2C 和 L5)以及新的 M 码信号的生成提供便利。

## 1.1.2 GLONASS

GLONASS 是继 GPS 后的第 2 个全球卫星导航系统,由苏联国防部独立研制和控制。项目的运作开始于 1976 年,整个系统于 1995 年建成运行。

20 世纪 90 年代苏联的突然解体,GLONASS 在资金维护方面陷入了困境,导致其整个空间星座一度只有 8 颗卫星可用。随着经济的逐渐复苏,步入 21 世纪之后,随着俄罗斯的经济状况开始好转,GLONASS 的资金链得以维系并开展了现代化建设工作。在 2011 年底,GLONASS 历经 10 年瘫痪之后实现满星座运行。近些年来,俄罗斯加快了 GLONASS 系统现代化的步伐。2014 年 11 月 24 日,通过"一箭三星"同时将 3 颗 GLONASS-M 卫星成功送入预定轨道。2016 年 2 月 7 日,另一颗 GLONASS-M 卫星也发射升空。

GLONASS-K 卫星是俄罗斯生产的第 3 代全球导航系统卫星,它比第 2 代 GLONASS-M 卫星服役期限更长,从原来的 5~7 年延长至 10~12 年。首颗 GLONASS-K1 全球导航系统卫星已于 2011 年 2 月 26 日成功升空。2014 年 12 月 1 日,第 2 颗 GLONASS-K1 卫星发射成功。

为提高系统服务精度、拓展市场范围,俄罗斯通过加大国际合作力度,积极谋求在境外建设 GLONASS 地面监测站等措施,但总体来看,进展不太顺利,继 2013 年卫星"一箭三星"发射失败之后,2014 年系统又连遭史上最严重的两次故障。此外,与美国协商在其境内建站一事也遭对方坚决反对,但可喜的是先后与尼加拉瓜、越南和中国达成合作意向,在尼加拉瓜和越南各建 1 个 GLONASS 地面监测站,在中国建设 3 个 GLONASS 地面监测站(按数量对等原则,中国在俄境内建设 3 个北斗系统地面站)。

## 1.1.3 BDS

BDS 是由我国自主研发,完全具有独立运行能力的全球卫星导航系统。该系统在建设过程中分为两个大的阶段,分别为北斗一代系统和北斗二代系统。自 20 世纪 80 年代开始,出于国家经济建设和国防安全的需要,我国下定决心建设自己的北斗卫星导航系统。经过精密的筹划和不懈的努力,北斗卫星导航验证系统于 2003 年建成,也就是北斗一代系统。该系统由 3 部分组成:一是空间星座部分,由 4 颗地球静止轨道(GEO)卫星构成;二是地面控制部分;三是用户终端部分。作为双星定位系统,北斗一代系统实现了向中国及其周边地区提供有源定位服务。随着国家的不断发展,我国对卫星导航定位服务的需求也越来越大,这也为进一步提高北斗卫星导航系统的能力提出了迫切的要求。由此,我国又开始了北斗二代系统的建设工作。北斗二代系统的空间星座部分由 5 颗 GEO 卫星、30 颗中圆地球轨道(medium earth orbit,MEO)卫星组成。按照设计规划,这 30 颗 MEO 卫星分布在 3 个倾角为 55°、半径为 21 500 km 的轨道面上。北斗二代系统无论是导航方式还是覆盖范围,都和美国 GPS 有很多相似之处,并且保留了北斗一代系统的短报文通信和双向位置报告功能,这也是北斗同其他 GNSS 系统竞争的一个优势。

2007 年 2 月和 4 月两颗北斗二代卫星(一颗 GEO 卫星、一颗 MEO 卫星)的相继发射升空,揭开了北斗二代系统建设的序幕。经过一系列的努力,2012 年 12 月 27 日,我国的北斗卫星导航系统完成区域部署,正式向亚太周边地区提供无源定位、导航、授时服务。2013 年 12 月 27 日,我国正式发布了《北斗系统公开服务性能规范(1.0 版)》和《北斗系统空间信号接口控制文件(2.0 版)》两个系统文件。针对北斗卫星导航系统认可的航行安全通函,国际海事组织海上安全委员会于 2014 年 11 月 23 日进行了审议并获得通过,从而使得我国的北斗卫星导航系统取得了面向海事应用的国际合法地位,标志着北斗卫星导航系统正式成为全球无线电导航系统的组成部分。首颗新一代北斗导航卫星于 2015 年 3 月底发射进入预定轨道,这标志着我国的北斗卫星导航系统开始由区域运行走向全球部署。2015 年 7 月 25 日,搭载了两颗新一代北斗导航卫星的运载火箭发射升空。2015 年 9 月 30 日,第 20 颗北斗导航卫星在西昌卫星发射中心发射成功,这是第 4 颗新一代北斗导航卫星,并首次搭载了氢原子钟。2016 年 2 月和 3 月,第 21 颗、22 颗北斗导航卫星发射成功。按照计划,截止到 2020 年,我国将发射 35 颗北斗导航卫星以实现全球覆盖,达到满星座运行。

目前的北斗卫星导航系统建设工作已完成"三步走"战略的第二步,即实现向亚太周边地区提供卫星定位、导航和授时的区域系统功能。现在的北斗卫星导航系统正向着第三步,即截止到 2020 年实现全球满星座运行稳步迈进。

放眼世界,不难看出,目前全球卫星导航系统正处于一个齐头并进、高速发展的国际化时代,对于我国的北斗来讲,这既是机遇,也是挑战。面对机遇,北斗卫星导航系统最迫切需要做到的就是,在技术上要保证 GNSS 兼容互操作可交换,这不仅是国际合作的需要,更是我国 GNSS 产业和市场发展的迫切需要。就挑战而言,涉及市场份额、政策规范、观念约束以及技术突破等棘手问题有待解决。

### 1.1.4　Galileo

1999 年 2 月,欧洲委员会向世界公布了伽利略卫星导航系统(Galileo)计划,该系统是由欧盟研制和建立的全球卫星导航定位系统。系统的空间星座部分全部由 MEO 卫星组成,其中工作卫星 27 颗、备份卫星 3 颗。卫星星座分为 3 个轨道面,每个轨道面的倾角为 56°,高度为 23 616 km。2012 年 10 月,Galileo 系统进行了第 2 批次的发射任务,成功将两颗 MEO 卫星送入太空。作为世界上第一个基于民用的全球导航卫星定位系统,Galileo 系统的投入运行,将有利于用户获得更多的导航卫星信号,这将大幅改善导航定位的可用性和可靠性。Galileo 系统从 2011 年 10 月 21 日开始了其在轨验证阶段(IOV)。2012 年 10 月 12 日,全部的 4 颗 IOV 卫星已按照计划实现了在轨运行。该阶段的主要任务是对导航卫星和地面运控系统进行测试,以验证 Galileo 系统的可行性。2014 年 5 月 27 日, Galileo 第 4 颗在轨(IOV)卫星(GSAT0104)因电源突然中断,从而卫星 E1 信号关闭,尽管随后该信号立刻进行自动恢复,但很快其他两个频段电源也发生中断,最终使其未能得到恢复。

2014 年 8 月 22 日,欧盟采用联盟号火箭从欧洲航天发射场"一箭双星"发射第 5 颗和第 6 颗 Galileo 全面运行能力(FOC)卫星,但卫星未能顺利进入预定轨道。经过一系列的补救措施,两颗卫星的运行轨道被成功升高。2014 年 11 月底,第 5 颗 Galileo 卫星已开始发播 L5 导航信号,并先后展开了在轨测试活动。2015 年 3 月 28 日,第 7 颗和第 8 颗 Galileo 卫星搭乘俄罗斯"联盟"运载火箭发射升空。2015 年 9 月 11 日,第 9 颗和第 10 颗 Galileo 卫星发射成功并进入在轨测试。2015 年 12 月 17 日,第 11 颗和第 12 颗 Galileo 卫星发射成功。按照计划,至 2020 年,将完成 30 颗卫星星座的构建。投入使用后它将与 GPS 在 L1 和 L5 频点上实现兼容和互用。

# §1.2　相关技术研究现状

## 1.2.1　多频线性组合观测量

多频观测条件下,通过对原始观测量进行线性优化组合,可以得到许多具有优良特性的组合观测量,这些组合观测量具有长波长、弱电离层延迟、低噪声等特点,相较于双频组合观测量,在模糊度解算效率、周跳探测与修复可靠性等方面具有更大的优势。因此,随着 GNSS 多频信号的出现,很多学者相继对各种多频线性组合方案进行了大量的研究。王泽民等(2003)针对 Galileo 四频整数组合观测量的一般定义进行了研究,并根据相应的准则给出了一些特殊属性的线性组合方案以及其可能的应用范围。伍岳等(2006)分析了一些 GPS 三频相位组合观测量的定位精度。Simsky(2006)给出了一种三频无几何无电离层线性组合,并分析了其在模糊度解算与多路径误差提取方面的应用。Ji 等(2007)针对 Galileo 多频观测定义了一组最优组合观测量,并对其模糊度解算性能进行了分析。Richert 等(2007)针对 GPS 和 Galileo 三频观测条件,给出了一些实用的最优线性组合观测量,这些观测量在削弱或消除各种误差影响、降低计算量以及减小通信带宽等方面具有优良的特性,适用于不同基线长度、误差环境以及任务需求的 GPS 和 Galileo 定位。Cocard 等(2008)系统研究了 GPS 三频整系数线性组合,发现线性组合系数之和与 GPS 三频载波相位组合观测量误差特性密切相关。Feng(2008)提出的一种基于几何的 TCAR 模型中,针对由电离层延迟误差、对流层延迟误差、轨道误差以及观测噪声组成的特定观测环境,定义了 3 组最优 GPS 虚拟组合观测量。Urquhart(2009)分析了 GPS 和 Galileo 三频相位组合观测量在模糊度解算和提高定位精度方面可能带来的优势。Zhang 等(2015)从几何角度对无电离层、最小噪声、消对流层 3 种优化策略之间的相互关系进行了分析,得到了适用于不同尺度基线的 BDS 三频载波相位线性组合观测量。

## 1.2.2　三频周跳实时探测与修复

周跳探测与修复是 GNSS 数据处理过程中的重要部分,因此,有效的周跳探测与修复算法在数据处理中不断应用与完善(申俊飞 等,2012)。目前载波相位精密导航定位中的周跳探测方法主要有码相组合法、电离层残差法、多普勒积分法以及历元间差分法(柯福阳 等,2013;付梦印 等,2010)。北斗卫星导航系统在体制上的最大创新在于率先实现了三频数据的播发。相比双频数据,三频数据能够形成更多更优的线性组合,其波长更长,观测噪声和电离层影响也更小,这些优良组合为周跳探测与修复提供了更多选择和帮助。

周跳的准确探测是整周模糊度正确参数化的前提(Xu,2003),而周跳的正确修复有利于减少整周模糊度参数的个数和增强 GNSS 定位模型的强度,进而可以提高整周模糊度解算的计算效率、收敛速度和可靠性。单频情况下,通常只能通过历元差几何模型来实时探测与修复周跳(Banville et al,2012;Carcanague, 2012)。双频情况下,通过双频无几何线性组合的方法可以实时探测与修复周跳(Liu, 2011),但充分利用卫星间几何约束信息的历元差进行周跳探测与修复的方法更为可靠(Banville et al, 2009;Zhang et al, 2012)。与双频无几何线性组合周跳探测与修复方法相比,三频无几何周跳探测与修复将更为可靠。Zhen 等(2009)提出一种实时的算法,用于探测和修复三频 GNSS 数据中的周跳值,并将该算法应用于单点定位数据处理中。Zhen 等(2009)提出的算法中应用两个无电离层线性组合以及 LAMBDA(least-squares AMBiguity clecorrelation adjustment)算法对周跳备选值进行搜索,并结合 GPS 三频实测数据进行周跳的探测与修复。Li 等(2010)将载波观测量和伪距观测量进行了组合,但探测效果受伪距噪声的影响,且这两种方法都未能充分考虑不同的历元间电离层延迟变化水平。黄令勇等(2012)通过北斗三频载波相位无几何组合探测和修复周跳,修复方法较为复杂。Li 等(2015)提出了一种三频电离层加权无几何周跳探测与修复方案。理论分析与实测数据测试表明:当电离层延迟变化先验值精度优于 0.02 m 时,如高采样率观测数据,三频电离层加权无几何周跳与修复方案可以实时可靠修复全部周跳。Zhao 等(2015a)通过给定电离层延迟变量的先验约束,依次对 EWL、WL 和 NL 上的周跳值进行了探测,并结合三频 BDS、GPS 以及 GALILEO 非差数据进行了实验分析,结果表明即使在电离层活跃状况下也能准确探测和修复周跳。黄令勇等(2015)针对电离层活跃期或磁暴发生时现有三频周跳探测方法难以正确探测与修复周跳的问题,借鉴双频 TurboEdit 思想,提出了能够削弱电离层延迟影响的三频 TurboEdit 方法。

### 1.2.3 多频模糊度解算方法

基于三频观测的 TCAR(three carrier ambiguity resolution)算法通过对原始载波相位观测量进行线性组合,可得到长波长、弱电离层延迟、弱观测噪声的最优虚拟观测量;按波长从长到短,依次固定超宽巷、宽巷和窄巷模糊度,可明显提高模糊度解算效率。TCAR 算法最早是由 Forssell 等(1997)提出来的,目的是针对欧洲的 GNSS-2 计划。后来 Vollath 等(1999)分析了各种误差源对 TCAR 算法解算结果的影响,并提出了顾及电离层延迟误差影响的综合 TCAR 方法。

CIR(cascade integer resolution)方法最初提出时针对的是 GPS 现代化后的三频模糊度解算问题。基于不同长度基线以及高完好性要求,Jung(1999)对 CIR 方法的性能进行了深入的分析。随后,鉴于双差电离层延迟残差对 CIR 方法影响较大的特点,Jung 等(2000)又提出了最优 CIR 方法,其思想是对电离层延迟空间梯度进行参数估计。

Hatch 等(2000)、Teunissen 等(1997,2002)也先后对 TCAR 算法和 CIR 算法进行了研究和分析。基于短基线条件下电离层延迟残差的影响可以忽略,Jonkman(1998)将 LAMBDA 算法应用于 GPS 双频无几何模糊度解算,结果表明模糊度瞬时解算成功率在单颗卫星情况下能达到 80%。随后,Han 等(1999)也对 LAMBDA 算法应用于无几何模型进行了研究,并对 GPS 新增民用信号对模糊度解算的影响进行了评估,最后给出了不同基线长度约束下 GPS 三频模糊度解算策略。针对几何模型下 TCAR 方法解算效果,Feng 等(2009)进行了研究,并同时利用无几何模型和几何模型以及两者组合得到的弱电离层延迟的虚拟观测量来实现中长基线条件下三频模糊度解算。

根据不同长度的基线,伍岳等(2007)给定对应的电离层延迟、对流层延迟、轨道误差、多路径和观测噪声的量级,通过综合分析这些误差的影响,得出了不同多频 GNSS 系统的最优组合并推荐了一种 TCAR 算法。

范建军等(2007)对不同噪声水平以及多路径情况下综合 TCAR 算法单历元模糊度解算误差进行了分析,认为单历元条件下,TCAR 算法第 2 步中宽巷模糊度较难固定是造成短基线三频模糊度固定成功率不高的主要因素,最后基于不同频率观测量模糊度之间的相互约束优化改进了综合 TCAR 算法,随后的研究中又利用模糊度参数得到固定的超宽巷以及宽巷组合反求电离层延迟量,用以改正窄巷观测值以提高单历元窄巷模糊度参数的固定成功率(伍岳 等,2007)。然而相关研究表明,采用模糊度参数得到固定的超宽巷和宽巷组合求得的电离层延迟事实上受到放大了的载波观测噪声的严重影响,将其对窄巷观测值进行改正反而会恶化单历元窄巷模糊度的求解。

Li 等(2010)基于半仿真 GPS 三频数据,通过采用两个模糊度固定的超宽巷组合与任一窄巷组合形成新的无电离层、无几何组合观测量,对中长基线 TCAR 算法进行了优化。Henkel 等于 2012 年提出一种通用多频组合方法,该方法将所有的多频伪距和载波信号进行优化组合,得到的组合观测量具有不同尺度比例的几何相关项、电离层延迟以及最低噪声水平。Wang 等(2013)通过两个无几何(geometry-free,GF)和无电离层(ionospheric free,IF)组合观测量对第 3 个线性无关的组合观测量进行了研究,并采用 GPS 和 Galileo 三频实测数据进行了分析。基于几何模型,Tang 等(2014)采用 TCAR 算法,通过将电离层延迟残差参数化,对 BDS 单历元三频 RTK 定位的性能进行了研究,结果表明即使对于长度为43 km 的静态基线,模糊度解算的成功率依然能够达到 94%,这充分体现了 BDS三频体制的巨大优势。

在北斗卫星导航系统"3 GEO+3 IGSO"区域星座配置条件下,Shi 等(2013)对北斗双频载波相位差分定位的精度进行了初步评估,Montenbruck 等(2013)则对北斗三频载波相位无几何解算模糊度的成功率和超短基线下的定位精度进行了分析。针对电离层延迟残差对经典 TCAR 算法的限制,Zhao 等(2015b)提出一种优化 TCAR 算法,该算法采用无几何模型,通过将各类观测量进行最优线性组合以降低电离层延迟残差对 WL 和 NL 模糊度固定的影响,得到了具有最低噪声的虚拟组合观测量,并基于实测 BDS 长基线数据与经典 TCAR 算法进行了比对分析。

### 1.2.4　多模数据融合技术

时间系统和坐标系统是导航定位的参考基准,任何形式的导航定位都是在一定的时间和坐标框架内进行。李鹤峰等(2013)给出了 BDS、GPS、GLONASS 三大系统间时空统一的转换模型和转换参数。由于系统间信号频率存在重叠,用户可以在系统间偏差(inter system biases,ISBs)得到事先改正的情况下充分利用所观测到的信息以获得最多的多余观测(Odijk et al,2013)。这就使得在对双差模糊度参数化时,不同的系统可以选择同一颗参考卫星组双差。基于 ISBs 改正后的观测数据,Odijk 等(2012)分析了 GPS 和 GIOVE (Galileo in-orbit validation element,GIOVE)混合单频 RTK 的性能,发现 GPS/GIOVE 混合单频模糊度解算的可靠性较单 GPS 情况下有很大改善,并进一步分析了 ISBs 的特性及其对 GPS和 Galieo 混合模糊度解算的影响。Odolinski 等(2015)对 BDS、Galileo、GPS 以及 QZSS(quasi-zenith satellite system)四大系统组合单频 RTK(B1＋E1＋L1)的性能进行了研究和分析,并重点对多系统叠加频点的组合效果进行了实验,进一步论证了多系统组合 RTK 的优势;同时表明,对于同一类型的接收机,Galileo(E1)、GPS(L1)以及 QZSS(L1)在短基线单频组合 RTK 中,其 ISBs 是完全可以忽略的。

鉴于 GLONASS 频分多址带来的不便,高星伟等(2004)给出了 GPS/GLONASS 联合相位差分的数学模型,并给出了一种模糊度解算方法。此外,Shi 等(2013)采用多次迭代的方法,每次固定 GLONASS 频率差异最小的一组双差模糊度,直至固定所有的双差模糊度参数。Yamada 等(2010)和 Al-Shaery 等(2013)的研究表明,在 GLONASS 通道间偏差得到准确标校的情况下,GPS/GLONASS 联合单历元双频 RTK 的性能较 GPS 单系统时有较大程度的提升。

随着我国北斗卫星导航系统区域星座部署完成,在亚太地区 BDS 和 GPS 联合定位可见卫星数达 20 颗(杨元喜 等,2011),因此 GPS/BDS 联合定位具有很好应用前景。杨元喜等(2011)在全球导航卫星系统(GNSS)兼容与互操作条件下,分析了全球导航定位定时用户的卫星可见性和精度衰减因子改善情况,以及 BDS 与 GPS、GLONASS 和 Galileo 多卫星导航系统组合模式下用户获得的收益。高星伟等(2012)对 GPS/BDS 组合相对定位的数学模型和时空基准统一问题进行了研究。基于双频数据,Deng 等(2014)通过采用几何模型依次固定宽巷模糊度和窄巷模糊度,对短基线 GPS/BDS 组合单历元 RTK 定位进行了研究,证明了就模糊度解算和定位精度而言,GPS/BDS 联合明显优于 GPS 单系统。He 等(2014)对 GPS/BDS 联合单频和双频单历元 RTK 定位性能进行了初步评估,并得出结论:GPS/BDS 联合单频 RTK 定位可实现瞬时初始化;BDS 双频 RTK 定位性能可与 GPS 相当;GPS/BDS 联合双频 RTK 定位可显著改善目前 GPS 单系统双频 RTK 定位在受遮挡环境(大高度截止角)下的模糊度解算性能。李金龙(2015)基于卡尔曼滤波模型对 GPS/BDS 组合多频数据进行处理,结果表明,若直接固定窄巷模糊度,BDS 三频数据相较于双频数据并无明显优势,且模糊度参数的增加也会带来很多计算量,造成很大的计算压力。Teunissen 等(2014)通过仿真和实测数据进一步分析了大高度截止角条件下的 GPS/BDS 联合单历元 RTK 的定位性能。Li 等(2015)就 GPS、GLONASS、BDS 和 Galileo 四大系统联合实时精密单点定位的精度和可靠性进行了研究。

# 第 2 章　GNSS 精密相对定位数学模型

本章首先介绍 GNSS 的基本观测模型;然后对 GNSS 多频观测量线性组合理论进行阐述和总结,在这一部分内容中,将详细了解多频组合的基本模型,认识各个系统中应用较多的几组最优虚拟组合观测量;最后分别对本书涉及的 3 个重要知识点——观测模型线性化、非线性模型参数估计方法以及混合整数最小二乘估计理论进行介绍。

## §2.1　GNSS 观测模型

从概念上讲,导航卫星系统的基本观测量是距离。距离是通过将接收到的信号与接收机自身产生的信号进行比较,得到时间差或相位差,进一步计算而得到的。导航卫星系统的信号由载波相位、测距码和导航电文 3 部分组成(周巍,2013)。目前,主要 GNSS 系统的信号信息如表 2.1 所示。

表 2.1　GPS、GLONASS、BDS 和 Galileo 的信号信息

| 系统 | 波段 | 频率/MHz | 波长/cm |
|---|---|---|---|
| BDS | B1 | 1 561.098 | 19.20 |
| BDS/Galileo | B2/E5b | 1 207.140 | 24.83 |
| BDS | B3 | 1 268.520 | 23.63 |
| QZSS,GPS/Galileo | L1/E1 | 1 575.420 | 19.03 |
| QZSS,GPS | L2 | 1 227.600 | 24.42 |
| QZSS,GPS/Galileo | L5/E5a | 1 176.450 | 25.48 |
| GLONASS | G1 | 1 602.000 | 18.70 |
| GLONASS | G2 | 1 246.000 | 24.10 |
| GLONASS | G3 | 1 204.704 | 24.90 |

## 2.1.1　原始观测量

GNSS 接收机在对卫星信号的采集、测量过程中一般会产生两种基本的原始观测量:伪距观测量和载波相位观测量,其表现形式如下所示(刘基余,2008)

$$P_{r,i}^s = \rho_r^s + c[\mathrm{d}t_r(t_r) - \mathrm{d}T^s(t^s)] + I_{r,i}^s + T_r^s + \mathrm{d}m_{r,i}^s + \varepsilon_P \qquad (2.1)$$

$$L_{r,i}^s = \rho_r^s + c[\mathrm{d}t_r(t_r) - \mathrm{d}T^s(t^s)] - I_{r,i}^s + T_r^s + \lambda_i N_{r,i}^s + \delta m_{r,i}^s + \varepsilon_L \qquad (2.2)$$

式中:$P$ 和 $L$ 分别表示伪距观测量和载波相位观测量(单位:m),$s$ 表示观测卫星,

$r$ 表示接收机，$i$ 表示观测信号的频点；$\rho_r^s$ 表示卫星到接收机之间的几何距离（单位：m）；$dt_r(t_r)$ 和 $dT^s(t^s)$ 分别表示接收机钟差和卫星钟差（单位：m）；$I_{r,i}^s = \dfrac{\alpha TEC}{f_i^2}$ 表示电离层延迟（单位：m），$\alpha$ 是一个常量，$TEC$ 为信号传播路径上的电子密度总量，$f_i$ 为观测信号的频率；$T_r^s$ 表示对流层延迟（单位：m）；$dm_{r,i}^s$ 和 $\delta m_{r,i}^s$ 分别表示伪距和载波相位观测量的多路径效应误差（单位：m）；$N_{r,i}^s$ 表示载波相位观测量的模糊度参数（单位：周）；$c$ 表示光在真空中的传播速度（单位：m/s）；$\varepsilon_P$ 和 $\varepsilon_L$ 分别表示伪距观测量和载波相位观测量的观测噪声（单位：m）。

### 2.1.2　差分观测量

观测量差分是指对不同测站的同类 GNSS 数据进行组合的方法。通过对观测量进行差分，可以消除或减弱部分误差的影响。从形式上来讲，差分的方式可以分为 3 种：单差、双差和三差。

#### 1. 单差观测量

单差观测量可以分为站间单差、星间单差以及历元间单差 3 种类型。对两个原始观测量组单差的方法，可以将原始观测量中包含的一些误差有效消除或者减弱。3 种单差的组差方式及特点如下所述。

（1）站间单差：在不同测站对同一颗卫星的同步观测值求差，可以消除卫星钟差的影响。

（2）星间单差：在同一测站对两颗卫星的同步观测值求差，可以消除接收机钟差的影响。

（3）历元间单差：在同一测站对同一卫星相邻两个历元的观测值求差，可以消除模糊度参数。

#### 2. 双差观测量

双差观测量是将同一观测历元两颗卫星的站间单差观测量或者两个测站的星间单差观测量作差，得到基于两颗卫星两个测站的双差观测量。

假设在 $A$ 和 $B$ 两点对卫星 $j$ 和 $k$ 同步观测，现引入如下约定

$$*_{A,B}^{j,k} = *_{A,B}^k - *_{A,B}^j = *_B^k - *_B^j - *_A^k + *_A^j \tag{2.3}$$

式中：$*$ 可用 $L$ 或 $P$ 替换，在双差方程中这些符号具体可以表述为

$$P_{A,B}^{j,k} = P_{A,B}^k - P_{A,B}^j = P_B^k - P_B^j - P_A^k + P_A^j \tag{2.4}$$

$$L_{A,B}^{j,k} = L_{A,B}^k - L_{A,B}^j = L_B^k - L_B^j - L_A^k + L_A^j \tag{2.5}$$

由于双差观测量消除了卫星钟差以及接收机钟差的影响，有效削弱了信号的对流层延迟和电离层延迟误差，因此被广泛应用于 GNSS 精密相对定位中。其中，双差观测量消除了接收机钟差的影响，这一假设是建立在同步观测以及信号频率相同的前提之上的。

### 3．三差观测量

将相邻两个历元的双差观测量求差，可以得到三差观测量，能够进一步消除与时间无关的模糊度参数的影响。假定卫星 $j$ 和 $k$ 的频率相同，即 $f_j = f_k$，用 $t_1$ 和 $t_2$ 表示两个相邻的观测历元，将双差观测方程简化为

$$\left.\begin{aligned} L_{A,B}^{j,k}(t_1) &= \frac{1}{\lambda}\rho_{A,B}^{k}(t_1) + N_{A,B}^{j}(t_1) \\ L_{A,B}^{j,k}(t_2) &= \frac{1}{\lambda}\rho_{A,B}^{k}(t_2) + N_{A,B}^{j}(t_2) \end{aligned}\right\} \tag{2.6}$$

将两个双差方程相减可以得到三差方程

$$L_{A,B}^{j,k}(t_1) - L_{A,B}^{j,k}(t_2) = \frac{1}{\lambda}\left[\rho_{A,B}^{k}(t_1) - \rho_{A,B}^{k}(t_2)\right] + N_{A,B}^{j}(t_1) - N_{A,B}^{j}(t_2) \tag{2.7}$$

进一步简化为

$$L_{A,B}^{j,k}(t_{12}) = \frac{1}{\lambda}\rho_{A,B}^{k}(t_{12}) + N_{A,B}^{j}(t_{12}) \tag{2.8}$$

可以看到，电离层和对流层延迟误差被消除，如果没有周跳，$N_{A,B}^{j}(t_{12})=0$。因此式(2.8)也可用于周跳探测，通过三差处理，使得周跳以粗差的形式出现。

## 2.1.3　组合观测量

观测量组合是指对同一测量点同一接收机单个 GNSS 系统的观测量进行组合，该观测量通常情况下包括伪距、载波以及多普勒值。通过不同的组合方式，可以得到具有不同特性的组合观测量，从而有利于解决某些 GNSS 问题。以双频观测为例，对常用的几种组合观测量进行介绍。

### 1．无电离层组合

载波相位-相位和伪距-伪距无电离层组合可表示为(许国昌，2011)

$$\lambda L = \frac{f_1^2 \lambda_1 L_1 - f_2^2 \lambda_2 L_2}{f_1^2 - f_2^2} = \lambda(f_1 L_1 - f_2 L_2) \tag{2.9}$$

$$P = \frac{f_1^2 P_1 - f_2^2 P_2}{f_1^2 - f_2^2} \tag{2.10}$$

式中：$L$、$\lambda$、$P$ 分别为载波组合观测量及其波长，以及伪距组合观测量；$f$ 为原始载波的频率。由此，组合观测量的方程可以写为

$$\lambda L = \rho - (\delta t_r - \delta t_k)c + \lambda N + \delta_{\text{trop}} + \delta_{\text{tide}} + \delta_{\text{rel}} + \varepsilon_{pc} \tag{2.11}$$

$$P = \rho - (\delta t_r - \delta t_k)c + \delta_{\text{trop}} + \delta_{\text{tide}} + \delta_{\text{rel}} + \varepsilon_{cc} \tag{2.12}$$

式中：$\delta t_r$ 和 $\delta t_k$ 表示接收机和卫星钟差；$\delta_{\text{trop}}$、$\delta_{\text{tide}}$ 和 $\delta_{\text{rel}}$ 分别表示对流层、潮汐和相对论效应。由此得到的载波组合观测量的模糊度参数以及波长为

$$\left.\begin{aligned} N &= f_1 N_1 - f_2 N_2 \\ \lambda &= \frac{c}{f_1^2 - f_2^2} \end{aligned}\right\} \tag{2.13}$$

无电离层组合的优点是组合观测量不受一阶电离层延迟的影响,且其余项都得到保留。但是,组合之后的模糊度参数不再是整数,且组合观测量的噪声更大。

**2. 无几何组合**

相位-相位以及伪距-伪距无几何组合可表示为

$$\lambda_1 L_1 - \lambda_2 L_2 = \lambda_1 N_1 - \lambda_2 N_2 - \frac{A_1}{f_1^2} + \frac{A_1}{f_2^2} + \Delta\varepsilon_p \tag{2.14}$$

$$P_1 - P_2 = \frac{A_1}{f_1^2} - \frac{A_1}{f_2^2} + \Delta\varepsilon_c \tag{2.15}$$

式中:$A_1$ 表示信号传播路径方向上的总电子容量。无几何组合不受卫星与接收机间几何距离相关项的影响,保留了电离层延迟项和模糊度参数。

**3. 标准相位-伪距组合**

通常而言,标准相位-伪距组合用于解算宽巷模糊度参数(Hofmann et al, 2008)。其公式推导如下

$$L_w - \frac{P_1}{\lambda_1} + \frac{P_2}{\lambda_2} = N_w - \frac{2A_1}{c}\left(\frac{1}{f_1} - \frac{1}{f_2}\right) \tag{2.16}$$

式中:$L_w = L_1 - L_2$,$N_w = N_1 - N_2$,分别表示宽巷观测量和模糊度参数;$c$ 为光速,这里省略了误差项,$c = \lambda_1 f_1 = \lambda_2 f_2$;$A_1$ 为电离层参数,表示为

$$A_1 = (P_1 - P_2)\frac{f_1^2 f_2^2}{f_2^2 - f_1^2} \tag{2.17}$$

将式(2.16)和式(2.17)合并得到

$$N_w = L_w - \frac{f_1 - f_2}{f_1 + f_2}\left(\frac{P_1}{\lambda_1} + \frac{P_2}{\lambda_2}\right) \tag{2.18}$$

式(2.18)是利用标准相位和伪距观测量计算宽巷模糊度最常用的公式。

# §2.2  GNSS 多频观测量线性组合理论

多频条件下,通过对原始载波相位观测量进行线性组合,可得到长波长、弱电离层延迟、弱观测噪声的最优虚拟观测量,按波长从长到短,依次固定超宽巷、宽巷和窄巷模糊度,可明显提高模糊度解算效率以及历元间周跳实时探测与修复的可靠性。

## 2.2.1  GNSS 多频组合基本模型

基于三频数据的双差组合观测量可描述为(Feng,2008)

$$\Delta P_{(i,j,k)} = \frac{if_1 \Delta P_1 + jf_2 \Delta P_2 + kf_3 \Delta P_3}{if_1 + jf_2 + kf_3} \tag{2.19}$$

$$\Delta \phi_{(i,j,k)} = \frac{if_1 \Delta \phi_1 + jf_2 \Delta \phi_2 + kf_3 \Delta \phi_3}{if_1 + jf_2 + kf_3} \tag{2.20}$$

$$\Delta \varphi_{(i,j,k)} = i \Delta \varphi_1 + j \Delta \varphi_2 + k \Delta \varphi_3 \tag{2.21}$$

式中：$\Delta$ 表示双差运算；组合系数 $(i,j,k)$ 为整数；$\Delta P$、$\Delta \phi$ 表示以 m 为单位的双差伪距和载波相位观测量；$\Delta \varphi$ 表示以"周"为单位的双差载波相位观测量。组合之后的虚拟载波频率及其对应的波长和整周模糊度分别定义为

$$f_{(i,j,k)} = if_1 + jf_2 + kf_3 \tag{2.22}$$

$$\lambda_{(i,j,k)} = \frac{c}{if_1 + jf_2 + kf_3} \tag{2.23}$$

$$\Delta N_{(i,j,k)} = i \Delta N_1 + j \Delta N_2 + k \Delta N_3 \tag{2.24}$$

组合观测量的一阶电离层延迟尺度因子（ISF）$\beta_{(i,j,k)}$ 和载波噪声因子（PNF）$\mu_{(i,j,k)}$ 分别表示为

$$\beta_{(i,j,k)} = \frac{f_1^2 (i/f_1 + j/f_2 + k/f_3)}{if_1 + jf_2 + kf_3} \tag{2.25}$$

$$\mu_{(i,j,k)}^2 = \frac{(if_1)^2 + (jf_2)^2 + (kf_3)^2}{(if_1 + jf_2 + kf_3)^2} \tag{2.26}$$

对于 BDS，考虑 3 个伪距观测量不同的噪声水平，假设 $\sigma_{\Delta P_1} = \sigma_{\Delta P_2} = \sigma_{\Delta P}$，$\sigma_{\Delta P_3} = n\sigma_{\Delta P}$。 对应的伪距组合观测量的 PNF 表示为

$$\mu_{(i,j,k),P}^2 = \frac{(if_1)^2 + (jf_2)^2 + (knf_3)^2}{(if_1 + jf_2 + kf_3)^2} \tag{2.27}$$

组合之后的双差伪距和载波观测量表示为

$$\Delta P_{(i,j,k)} = \Delta \rho + \Delta \delta_{orb} + \Delta \delta_{trop} - \beta_{(i,j,k)} \Delta \delta I_1 + \varepsilon_{\Delta P_{(i,j,k)}} \tag{2.28}$$

$$\Delta \phi_{(i,j,k)} = \Delta \rho + \Delta \delta_{orb} + \Delta \delta_{trop} - \beta_{(i,j,k)} \Delta \delta I_1 - \lambda_{(i,j,k)} \Delta N_{(i,j,k)} + \varepsilon_{\Delta \phi_{(i,j,k)}} \tag{2.29}$$

式中：$\Delta \rho$、$\Delta \delta_{trop}$ 和 $\Delta \delta_{orb}$ 分别表示双差星地几何距离、双差对流层延迟误差和双差轨道误差；$I_1$ 表示载波 L1 上的电离层延迟量；$\varepsilon_{\Delta \phi_{(i,j,k)}}$、$\varepsilon_{\Delta P_{(i,j,k)}}$ 表示双差载波和伪距组合观测量的测量噪声。组合之后的载波观测量（单位：周）和伪距观测量（单位：m）的总噪声水平（TNL）表示为

$$\sigma_{T,\phi} = \frac{\sqrt{\beta_{(i,j,k)}^2 \Delta \delta I_1^2 + \Delta \delta_{orb}^2 + \Delta \delta_{trop}^2 + \mu_{(i,j,k)}^2 \sigma_{\Delta \varphi}^2}}{\lambda_{(i,j,k)}} \tag{2.30}$$

$$\sigma_{T,P} = \sqrt{\beta_{(i,j,k)}^2 \Delta \delta I_1^2 + \Delta \delta_{orb}^2 + \Delta \delta_{trop}^2 + \mu_{(i,j,k)}^2 \sigma_{\Delta P}^2} \tag{2.31}$$

## 2.2.2　最优多频组合观测量

基于原始观测量的线性组合依据其虚拟波长的差异可分为 EWL、WL 和 NL

组合。大多数的线性组合由于其较短的波长、较大的电离层延迟以及较高的测量噪声而不适用于模糊度解算。近些年来,国内外的许多学者都对适用于模糊度解算的三频载波观测最优线性组合进行了研究,得出了一些较优的虚拟组合观测量,如表 2.2 所示。

表 2.2　不同线性组合观测量特性

| $(i,j,k)$ | $\lambda_{(i,j,k)}$/m | $\beta_{(i,j,k)}$ | $\mu_{(i,j,k)}$ |
|---|---|---|---|
| BDS | | | |
| $(0,1,-1)$ | 4.884 2 | $-1.591\ 5$ | 28.528 7 |
| $(1,-5,4)$ | 6.370 7 | 0.652 1 | 172.613 5 |
| $(1,0,-1)$ | 0.847 0 | $-1.293\ 2$ | 5.575 2 |
| $(1,-1,0)$ | 1.024 7 | $-1.230\ 6$ | 6.875 1 |
| $(2,-1,0)$ | 0.161 7 | 0.647 9 | 1.818 |
| $(4,0,-3)$ | 0.101 4 | 0.071 6 | 2.752 |
| GPS/QZSS | | | |
| $(0,1,-1)$ | 5.861 | $-1.718\ 6$ | 33.24 |
| $(1,-5,4)$ | 2.092 3 | $-0.661\ 6$ | 55.11 |
| $(1,0,-1)$ | 0.751 4 | $-1.339\ 1$ | 4.93 |
| $(1,-1,0)$ | 0.861 9 | $-1.283\ 3$ | 5.74 |
| $(2,-1,0)$ | 0.155 9 | 0.587 1 | 1.758 3 |
| $(4,0,-3)$ | 0.108 1 | $-0.009\ 9$ | 2.605 5 |

以 GPS 为例,对于不同的误差水平,相应的总噪声如表 2.3 所示。

表 2.3　不同载波线性组合观测量的总噪声水平($\sigma_{\Delta\varphi}=0.5$ cm)　单位:周

| 组合 | $\Delta\delta I_1=10$ cm<br>$\Delta\delta_{\text{trop}}=5$ cm<br>$\Delta\delta_{\text{orb}}=1$ cm | $\Delta\delta I_1=20$ cm<br>$\Delta\delta_{\text{trop}}=10$ cm<br>$\Delta\delta_{\text{orb}}=2$ cm | $\Delta\delta I_1=100$ cm<br>$\Delta\delta_{\text{trop}}=15$ cm<br>$\Delta\delta_{\text{orb}}=8$ cm |
|---|---|---|---|
| $\Delta\phi_{(0,1,-1)}$ | 0.042 | 0.067 | 0.297 |
| $\Delta\phi_{(1,-6,5)}$ | 0.160 | 0.163 | 0.174 |
| $\Delta\phi_{(1,-5,4)}$ | 0.138 | 0.154 | 0.358 |
| $\Delta\phi_{(1,-1,0)}$ | 0.164 | 0.322 | 1.510 |
| $\Delta\phi_{(1,0,0)}$ | 0.590 | 1.180 | 5.376 |
| $\Delta\phi_{(2,-1,0)}$ | 0.502 | 0.999 | 4.012 |
| $\Delta\phi_{(2,0,-1)}$ | 0.486 | 0.968 | 3.752 |
| $\Delta\phi_{(4,-3,0)}$ | 0.468 | 0.913 | 2.044 |
| $\Delta\phi_{(4,0,-3)}$ | 0.487 | 0.951 | 1.998 |
| $\Delta\phi_{(5,-4,0)}$ | 0.532 | 1.031 | 2.249 |

表 2.3 中,假定双差原始载波观测噪声为 0.5 cm,针对双差电离层延迟 $\Delta\delta I_1$、双差对流层延迟 $\Delta\delta_{\text{trop}}$,以及双差轨道误差 $\Delta\delta_{\text{orb}}$ 的两组不同误差水平,给出不同

载波线性组合观测量的总噪声水平(单位:周)。所有的虚拟组合信号相较于其虚拟波长,其电离层延迟影响都相对较小,但是,当采用基于几何的观测模型时,其对流层延迟的影响是不变的。

当采用基于几何的观测模型时,必须采用至少 3 个以上的双差之后的伪距观测量或者模糊度固定的载波相位观测量来解算位置坐标信息。低噪声(单位:m)的伪距观测量以及模糊度固定的载波相位观测量可以为模型提供更强的约束,此时可以参考式(2.31)来选择最优的伪距观测量和载波相位观测量,对应于不同的误差水平,几组较优的伪距组合观测量以及载波相位组合观测量的总噪声水平如表 2.4 所示。

**表 2.4　不同载波线性组合观测量的总噪声水平($\sigma_{\Delta\phi}=0.5\,\mathrm{cm}$,$\sigma_{\Delta P}=50\,\mathrm{cm}$)**

单位:m

| 组合 | $\Delta\delta I_1 = 10\,\mathrm{cm}$<br>$\Delta\delta_{\mathrm{trop}} = 5\,\mathrm{cm}$<br>$\Delta\delta_{\mathrm{orb}} = 1\,\mathrm{cm}$ | $\Delta\delta I_1 = 20\,\mathrm{cm}$<br>$\Delta\delta_{\mathrm{trop}} = 10\,\mathrm{cm}$<br>$\Delta\delta_{\mathrm{orb}} = 2\,\mathrm{cm}$ | $\Delta\delta I_1 = 100\,\mathrm{cm}$<br>$\Delta\delta_{\mathrm{trop}} = 15\,\mathrm{cm}$<br>$\Delta\delta_{\mathrm{orb}} = 8\,\mathrm{cm}$ |
|---|---|---|---|
| $\Delta P_{(1,1,1)}$ | 0.329 | 0.421 | 1.479 |
| $\Delta P_{(1,0,0)}$ | 0.512 | 0.548 | 1.139 |
| $\Delta P_{(1,1,0)}$ | 0.382 | 0.451 | 1.349 |
| $\Delta P_{(77,-60,0)}$ | 1.490 | 1.493 | 1.505 |
| $\Delta\phi_{(1,-1,0)}$ | 0.141 | 0.278 | 1.306 |
| $\Delta\phi_{(1,0,-1)}$ | 0.246 | 0.393 | 1.741 |
| $\Delta\phi_{(1,-6,5)}$ | 0.521 | 0.531 | 0.568 |
| $\Delta\phi_{(1,-5,4)}$ | 0.289 | 0.322 | 0.749 |

# §2.3　非线性模型方程线性化及参数估计

GNSS 观测方程可表示为(Xu,2003)

$$O = F(X_i, X_k, \delta t_i, \delta t_k, \delta_{\mathrm{ion}}, \delta_{\mathrm{trop}}, \delta_{\mathrm{tide}}, \delta_{\mathrm{rel}}, N_i^k, \delta_{\mathrm{rel\_f}}) \quad (2.32)$$

式中:$O$ 表示观测量;$F$ 是隐函数;$X_i$、$X_k$ 分别表示接收机和卫星的位置信息;$\delta t_i$、$\delta t_k$ 分别表示接收机钟差和卫星钟差;$\delta_{\mathrm{ion}}$、$\delta_{\mathrm{trop}}$、$\delta_{\mathrm{tide}}$ 和 $\delta_{\mathrm{rel}}$ 分别表示电离层、对流层、潮汐和相对论效应,潮汐效应包括地球潮汐和海水负荷潮汐效应;$N_i^k$ 表示模糊度参数;$\delta_{\mathrm{rel\_f}}$ 表示相对论效应频率改正数。

因此,GNSS 观测量是测站和卫星的状态矢量,若干物理效应和模糊度参数的函数。原则上,式(2.32)中的参数可以通过 GNSS 观测量解算出来。显然这里是非线性方程,其直接的数学解法是采用有效的搜索算法搜索最优解。对于非线性模型估计问题,主要有两大解决策略:①忽略高阶项或对高阶项进行逼近,将非线性函数线性化;②以采样方法近似非线性分布。总的来讲,解算非线性问题要比将该问题一阶线性化后再求解复杂得多。

通过伪距观测量进行单点定位得到的坐标作为近似值对 GNSS 载波相位和伪距观测方程一阶泰勒级数展开后,其造成的线性化误差可被忽略不计,所以 GNSS 数据处理时,一般忽略高阶项后将非线性函数线性化,例如扩展卡尔曼滤波算法和非线性最小二乘估计法。

## 2.3.1　观测模型线性化

可将式(2.32)这样的非线性多变量函数表示为

$$O = F(Y) = F(y_1, y_2, \cdots, y_n) \tag{2.33}$$

式中: $Y$ 为 $n$ 维矢量,线性化采用一阶泰勒展开

$$O = F(Y^0) + \frac{\partial F(Y)}{\partial Y} \mid Y^0 + \varepsilon(\mathrm{d}Y) \tag{2.34}$$

其中,

$$\left.\begin{array}{l} \dfrac{\partial F(Y)}{\partial Y} = \begin{bmatrix} \dfrac{\partial F}{\partial y_1} & \dfrac{\partial F}{\partial y_2} & \cdots & \dfrac{\partial F}{\partial y_n} \end{bmatrix} \\[3mm] \mathrm{d}Y = Y - Y^0 = \begin{bmatrix} \mathrm{d}y_1 \\ \mathrm{d}y_2 \\ \vdots \\ \mathrm{d}y_n \end{bmatrix} \end{array}\right\} \tag{2.35}$$

式中:符号 $\mid Y^0$ 表示偏导数 $\dfrac{\partial F(Y)}{\partial Y}$ 在 $Y = Y^0$ 处的取值; $\varepsilon$ 为截断误差,它是二阶偏导和 $\mathrm{d}Y$ 的函数; $Y^0$ 是初始矢量。则式(2.35)变为

$$O - C = \begin{bmatrix} \dfrac{\partial F}{\partial y_1} & \dfrac{\partial F}{\partial y_2} & \cdots & \dfrac{\partial F}{\partial y_n} \end{bmatrix}_{Y^0} \begin{bmatrix} \mathrm{d}y_1 \\ \mathrm{d}y_2 \\ \vdots \\ \mathrm{d}y_n \end{bmatrix} + \varepsilon \tag{2.36}$$

式中: $C = F(Y_0)$ 。观测误差和截断误差用 $v$ 表示, $O - C$ 用 $l$ 表示,偏导数 $\dfrac{\partial F}{\partial y_j} \mid Y^0 = a_j$ ,则式(2.36)可以变为

$$l_i = \begin{bmatrix} a_{i1} & a_{i2} & \cdots & a_{in} \end{bmatrix} \begin{bmatrix} \mathrm{d}y_1 \\ \mathrm{d}y_2 \\ \vdots \\ \mathrm{d}y_n \end{bmatrix} + v_i \quad i = 1, 2, \cdots, m \tag{2.37}$$

式中: $l$ 为平差观测量,或者 $O - C$ ; $j$ 和 $i$ 为未知参数和观测量的下标。式(2.37)

仅是一个线性误差方程,一组 GNSS 观测量组成的线性误差方程为

$$\begin{bmatrix} l_1 \\ l_2 \\ \vdots \\ l_m \end{bmatrix} = \begin{bmatrix} a_{11} & a_{12} & \cdots & a_{1n} \\ a_{21} & a_{22} & \cdots & a_{2n} \\ \vdots & \vdots & & \vdots \\ a_{m1} & a_{m2} & \cdots & a_{mn} \end{bmatrix} \begin{bmatrix} \mathrm{d}y_1 \\ \mathrm{d}y_2 \\ \vdots \\ \mathrm{d}y_n \end{bmatrix} + \begin{bmatrix} v_1 \\ v_2 \\ \vdots \\ v_m \end{bmatrix} \tag{2.38}$$

将式(2.38)表示为矩阵形式

$$\left. \begin{aligned} \boldsymbol{L} &= \boldsymbol{AX} + \boldsymbol{V} \\ \boldsymbol{X} &= \mathrm{d}\boldsymbol{Y} \end{aligned} \right\} \tag{2.39}$$

式中:$m$ 表示观测量维数。许多修正和滤波方法可用于对式(2.38)和式(2.39)进行解算。待求矢量是 $\boldsymbol{X}$,残差是 $\boldsymbol{V}$,观测矢量 $\boldsymbol{L}$ 的协方差为

$$\boldsymbol{Q}_{LL} = \mathrm{cov}(\boldsymbol{L}) = \sigma^2 \boldsymbol{E} \tag{2.40}$$

式中:$\boldsymbol{E}$ 为 $m$ 维单位矩阵;$\mathrm{cov}(\boldsymbol{L})$ 表示 $\boldsymbol{L}$ 的协方差。

只要待求矢量 $\mathrm{d}\boldsymbol{Y}$ 足够小,线性化效果就比较好。如果初始值精度较差,线性化过程就需要多次迭代,也就是说,不好的初始值需要根据求解处的 $\mathrm{d}\boldsymbol{Y}$ 进行修正,然后再次进行线性化,直到 $\mathrm{d}\boldsymbol{Y}$ 收敛。

## 2.3.2　非线性模型参数估计

### 1. 非线性最小二乘算法

对于非线性观测模型

$$\boldsymbol{y} = h(\boldsymbol{x}) + \boldsymbol{v} \tag{2.41}$$

式中:$h(\boldsymbol{x})$ 是关于参数向量 $\boldsymbol{x}$ 的观测方程,通过 2.3.1 小节中介绍的泰勒级数展开方程式,可以得到

$$\boldsymbol{y} = h(\boldsymbol{x}_0) + \boldsymbol{H}(\boldsymbol{x} - \boldsymbol{x}_0) + \boldsymbol{v} \tag{2.42}$$

将式(2.42)转化为

$$\boldsymbol{l} = \boldsymbol{y} - h(\boldsymbol{x}_0) = \boldsymbol{H}(\boldsymbol{x} - \boldsymbol{x}_0) + \boldsymbol{v} \tag{2.43}$$

采用最小二乘法,计算得到参数估值

$$\tilde{\boldsymbol{x}} = \boldsymbol{x}_0 + (\boldsymbol{H}^{\mathrm{T}} \boldsymbol{W} \boldsymbol{H})^{-1} \boldsymbol{H}^{\mathrm{T}} \boldsymbol{W} \boldsymbol{l} \tag{2.44}$$

式中:$\boldsymbol{W} = \mathrm{diag}(\sigma_1^{-2}, \sigma_2^{-2}, \cdots, \sigma_m^{-2})$,为观测量的权矩阵,$\sigma$ 为观测噪声。

当 $\boldsymbol{x}_0$ 的精度不高时,可以通过多次迭代的方式不断精化观测方程,提高待估参数的精度

$$\left. \begin{aligned} \tilde{\boldsymbol{x}}_0 &= \boldsymbol{x}_0 \\ \tilde{\boldsymbol{x}}_{i+1} &= \tilde{\boldsymbol{x}}_i + (\boldsymbol{H}^{\mathrm{T}} \boldsymbol{W} \boldsymbol{H})^{-1} \boldsymbol{H}^{\mathrm{T}} \boldsymbol{W} \boldsymbol{l}_i \\ \boldsymbol{l}_i &= \boldsymbol{y} - h(\tilde{\boldsymbol{x}}_i) \end{aligned} \right\} \tag{2.45}$$

### 2. 扩展卡尔曼滤波算法

在求解待估参数时,如果能够获得它们在当前时刻的近似值作为先验信息,则可以采用参数加权平差或者卡尔曼滤波算法对待估参数进行估计。采用卡尔曼滤波算法时,待估参数向量的线性状态方程可以写为

$$\left. \begin{array}{l} \boldsymbol{X}_{k,k-1} = \boldsymbol{\Phi}_{k,k-1}\boldsymbol{X}_{k-1} + \boldsymbol{w}_k \\ \boldsymbol{w}_k \sim N(0, \boldsymbol{Q}_{w_k}) \end{array} \right\} \tag{2.46}$$

式中:$\boldsymbol{X}_{k,k-1}$、$\boldsymbol{X}_{k-1}$ 为状态参数向量;$\boldsymbol{w}_k$ 为高斯白噪声过程误差向量;$\boldsymbol{Q}_{w_k}$ 为过程噪声协方差矩阵;$\boldsymbol{\Phi}_{k,k-1}$ 为状态转移矩阵。假设 $\boldsymbol{w}_k$ 与式(2.41)中的观测噪声不相关,则扩展卡尔曼(EKF)滤波模型的具体形式可总结为(杨元喜,2006)

预报更新

$$\hat{\boldsymbol{X}}_{k,k-1} = \boldsymbol{\Phi}_{k,k-1}\hat{\boldsymbol{X}}_{k-1} \quad \boldsymbol{Q}_{\hat{\boldsymbol{X}}_{k,k-1}} = \boldsymbol{\Phi}_{k,k-1}\boldsymbol{Q}_{\hat{\boldsymbol{X}}_{k-1}}\boldsymbol{\Phi}_{k,k-1}^{\mathrm{T}} + \boldsymbol{Q}_{w_k} \tag{2.47}$$

测量更新(参数加权平差)

$$\hat{\boldsymbol{X}}_k = (\boldsymbol{Q}_{\hat{\boldsymbol{X}}_{k,k-1}}^{-1} + \boldsymbol{A}_k^{\mathrm{T}}\boldsymbol{Q}_{L_k}^{-1}\boldsymbol{A}_k)^{-1}(\boldsymbol{Q}_{\hat{\boldsymbol{X}}_{k,k-1}}^{-1}\hat{\boldsymbol{X}}_{k,k-1} + \boldsymbol{A}_k^{\mathrm{T}}\boldsymbol{Q}_{L_k}^{-1}\boldsymbol{l}_k)$$

$$= \hat{\boldsymbol{X}}_{k,k-1} + \boldsymbol{Q}_{\hat{\boldsymbol{X}}_k}\boldsymbol{A}_k^{\mathrm{T}}\boldsymbol{Q}_{L_k}^{-1}\boldsymbol{V}_{k,k-1} = \hat{\boldsymbol{X}}_{k,k-1} + \boldsymbol{P}_{\hat{\boldsymbol{X}}_k}^{-1}\boldsymbol{A}_k^{\mathrm{T}}\boldsymbol{P}_{L_k}\boldsymbol{V}_{k,k-1} \tag{2.48}$$

$$\boldsymbol{P}_{\hat{\boldsymbol{X}}_k} = \boldsymbol{Q}_{\hat{\boldsymbol{X}}_k}^{-1} = \boldsymbol{Q}_{\hat{\boldsymbol{X}}_{k,k-1}}^{-1} + \boldsymbol{A}_k^{\mathrm{T}}\boldsymbol{Q}_{L_k}^{-1}\boldsymbol{A}_k = \boldsymbol{P}_{\hat{\boldsymbol{X}}_{k,k-1}} + \boldsymbol{A}_k^{\mathrm{T}}\boldsymbol{P}_{L_k}\boldsymbol{A}_k \tag{2.49}$$

$$\hat{\boldsymbol{X}}_k = \hat{\boldsymbol{X}}_{k,k-1} + \boldsymbol{Q}_{\hat{\boldsymbol{X}}_{k,k-1}}\boldsymbol{A}_k^{\mathrm{T}}\boldsymbol{Q}_{v_{k,k-1}}^{-1}\boldsymbol{V}_{k,k-1} \tag{2.50}$$

$$\boldsymbol{Q}_{\hat{\boldsymbol{X}}_k} = \boldsymbol{Q}_{\hat{\boldsymbol{X}}_{k,k-1}} - \boldsymbol{Q}_{\hat{\boldsymbol{X}}_{k,k-1}}\boldsymbol{A}_k^{\mathrm{T}}\boldsymbol{Q}_{v_{k,k-1}}^{-1}\boldsymbol{A}_k\boldsymbol{Q}_{\hat{\boldsymbol{X}}_{k,k-1}} \tag{2.51}$$

式中:$\boldsymbol{A}_k = \dfrac{\partial F}{\partial \boldsymbol{X}_k}\big|_{\hat{\boldsymbol{X}}_{k,k-1}}$,$\boldsymbol{l}_k = \boldsymbol{L}_k - F(\hat{\boldsymbol{X}}_{k,k-1}) + \boldsymbol{A}_k\hat{\boldsymbol{X}}_{k,k-1}$,$\boldsymbol{V}_{k,k-1} = \boldsymbol{L}_k - F(\hat{\boldsymbol{X}}_{k,k-1})$ 为信息向量;$\boldsymbol{Q}_{v_{k,k-1}} = \boldsymbol{Q}_{L_k} + \boldsymbol{A}_k\boldsymbol{Q}_{\hat{\boldsymbol{X}}_{k,k-1}}\boldsymbol{A}_k^{\mathrm{T}}$,$\boldsymbol{K}_k = \boldsymbol{Q}_{\hat{\boldsymbol{X}}_k}\boldsymbol{A}_k^{\mathrm{T}}\boldsymbol{Q}_{L_k}^{-1} = \boldsymbol{Q}_{\hat{\boldsymbol{X}}_{k,k-1}}\boldsymbol{A}_k^{\mathrm{T}}\boldsymbol{Q}_{v_{k,k-1}}^{-1}$ 即为增益矩阵。式(2.48)、式(2.49)同式(2.50)、式(2.51)是两种滤波在形式上是等价的。

采用式(2.48)和式(2.49)进行滤波解算一般称为信息滤波算法,而采用式(2.50)和式(2.51)进行滤波解算则称为卡尔曼滤波算法。当未知参数向量的维数小于观测量维数时,信息滤波的计算效率较高一些,否则卡尔曼滤波计算效率较高。这里需要注意的是,通常情况下由于较难精确获得未知参数向量的状态方程,因此,实际应用中一般只对未知参数向量中的部分参数应用状态方程,例如,对于天顶对流层延迟参数,采用随机游走模型进行描述。如果不考虑未知参数向量的状态方程,仅仅顾忌其先验信息,那么式(2.48)、式(2.49)同式(2.50)、式(2.51)即为参数加权平差的基本模型(李金龙,2015)。

这里,通过图 2.1 对卡尔曼滤波算法的原理进行描述。

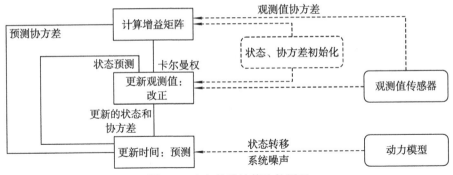

图 2.1　卡尔曼滤波算法的原理

# §2.4　混合整数最小二乘估计

模糊度解算通常分为两步(周巍,2013):第一步是通过平差模型计算模糊度的实数解,即浮点解;这一步中,模糊度作为实参数与位置参数、电离层延迟参数和对流层延迟参数等一起解算。第二步是将模糊度的浮点解固定为整数解,即模糊度的固定;这一步实际上就是混合整数最小二乘估计(mixed integer least-square,MILS)问题,即依据最小二乘准则计算其混合整数最小二乘解。

在模糊度实数解的计算过程中,将双差观测方程线性化之后,可以写为

$$v = \begin{bmatrix} A & B \end{bmatrix} \begin{bmatrix} X \\ N \end{bmatrix} - l \quad X \in \mathbb{R}^n, N \in \mathbb{Z}^m \tag{2.52}$$

式中:$v$ 为 OMC(observed minus computed)残差;$X$ 和 $N$ 为待估参数,分别表示非模糊度参数和模糊度参数;上标 $n$ 和 $m$ 分别表示非模糊度参数向量的维数和模糊度参数向量的维数;$A$ 和 $B$ 分别为双差观测方程设计矩阵中非模糊度参数 $X$ 和模糊度参数 $N$ 的对应子矩阵;$l = L - F(X^0, N^0)$,$L$ 为双差观测量,$F$ 为观测量 $L$ 的函数模型,$X^0$、$N^0$ 为待估参数的近似值。

对式(2.52)进行求解,依据最小二乘准则,其目标函数为

$$\Omega = (l - AX - BN)^T Q_L^{-1} (l - AX - BN) = \min \quad X \in \mathbb{R}^n, N \in \mathbb{Z}^m \tag{2.53}$$

式中:$Q_L$ 为观测量的协方差矩阵。可以看到,由于模糊度参数存在约束条件 $N \in \mathbb{Z}^m$,因此式(2.53)实际上是混合整数最小二乘问题。在解算过程当中,通常是先将模糊度参数当作实数进行求解,得到其浮点解,将法方程变为

$$\begin{bmatrix} A^T PA & A^T PB \\ B^T PA & B^T PB \end{bmatrix} \begin{bmatrix} \hat{X} \\ \hat{N} \end{bmatrix} = \begin{bmatrix} A^T Pl \\ B^T Pl \end{bmatrix} \tag{2.54}$$

将式(2.54)简写为

$$\begin{bmatrix} \boldsymbol{M}_{11} & \boldsymbol{M}_{12} \\ \boldsymbol{M}_{21} & \boldsymbol{M}_{22} \end{bmatrix} \begin{bmatrix} \hat{\boldsymbol{X}} \\ \hat{\boldsymbol{N}} \end{bmatrix} = \begin{bmatrix} \boldsymbol{U}_1 \\ \boldsymbol{U}_2 \end{bmatrix} \tag{2.55}$$

其中，$\boldsymbol{P} = \boldsymbol{Q}_L^{-1}$，为观测量的权矩阵，求解法方程式(2.55)可以得到 $\boldsymbol{X}$ 和 $\boldsymbol{N}$ 的实数解及其协方差矩阵

$$\hat{\boldsymbol{N}} = (\boldsymbol{M}_{22} - \boldsymbol{M}_{21}\boldsymbol{M}_{11}^{-1}\boldsymbol{M}_{12})^{-1}(\boldsymbol{U}_2 - \boldsymbol{M}_{21}\boldsymbol{M}_{11}^{-1}\boldsymbol{U}_1) \tag{2.56}$$

$$\boldsymbol{Q}_{\hat{N}} = (\boldsymbol{M}_{22} - \boldsymbol{M}_{21}\boldsymbol{M}_{11}^{-1}\boldsymbol{M}_{12})^{-1} \tag{2.57}$$

$$\hat{\boldsymbol{X}} = \boldsymbol{M}_{11}^{-1}(\boldsymbol{U}_1 - \boldsymbol{M}_{12}\hat{\boldsymbol{N}}) \tag{2.58}$$

$$\boldsymbol{Q}_{\hat{X}} = \boldsymbol{M}_{11}^{-1} + \boldsymbol{M}_{11}^{-1}\boldsymbol{M}_{12}\Sigma_{\hat{N}}\boldsymbol{M}_{21}\boldsymbol{M}_{11}^{-1} \tag{2.59}$$

$$\boldsymbol{Q}_{\hat{X}\hat{N}} = \boldsymbol{Q}_{\hat{N}\hat{X}} = -\boldsymbol{M}_{11}^{-1}\boldsymbol{M}_{12}\Sigma_{\hat{N}} \tag{2.60}$$

然后，通过式(2.61)将模糊度浮点解 $\hat{\boldsymbol{N}}$ 固定位整数解 $\check{\boldsymbol{N}}$

$$\Omega' = (\hat{\boldsymbol{N}} - \boldsymbol{N})^{\mathrm{T}}\boldsymbol{Q}_{\hat{N}}^{-1}(\hat{\boldsymbol{N}} - \boldsymbol{N}) = \min, \boldsymbol{N} \in \mathbb{Z}^m \tag{2.61}$$

得到模糊度参数的固定解 $\check{\boldsymbol{N}}$ 之后，进而计算非模糊度参数及其协方差矩阵

$$\begin{aligned} \check{\boldsymbol{X}} &= \boldsymbol{M}_{11}^{-1}(\boldsymbol{U}_1 - \boldsymbol{M}_{12}\check{\boldsymbol{N}}) \\ &= \hat{\boldsymbol{X}} + \boldsymbol{M}_{11}^{-1}\boldsymbol{M}_{12}(\hat{\boldsymbol{N}} - \check{\boldsymbol{N}}) \\ &= \hat{\boldsymbol{X}} - \boldsymbol{Q}_{\hat{X}\hat{N}}\boldsymbol{Q}_{\hat{N}}(\hat{\boldsymbol{N}} - \check{\boldsymbol{N}}) \end{aligned} \tag{2.62}$$

$$\boldsymbol{Q}_{\check{X}} = \boldsymbol{M}_{11}^{-1} = \boldsymbol{Q}_{\hat{X}} - \boldsymbol{Q}_{\hat{X}\hat{N}}\boldsymbol{Q}_{\hat{N}}^{-1}\boldsymbol{Q}_{\hat{N}\hat{X}} \tag{2.63}$$

$$\check{\boldsymbol{X}} = \hat{\boldsymbol{X}} + \boldsymbol{M}_{11}^{-1}\boldsymbol{M}_{12}(\hat{\boldsymbol{N}} - \check{\boldsymbol{N}}) \tag{2.64}$$

由式(2.62)、式(2.63)和式(2.64)可以看出，模糊度参数浮点解得到固定之后，非模糊度参数解得精度也会相应提高，即 $\boldsymbol{Q}_{\check{X}} \ll \boldsymbol{Q}_{\hat{X}}$；另外，模糊度参数得到固定之后，观测方程中待估参数的数量一定程度上减少，这使得解算结果更加稳定。

# 第 3 章　RTK 定位误差源及多系统组合时空基准统一

本章内容主要分为两部分:首先,对 GNSS 实时精密相对定位中的各类误差源进行介绍,其中重点介绍电离层折射延迟偏差和对流层延迟偏差两类误差源的影响以及处理模型。然后,着重分析和探讨多 GNSS 系统联合定位中的时空基准统一问题。

## §3.1　GNSS 实时精密相对定位中的误差源

导航信号从卫星端天线播出,经过空间传播和大气折射之后到达地面,然后被接收机接收。在这个过程当中,各类误差源会叠加在一起,形成测距误差,对定位结果产生不可忽略的影响。对于用户而言,三维位置误差计算方法如下

$$m_p = \mathrm{PDOP} \times m_\rho \tag{3.1}$$

式中:PDOP 表示位置精度几何衰减因子;$m_\rho$ 表示测距误差。

对测距误差进行分类,包含以下几种:与卫星有关的误差,与传播路径有关的误差和与接收机有关的误差。各类误差的组成与量级大小如表 3.1 所示。

**表 3.1　各类误差源及量级**

| 各类误差源 | | 对距离测量的影响 |
|---|---|---|
| 与卫星有关的误差 | 星历误差 | 1.5~15 m |
| | 卫星钟差 | |
| | 相对论效应误差 | |
| 与传播路径有关的误差 | 对流层折射延迟误差 | 1.5~15 m |
| | 电离层折射延迟误差 | |
| | 多路径效应误差 | |
| | 地球自转效应误差 | |
| 与接收机有关的误差 | 观测误差 | 1.5~5 m |
| | 相位中心变化 | |

根据误差性质的不同,误差可以分为偶然误差和系统误差。其中,偶然误差包括观测误差和多路径效应误差。而系统误差则包括卫星的星历误差、卫星钟差、接收机钟差、对流层折射延迟误差以及电离层折射延迟误差等。系统误差无论从误差的大小还是对定位结果的影响上来讲,其危害性都要比偶然误差大得多,是 GNSS 定位中的主要误差源。系统误差有一定的规律可循,因此,可以采取一定的

措施予以消除。就 RTK 而言,其主要的系统误差包括对流层折射延迟误差和电离层折射延迟误差两部分。其余误差源一部分通过组双差的形式进行了有效的消除;而另一部分,就 RTK 所能实现的厘米级定位结果而言,在基线长度有效的情况下,其影响是完全可以忽略不计的,例如星历误差。RTK 采用的是卫星广播星历,对于目前的广播星历,其精度完全可以满足 100 km 以内长度基线的 RTK 定位需求。

### 3.1.1 电离层折射延迟偏差

电离层是指地球上空距离地面高度在 50~400 km 的大气层,这部分大气的分子受到太阳紫外线等的强烈作用,使得气体分子发生电离,产生大量的自由电子和带电粒子,对 GPS 信号的传播产生严重的影响。同时,电子的分布在空间上会呈现出显著的不均衡性,而且这种不均衡性是与紫外线的强弱程度密切相关的,具有一定的季节周期特性和日周期特性。在当地中午时间,电子密度通常会达到每日的峰值;而电子密度在一年当中的高峰时期通常会出现在当地的 11 月。电离层给 GPS 测量带来极大的负面影响,如导致周跳或者卫星信号失锁。电离层是弥散性介质,即其折射系数是与其电波频率有关的。非差电离层延迟在天顶方向最大可以达到 50 m,沿水平方向最大可以达到 150 m。

总电子含量(TEC)定义为

$$TEC = \int N_e \mathrm{d}s_0 \tag{3.2}$$

电离层对载波相位和伪距观测值所造成的折射误差如下

$$\left. \begin{aligned} \Delta_{\mathrm{ph}}^{\mathrm{Iono}} &= -\frac{40.28}{f^2}\int N_e \mathrm{d}s_0 \\ \Delta_{\mathrm{gr}}^{\mathrm{Iono}} &= \frac{40.28}{f^2}\int N_e \mathrm{d}s_0 \end{aligned} \right\} \tag{3.3}$$

由式(3.2)和式(3.3)得到

$$\left. \begin{aligned} \Delta_{\mathrm{ph}}^{\mathrm{Iono}} &= -\frac{40.28}{f^2}TEC \\ \Delta_{\mathrm{gr}}^{\mathrm{Iono}} &= \frac{40.28}{f^2}TEC \end{aligned} \right\} \tag{3.4}$$

由于信号在电离层中的传播路径长度与天顶角大小有关,因此引入垂直电子含量(TVEC)的概念,即天顶方向的总电子含量,得到

$$\left. \begin{aligned} \Delta_{\mathrm{ph}}^{\mathrm{Iono}} &= -\frac{1}{\cos Z'}\frac{40.28}{f^2}TVEC \\ \Delta_{\mathrm{gr}}^{\mathrm{Iono}} &= \frac{1}{\cos Z'}\frac{40.28}{f^2}TVEC \end{aligned} \right\} \tag{3.5}$$

式(3.5)仅符号不同,引入符号

$$\Delta^{\text{Iono}} = \frac{1}{\cos Z'} \frac{40.28}{f^2} TVEC \tag{3.6}$$

式(3.6)表示电离层对伪距的(正号)影响。

图 3.1 表示一个单层模型,该模型是建立在大气中所有的自由电子全部集中在高度为 $h$ 的无限薄的球面上,$IP$ 为电离层穿刺点。由该图所示的模型可以作以下推测

$$\sin Z' = \frac{R_e}{R_e + h} \sin Z \tag{3.7}$$

式中:$R_e$ 为地球的平均半径;$h$ 为电离层的平均高度;$Z'$ 和 $Z$ 分别为电离层穿刺点和观测点处的天顶角。

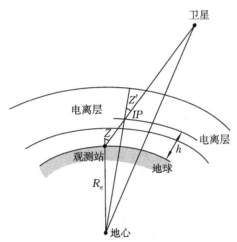

图 3.1　电离层路径延迟几何示意

差分技术一定程度上可以大大减小电离层延迟的影响,但双差电离层折射残余误差会随着基线长度的增加而变大。在中纬度地区低电离层活动期间,差分残余电离层延迟误差量级一般为 1 ppm❶,而在低地磁纬度中午能超过 10 ppm(Dai et al,2007;Hatch et al,2007),最终会影响基线整周模糊度参数的固定,造成模糊度参数的固定成功率大大降低。因此,需要通过相应的数学模型对这一部分残差进一步予以削弱和消除。

与对流层延迟误差参数化不同,在双差观测方程中,一般每个卫星估计一个单差电离层延迟误差参数,而来自同一颗卫星的不同频率观测量之间通过频率关系建立联系。

---

❶　ppm 本书中表示百万分率(parts per million,ppm)。

对于某一颗卫星,站间单差斜电离层延迟的求解形式如下

$$I_{rb}^j = \psi_{rb}^j i_{rb}^j \tag{3.8}$$

式中:$\psi_{rb}^j$ 为单差电离层映射函数;$i_{rb}^j$ 为单差天顶电离层延迟待估参数。

在组双差的过程中,对于频点 $f_j$,其传播方向上的双差电离层延迟误差可以通过式(3.9)求得,即

$$u_j I_{rb}^{jk} = u_j \psi_{rb}^k i_{rb}^k - u_j \psi_{rb}^j i_{rb}^j \tag{3.9}$$

式中:$i_{rb}^k$ 和 $i_{rb}^j$ 分别为观测卫星 $k$ 和 $j$ 的双差电离层延迟参数。电离层映射函数采用单层电离层延迟模型

$$\left.\begin{array}{l} \psi_r^j = \dfrac{1}{\cos(z')} \\[2mm] z' = \arcsin\left(\dfrac{R_e}{R_e + h}\sin z\right) \\[2mm] z = \dfrac{\pi}{2} - E_r^s \end{array}\right\} \tag{3.10}$$

式中:$z'$ 为电离层穿刺点处的卫星天顶角;$R_e$ 为地球的平均半径;$h$ 为电离层的平均高度;$z$ 为接收机处的卫星天顶角;$E_r^s$ 为卫星高度角。

## 3.1.2 对流层折射延迟偏差

对流层延迟误差的大小主要取决于观测卫星的高度角,一般情况下,其天顶方向的延迟大小在 2.3 m 左右,当卫星高度角降低至 2°时,其延迟大小可达到 25 m。对流层延迟分为两部分:干延迟和湿延迟。干延迟部分一般都比较稳定,这部分误差可以通过先验模型进行修正。而对于湿延迟部分,其双差之后的残差值对于中长基线的模糊度解算不容忽视,由于这部分误差难以进行模型化,因此,通常会采用参数化的方法,对这部分残差进行估计。对于参数化方法而言,通常有以下两种策略。

(1)基准站和流动站处各自估计一个绝对天顶对流层延迟参数,记为 $w_b$ 和 $w_r$。其组双差之后的传播方向上的对流层延迟残差可以记作

$$T_{rb}^{jk} = (\psi_b^k - \psi_b^j)w_b - (\psi_r^k - \psi_r^j)w_r \tag{3.11}$$

式中:下标 $r$ 和 $b$ 分别表示流动站和基准站编号;上标 $k$ 和 $j$ 分别表示目标卫星和参考卫星编号;$\psi$ 表示湿延迟模型的映射函数。

(2)将流动站与基准站之间的相对天顶对流层延迟作为一个参数进行估计,记作 $w_{br}$。其组双差之后的传播方向上的对流层延迟残差可记作

$$T_{rb}^{jk} = (\psi_{br}^k - \psi_{br}^j)w_b - (\psi_r^k - \psi_r^j)w_{br} \tag{3.12}$$

当流动站和基准站之间的高程差异较小的时候,$\psi_{br}^k - \psi_{br}^j$ 的值接近于 0。因此式(3.12)中,基准站处的绝对天顶对流层延迟偏差 $w_b$ 可以不用估计,最后只需要

估计 $w_{br}$ 即可。

　　常用的对流层天顶延迟模型有萨斯塔莫伊宁（Saastamoinen）模型（Saastamoinen，1972）和霍普菲尔德（Hopfield）干分量模型。

　　萨斯塔莫伊宁模型的形式如下

$$d_{h}^{z} = 10^{-6} K_1 R_d \frac{P}{g_m} \tag{3.13}$$

$$d_{w}^{z} = \frac{0.002\,277}{g_m} \left( \frac{1\,255}{T} + 0.05 \right) e \tag{3.14}$$

式中：$d_{h}^{z}$ 和 $d_{w}^{z}$ 分别表示对流层延迟干分量和湿分量；常数 $K_1 = 77.604$，$R_d = 8.314/28.964\,4$；$g_m$ 为平均重力；$P$ 为干气压（mbar）；$e$ 为湿气压（mbar）；$T$ 为绝对温度（K）。

　　霍普菲尔德模型的形式如下

$$d_{h}^{z} = 10^{-6} K_1 \frac{P}{T} \frac{h_d - h}{5} \tag{3.15}$$

$$d_{w}^{z} = 10^{-6} \left[ K_3 - 273(K_2 - K_1) \right] \frac{e}{T^2} \frac{h_w - h}{5} \tag{3.16}$$

$$h_d = 40\,136 + 148.72(T - 273.16) \tag{3.17}$$

$$h_w = 11\,000 \tag{3.18}$$

式中：$K_2 = 64.79$；$K_3 = 377\,600$；$h$ 为测站高度。

　　对于萨斯塔莫伊宁模型和霍普菲尔德干分量模型，如果已知比较准确的气象元素，模型的改正精度都可以达到亚毫米级。

　　映射函数将天顶方向的对流层延迟映射为传播路径上的延迟量，引入映射函数的目的是便于将对流层延迟误差参数化。映射函数有很多，其中应用最广泛的是尼尔（Niell）模型。总结起来，其优点有以下几个：

　　(1)该模型充分考虑了对流层存在的季节变化特性；

　　(2)该模型不需要气象元素；

　　(3)对于低仰角的观测卫星，该模型的计算精度会优于 5 mm，不逊于其他模型；

　　(4)该模型估计测站地理高程改正信息。

　　NMF 模型的干分量映射模型如下

$$M_h(E) = \frac{1 + a_h/[1 + b_h/(1 + c_h)]}{\sin E + \dfrac{a_h}{\sin E + \dfrac{b_h}{\sin E + c_h}}} + \left\{ \frac{1}{\sin E} - \frac{1 + a_{ht}/[1 + b_{ht}/(1 + c_{ht})]}{\sin E + \dfrac{a_{ht}}{\sin E + \dfrac{b_{ht}}{\sin E + c_{ht}}}} \right\} \times h \tag{3.19}$$

式中：$E$ 代表卫星的高度角（弧度）；$h$ 代表测站的高程（km）；系数 $a_{ht} = 2.53 \times$

$10^{-5}$,$b_{ht}=5.49\times10^{-3}$,$c_{ht}=1.14\times10^{-3}$,$a_h$、$b_h$ 和 $c_h$ 都是与测站纬度 $\phi$ 以及年积日 $t$ 有关的函数,计算式如下

$$a_h(\varphi,t)=a_{h_{avg}}(\varphi)+a_{h_{amp}}(\varphi)\cos\left(2\pi\frac{t-28}{365.25}\right) \tag{3.20}$$

其中,$a_{h_{avg}}(\varphi)$ 和 $a_{h_{amp}}(\varphi)$ 可分别通过表 3.2 内插计算得到。

表 3.2　NMF 映射函数模型系数

| 系数($10^{-3}$) | $\varphi/(°)$ | | | | |
| --- | --- | --- | --- | --- | --- |
| | 15 | 30 | 45 | 60 | 75 |
| $a_{h_{avg}}$ | 1.276 993 4 | 1.268 323 0 | 1.246 539 7 | 1.219 604 9 | 1.204 599 6 |
| $b_{h_{avg}}$ | 2.915 369 5 | 2.915 229 9 | 2.928 844 5 | 2.902 256 5 | 2.902 491 2 |
| $c_{h_{avg}}$ | 62.610 505 | 62.837 393 | 63.721 774 | 63.824 265 | 64.258 455 |
| $a_{h_{amp}}$ | 0 | 1.270 962 6 | 2.652 366 2 | 3.400 045 2 | 4.120 219 1 |
| $b_{h_{amp}}$ | 0 | 2.141 497 9 | 3.016 077 9 | 7.256 272 2 | 11.723 375 |
| $c_{h_{amp}}$ | 0 | 9.012 840 0 | 4.349 703 7 | 84.795 348 | 170.372 06 |
| $a_w$ | 5.802 189 7 | 5.679 484 7 | 5.811 801 9 | 5.972 754 2 | 6.164 169 3 |
| $b_w$ | 1.427 526 8 | 1.513 862 5 | 1.457 275 2 | 1.500 742 8 | 1.759 908 2 |
| $c_w$ | 4.347 296 1 | 4.672 951 0 | 4.390 893 1 | 4.462 698 2 | 5.473 603 8 |

NMF 模型的湿分量映射模型如下

$$M_w(E)=\frac{1+a_w/[1+b_w/(1+c_w)]}{\sin E+\dfrac{a_w}{\sin E+\dfrac{b_w}{\sin E+c_w}}} \tag{3.21}$$

式中:$a_w$、$b_w$ 和 $c_w$ 是与测站纬度 $\varphi$ 相关的函数,由表 3.2 内插得到。

上述修正模型往往都是与气象参数相关的,获得准确的参数是对对流层延迟进行精确修正的重要前提。气象参数包含两种:标准气象参数和实测气象参数。其中,实测气象参数往往包括干温度 $t_h$、大气压 $P$ 以及湿温度 $t_w$,而湿温度 $t_w$ 表示为水气压 $e$ 或者相对湿度 $H_w$。 三者之间的关系如下

$$H_w=\frac{e}{E_w} \tag{3.22}$$

$$E_w=6.11\times10^{\frac{7.5t_h}{t_h+237.3}} \tag{3.23}$$

$$e=6.11\times10^{\frac{7.5t_w}{t_w+237.3}} \tag{3.24}$$

式中:$E_w$ 为干温度 $t_h$ 所对应的饱和水汽压。实测的气象参数实际上不能全面准确地描述大气传播过程中的折射特性,使得当使用实测的气象参数计算时,得到的对流层延迟改正存在较大偏差。因此标准气象参数也是不可或缺的,测站上的气象参数可依据标准气象参数外推得到,即

$$T = T_0 - \beta h \tag{3.25}$$

$$P = P_0 \left( \frac{T}{T_0} \right)^{\frac{g}{R_d \beta}} \tag{3.26}$$

$$e = e_0 \left( \frac{T}{T_0} \right)^{\frac{\lambda' g}{R_d \beta}} \tag{3.27}$$

式中：标准的大气参数分别为 $P_0 = 1\,013.25$ mbar，$T_0 = 288.15$ K，$e_0 = 11.691$ mbar；$\beta = 0.006\,5$ K/m，代表气温的垂直变化梯度；$\lambda' = \lambda + 1, \lambda = 3$ 代表水汽的梯度；$g = 9.806\,65$ m/s$^2$，代表了地表的重力加速度值；$R_h = 287.06 \pm 0.01$ J·kg$^{-1}$K$^{-1}$、$R_w = 461.525 \pm 0.03$J·kg$^{-1}$K$^{-1}$，分别代表干气体、湿气体的气体常数。

## §3.2　多系统组合时空基准统一问题

时间系统和坐标系统是导航定位的参考基准,任何形式的导航定位都是在一定的时间和坐标框架内进行(李鹤峰 等,2013),因此,多 GNSS 系统联合定位时,需要将各个 GNSS 系统的时间和空间基准进行统一。

### 3.2.1　时间基准统一

#### 1. GPS 时间系统(GPST)

GPST 属于原子时系统(AT),其秒长与原子时相同,但与国际原子时(AIT)具有不同的原点,任一瞬间 GPST 与 AIT 间均有一常量偏差(19s),GPST 与 AIT 的关系式为

$$\text{GPST} = \text{AIT} - 19\text{s} \tag{3.28}$$

AIT 与 UTC 的关系式为

$$\text{AIT} = \text{UTC} + 1\text{s} \times n \tag{3.29}$$

式中：$n$ 为 AIT 与 UTC 间不断调整的参数。由式(3.28)和式(3.29)可以得到 GPST 与 UTC(USNO)之间的关系为

$$\text{GPST} = \text{UTC(UCNO)} + 1\text{s} \times n - 19\text{s} \tag{3.30}$$

#### 2. BDS 时间系统(BDT)

BDT 时间基准采用北斗时(BDT),BDT 以国际单位制(SI)秒(s)作为基本的单位,并且同 GPST 一样,都属于原子时(AT),不存在闰秒,以周和周内秒为单位进行连续计数,通过 BDS 导航电文实时向用户播发。BDT 以协调世界时(UTC)2006-01-01 00：00：00 作为起算历元,BDT 由中国维持的协调世界时 UTC(NTSC)与国际 UTC 建立联系,由于闰秒的存在,自 1980-01-06 至 2006-01-01 共有正闰秒＋14 s,所以 BDT 与 GPS 时间系统(GPST)间存在 14 s 的整数差,BDT

与中国维持的协调世界时 UTC(NTSC)之间的关系式为

$$BDT = UTC(NTSC) + 1s \times n - 19s - 14s \qquad (3.31)$$

### 3．GLONASS 时间系统(GLONASST)

GLONASST 属于 UTC 时间系统。通过一组氢原子钟构成的 GLONASS 中央同步器来维持时间系统,GLONASST 与俄罗斯维持的协调世界时 UTC(SU)存在 3 h 的整数差。GLONASST 与 UTC(SU)的关系式为

$$GLONASST = UTC(SU) + 3h \qquad (3.32)$$

通过对 GPS、BDS、GLONASS 时间框架的分析可以发现,其时间基准都能和 UTC 形成一定的联系,将 UTC 作为中间变量,可实现不同时间系统的统一。

## 3.2.2　空间基准统一

### 1．基于 ITRF 的坐标统一

为使 1984 世界大地坐标系(WGS-84)与国际地球参考框架(international terrestrial reference frame, ITRF)相一致,WGS-84 先后于 1994 年、1996 年、2002 年、2012 年进行 4 次精化。最新的 WGS-84(G1674)坐标系于 2012 年 2 月 8 日投入使用,和最新的 ITRF 08 保持一致。

最新的 PZ-90 与 ITRF 2000 只存在原点的平移,3 个轴的定向与 ITRF 一致。PZ-90 与 ITRF 2000 的转换关系为

$$\begin{bmatrix} X \\ Y \\ Z \end{bmatrix}_{\text{ITRF 2000}} = \begin{bmatrix} -0.36 \\ +0.08 \\ +0.18 \end{bmatrix} + \begin{bmatrix} X_p \\ Y_p \\ Z_p \end{bmatrix}_{\text{PZ-90}} \qquad (3.33)$$

2000 国家大地坐标系(CGCS 2000)定义为 ITRF 97,采用 2000.0 历元下的坐标和速度场。WGS-84、CGCS 2000 与 PZ-90 都与 ITRF 存在一定的关系,它们之间的转换,本质上是在不同的 ITRF 框架间实现统一。

### 2．基于布尔萨七参数模型的坐标统一

两个任意的三维空间直角坐标系 $O\text{-}XYZ$ 与 $O\text{-}X'Y'Z'$ 之间的转换关系可以通过布尔萨七参数数学模型表示为

$$\begin{bmatrix} X \\ Y \\ Z \end{bmatrix} = \begin{bmatrix} \delta X \\ \delta Y \\ \delta Z \end{bmatrix} + (1+m) \begin{bmatrix} 1 & \varepsilon_z & -\varepsilon_y \\ -\varepsilon_z & 1 & \varepsilon_x \\ \varepsilon_y & -\varepsilon_x & 1 \end{bmatrix} \begin{bmatrix} X' \\ Y' \\ Z' \end{bmatrix} \qquad (3.34)$$

式(3.34)中,转换参数的确定需要经过很长时间段的观测和高精度的数据计算。目前,国际上的许多组织和科研机构都针对 GPS 与 GLONASS 坐标系统之间的转换关系进行了研究。其中世界范围内,公认的精度最高的转换参数为俄罗斯 MCC(Russian mission control center)利用全球激光跟踪测轨数据计算得到的两者转换七参数。MCC 得出的 PZ-90 与 WGS-84 之间的坐标转换公式为

$$
\begin{bmatrix} X_w \\ Y_w \\ Z_w \end{bmatrix}_{\text{WGS-84}} = \begin{bmatrix} -0.47 \\ -0.51 \\ -1.56 \end{bmatrix} + (1 + 22 \times 10^{-9})
$$

$$
\begin{bmatrix} 1 & -1.728 \times 10^{-6} & -0.017 \times 10^{-6} \\ 1.728 \times 10^{-6} & 1 & 0.076 \times 10^{-6} \\ 0.017 \times 10^{-6} & -0.076 \times 10^{-6} & 1 \end{bmatrix} \begin{bmatrix} X_p \\ Y_p \\ Z_p \end{bmatrix}_{\text{PZ-90}}
$$

$$\tag{3.35}$$

　　对于 CGCS 2000 与 WGS-84、PZ-90 间高精度七参数转换公式,目前还没有像 MCC 这样的组织来精确确定系统间的转换参数。前者由于 CGCS 2000 与 WGS-84 定义基本一致,后者因为 BDS 尚未覆盖全球,CGCS 2000 与 PZ-90 之间的联系还不紧密,对于这方面的需求尚不明显。相关研究表明,对于 BDS 和 GPS 联合相对定位,基本不需要考虑坐标系统差造成的影响,鉴于此,对于 BDS 和 GLONASS 联合相对定位部分,本书亦采用式(3.35)进行坐标转换。

# 第4章　快速模糊度解算方法

整周模糊度解算主要分为 3 步(Hofmann et al,2008):第一步,从算法的角度进行考虑,生成所有可能的整周模糊度组合。一个组合包含一个基于双差观测的卫星对的整周模糊度。为了确定模糊度的组合,首先必须建立一个搜索空间。这个搜索空间是指天线位置近似坐标周围的不确定空间体,搜索空间的大小会影响数据处理的效率,即计算时间。第二步,通过搜索得到正确的模糊度组合。通常情况下,选择一系列整数组合,将经过最小二乘平差后残差平方和最小的一组视为最优,这是许多模糊度解算方法的处理准则。总结而言,其基本思想是:与观测数据匹配最好的模糊度组合就视为正确解,然而在没有足够多余的观测卫星时,这一方法的可靠性会降低。第三步,对模糊度参数的整数解进行检验。

## §4.1　模糊度固定解估计方法

这里对生成模糊度固定解的几种常用方法进行简单介绍。

### 4.1.1　直接取整法

直接取整法是指采用四舍五入的方法对模糊度浮点解向量中的每个元素分别取整。这一方法实现起来十分简单,但是由于忽略了模糊度参数之间的相关性,即没有利用模糊度浮点解得协方差信息,因此可靠性较难保证。

### 4.1.2　经典置信区间搜索法

根据模糊度浮点解 $\hat{N}_i$ 及其中误差 $m_i(i \in [1,k],k$ 为模糊度参数的维数),按照事先设定的置信度$(1-\alpha)$确定模糊度的置信区间,凡是落在该区间内的整数值都作为模糊度参数整数解的备选值,从而形成一个集合。由于模糊度参数的维数是 $k$,因此一共形成 $k$ 个这样的集合。从每一个模糊度参数的备选值中任意选取一个值,则形成一个备选组,共形成$\prod_{i=0}^{k} n_i$ 个备选组合,$n_i$ 为模糊度参数 $N_i$ 整数解的备选个数。将所得到的备选组合依次作为模糊度参数的整数值代入观测方程式,计算得到相应的单位权方差因子。对所有的方差因子按照大小进行排序,得到次小值和最小值,当两者的比值满足一定的条件时,认为最小值对应的备选组合就是最终的模糊度固定解。

当模糊度浮点解的精度较差时,备选组合的数量就会非常大,造成很大的计算压力,这是该方法的不利之处。

### 4.1.3　快速模糊度确定方法

快速模糊度确定方法(fast ambiguity resolution approach,FARA)是由 Frei和 Beulter 两人在 1990 年提出的,此后,该方法不断得到改进和完善。其主要思想是以数理统计理论为参数估计和假设检验的基础,利用初始平差的解向量及精度信息来确定在某一置信区间的整周模糊度的整数备选组合,然后依次将备选组合作为模糊度参数的已知量代入观测方程式进行平差计算,标准差最小的一组备选值视为最终的模糊度整数解,并将其进行检验(周巍,2013)

$$P(N_{\text{float}}^{j} - \xi_{t,v,1-\frac{a}{2}} \sigma_{N_{\text{float}}^{j}} \leqslant N_{\text{int}}^{j} \leqslant N_{\text{float}}^{j} - \xi_{t,v,1-\frac{a}{2}} \sigma_{N_{\text{float}}^{j}}) = 1 - \alpha \quad (4.1)$$

$$P(N_{\text{float}}^{ij} - \xi_{t,v,1-\frac{a}{2}} \sigma_{N_{\text{float}}^{ij}} \leqslant N_{\text{int}}^{ij} \leqslant N_{\text{float}}^{ij} - \xi_{t,v,1-\frac{a}{2}} \sigma_{N_{\text{float}}^{ij}}) = 1 - \alpha \quad (4.2)$$

式中:$N^{ij} = N^{j} - N^{i}$;$\sigma_N$ 为浮点解的中误差;$\sigma_{N^{ij}} = \sqrt{\sigma_{N^i}^2 - \sigma_{N^i}\sigma_{N^j} + \sigma_{N^j}^2}$;$1 - \alpha$ 为置信区间;$v$ 为自由度;$\xi_t$ 为 $t$ 分布;$P(\bullet)$ 为概率操作符号。

### 4.1.4　最小二乘模糊度降相关平差法

最小二乘模糊度降相关平差法(least squares ambiguity decorrelation adjustment,LAMBDA)由 Teunissen 于 1993 年提出,该方法后经多年改进和完善,目前已成为理论体系最完整、应用范围最广泛的方法,在所有模糊度确定方法中,此方法无论在理论上还是应用上都是顶级水平。该方法根据最小二乘原理提出,在模糊度域内进行搜索确定出的模糊度整数值应满足(李征航 等,2009)

$$(\hat{N} - N) Q_{\hat{N}\hat{N}}^{-1} (\hat{N} - N) = \min \quad (4.3)$$

式中:$Q_{\hat{N}\hat{N}}$ 为模糊度浮点解的协方差矩阵。

假设 $Q_{\hat{N}\hat{N}}$ 为对角矩阵,即

$$Q_{\hat{N}\hat{N}} = \begin{bmatrix} q_{\hat{N}_1\hat{N}_1} & 0 & \cdots & 0 \\ 0 & q_{\hat{N}_1\hat{N}_1} & & 0 \\ \vdots & & \ddots & \vdots \\ 0 & 0 & \cdots & q_{\hat{N}_1\hat{N}_1} \end{bmatrix} \quad (4.4)$$

此时模糊度参数之间不相关,则

$$(\hat{N} - N) Q_{\hat{N}\hat{N}}^{-1} (\hat{N} - N) = \sum_{i=1}^{k} [q_{\hat{N}\hat{N}} (\hat{N}_i - N_i)^2] = \min \quad (4.5)$$

依据式(4.5)可以解算得到最接近模糊度浮点解的整数解。但是,在实际应用中,由于各模糊度参数之间是相关的,因此 $Q_{\hat{N}\hat{N}}$ 是一个满对称矩阵,这里需要对模

糊度去相关变换,得到转换后的模糊度协方差矩阵变成一个对角矩阵。

在去相关变换中还要充分考虑保持模糊度参数的整数特性,通常该过程可以表示为

$$\left.\begin{array}{l} \boldsymbol{N}' = \boldsymbol{Z}\boldsymbol{N} \\ \hat{\boldsymbol{N}}' = \boldsymbol{Z}\hat{\boldsymbol{N}} \\ \boldsymbol{Q}_{\hat{\boldsymbol{N}}'} = \boldsymbol{Z}\boldsymbol{Q}_{\hat{\boldsymbol{N}}}\boldsymbol{Z}^{\mathrm{T}} \end{array}\right\} \tag{4.6}$$

由于转换之后的模糊度 $\boldsymbol{N}'$ 必须保持整数特性,因此,转换矩阵 $\boldsymbol{Z}$ 需要满足以下几个条件:

(1) $\boldsymbol{Z}$ 中的各个元素都为整数;

(2)转换必须保持体积不变;

(3)转换必须使得所有模糊度方差的乘积减小;

(4) $\boldsymbol{Z}$ 的逆也必须由整数组成。

在完成去相关变换之后,可以采用序贯条件平差的策略进行搜索,一次确定模糊度。总结起来,LAMBDA 算法的实现过程分为以下几步:

(1)进行常规平差计算,产生模糊度的浮点解及其协方差矩阵;

(2)采用 $\boldsymbol{Z}$ 变换,对模糊度搜索空间重新参数化,使得模糊度浮点解去相关;

(3)采用序贯平差连同一个离散的搜索方法,对整周模糊度进行估计。通过逆变换 $\boldsymbol{Z}^{-1}$ 将模糊度重新变回原来的模糊度空间。

该方法在降相关过程中将搜索的 $N$ 维超椭球转换得到一个很接近球的椭球,从而大大缩小了整周模糊度的搜索空间,提高了搜索的效率。

### 4.1.5 楚列斯基分解快速模糊度搜索

得到双差模糊度的浮点解之后,可依据以下准则进行搜索

$$T = (\hat{\boldsymbol{N}} - \boldsymbol{N})\boldsymbol{Q}_{\hat{\boldsymbol{N}}}^{-1}(\hat{\boldsymbol{N}} - \boldsymbol{N}) = \min \tag{4.7}$$

为了减小式(4.7)中二次型的计算量,可对 $\boldsymbol{Q}_{\hat{\boldsymbol{N}}}^{-1}$ 进行楚列斯基分解,即

$$\boldsymbol{Q}_{\hat{\boldsymbol{N}}}^{-1} = \boldsymbol{C}^{\mathrm{T}}\boldsymbol{C} \tag{4.8}$$

其中,$\boldsymbol{C}$ 是一个上三角矩阵

$$\boldsymbol{C} = \begin{bmatrix} c_{1,1} & c_{1,2} & \cdots & c_{1,m} \\ 0 & c_{2,2} & & \vdots \\ \vdots & & \ddots & c_{m-1,m} \\ 0 & \cdots & 0 & c_{m,m} \end{bmatrix} \tag{4.9}$$

则

$$
\left.\begin{aligned}
T &= (\hat{\boldsymbol{N}} - \boldsymbol{N})\boldsymbol{Q}_{\hat{\boldsymbol{N}}}^{-1}(\hat{\boldsymbol{N}} - \boldsymbol{N}) \\
&= (\hat{\boldsymbol{N}} - \boldsymbol{N})\boldsymbol{C}^{\mathrm{T}}\boldsymbol{C}(\hat{\boldsymbol{N}} - \boldsymbol{N}) \\
&= [\boldsymbol{C}(\hat{\boldsymbol{N}} - \boldsymbol{N})]^{\mathrm{T}}[\boldsymbol{C}(\hat{\boldsymbol{N}} - \boldsymbol{N})] \\
&= \boldsymbol{f}^{\mathrm{T}}\boldsymbol{f} \\
&= f_1^2 + f_2^2 + \cdots + f_m^2
\end{aligned}\right\}
\tag{4.10}
$$

其中，$n$ 和 $\hat{n}$ 分别为 $\boldsymbol{N}$ 和 $\hat{\boldsymbol{N}}$ 的元素，有

$$
\left.\begin{aligned}
f_m &= (\hat{n}_m - n_m)c_{m,m} \\
f_{m-1} &= (\hat{n}_m - n_m)c_{m,m} + (\hat{n}_{m-1} - n_{m-1})c_{m-1,m-1} \\
&\quad\vdots \\
f_1 &= (\hat{n}_m - n_m)c_{m,1} + (\hat{n}_{m-1} - n_{m-1})c_{m-1,1} + \cdots + (\hat{n}_1 - n_1)c_{1,1}
\end{aligned}\right\}
\tag{4.11}
$$

模糊度快速搜索步骤为：

(1)选取首个模糊度整数值备选组，依据式(4.10)计算检验量 $T_1$，且令 $T_{\min} = T_1$。

(2)选取第二个模糊度整数值备选组，同样依据式(4.10)计算检验量 $T_2$，并比较 $T_{\min}$ 与 $T_2$ 的大小，得到 $T_{\mathrm{sec}} = \max(T_{\min}, T_2)$，$T_{\min} = \min(T_{\min}, T_2)$。

(3)继续选择一个模糊度整数值备选组，计算检验量 $T_i$。在计算时，由 $f_m \to f_1$ 进行，当计算到 $f_m^2 + f_{m-1}^2 + \cdots + f_k^2$ 时就已经大于 $T_{\mathrm{sec}}$，则停止计算，否则继续进行计算，得到 $T_{\mathrm{sec}} = \max(T_{\min}, T_i)$，$T_{\min} = \min(T_{\min}, T_i)$。

(4)反复进行步骤(3)，直到所有的备选组合计算完毕。

(5)对于 $T_{\min}$ 相对应的模糊度整数值进行相关验证，以确定其是否为最终解。

该方法的最大特点就是减小了计算检验量的计算量。

### 4.1.6　模糊度固定解可靠性检验

确定整周模糊度之后，对整周模糊度质量的验证是十分重要的，因此，需要确定整周模糊度估值的不确定性。Joosten 等学者指出整周模糊度估值的分布是一个概率函数，对于随机测量，模糊度固定成功率即为正确确定整周模糊度估计的概率。模糊度成功率等于浮点模糊度的概率密度函数的积分。

对于整数估计，Teunissen(1999)已证明 LAMBDA 算法在当前所有可用的整数估计法中具有最高的成功率。此外，选择适当的权矩阵对模糊度解算也很重要。过高或过低的精度描述都得不到最佳的模糊度成功率。

Joosten 等学者强调应该把成功率作为判断模糊度固定成功与否的标准。当使用模糊度的标准差时，由于使用标准差而忽略了相关性或模糊度变换改变了标准差的大小，所以得到的结果可能是错误的。Verhagen(2004)系统地比较了几种

整数验证法,并假设各种方法都是采用整数最小二乘平差进行模糊度计算,并提出只有最优和次优的备选解才需要验证,从而产生了比率测试,这是目前最常用的验证整周模糊度解的方法之一。比率值由次优的模糊度向量的残差平方和与最优的模糊度向量的残差平方和构成,将比率值与一个固定的阈值或临界值相比。这里的临界值是对两组备选解进行辨别,以确定是否具有足够置信度的指标,其作用是非常重要的。

　　关于临界值的选择也有众多的研究成果,Euler 等(1991)提出在自由度 5～10 选择临界值。Wei 等(1995b)选择临界值 2。Han 等(1996)提出当基于高度角定权时可选择临界值 1.5。Leick(2004)进行的研究则表明许多软件在使用中仅仅设定一个固定的临界值,如 3。这里对目前使用最广泛的 ratio 检验法进行简单介绍

$$\text{ratio} = \frac{(\check{\boldsymbol{N}}_{\text{sec}} - \hat{\boldsymbol{N}})^{\text{T}} \boldsymbol{Q}_{\hat{N}}^{-1} (\check{\boldsymbol{N}}_{\text{sec}} - \hat{\boldsymbol{N}})}{(\check{\boldsymbol{N}}_{\text{min}} - \hat{\boldsymbol{N}})^{\text{T}} \boldsymbol{Q}_{\hat{N}}^{-1} (\check{\boldsymbol{N}}_{\text{min}} - \hat{\boldsymbol{N}})} \geqslant k \qquad (4.12)$$

式中:$\check{\boldsymbol{N}}_{\text{min}}$ 和 $\check{\boldsymbol{N}}_{\text{sec}}$ 分别为整周模糊度备选组合中的最优解和次优解,$k$ 为常数。依据经验而定,如果式(4.12)成立,则认为最优解就是整周模糊度的最终解,反之认为没有正确的固定解,则模糊度浮点解作为模糊度参数的最终解。这里需要注意的是,式(4.12)验证的是浮点解 $\hat{\boldsymbol{N}}$ 与其最接近的整数解之间的接近程度,并不是验证 $\check{\boldsymbol{N}}_{\text{min}}$ 的正确性。常数 $k$ 是事先给定的定值,在实际情况中不能随模型自由度、观测环境等要素的变化而发生变化。实际上,顾及 ratio 检验的整数最小二乘估计是整数孔径估计(integer aperture estimation)中的一类,基于固定阈值的 ratio 检验并不是最优的。在实际应用中,对模糊度固定率和模糊度错误率同时进行兼顾并选定合适的检验阈值是非常重要且较为困难的。

## §4.2　多频模糊度快速解算模型

　　就整周模糊度解算而言,前面已经介绍了目前应用最广泛的整数最小二乘估计算法,例如楚列斯基分解算法、LAMBDA 算法等。这类方法都要经过一个复杂的模糊度整数解搜索过程。另一类方法则不需要这一搜索过程,而是利用不同伪距和相位组合其波长不同的特点"逐级"确定模糊度(cascading ambiguity resoiution,CAR),最为著名的是 TCAR(three carrierambiguity resoiution)算法和 CIR(cascade integer resoiution)算法。TCAR 和 CIR 模型计算较为简单,相比而言,基于整数最小二乘估计的整周模糊度搜索算法计算量要大一些,但其可靠性更有保证。

　　多频观测条件下,通过对原始观测量进行线性组合可以得到具有优良特性的虚拟组合观测量,此部分内容在 §2.2 中作了详细的描述。这里就经典 TCAR 算

法的数学模型进行详细的介绍。

围绕多频模糊度解算以及定位解算,许多学者先后进行了卓有成效的研究。Forssell 等(1997)和 Vollath 等(1999)最早提出了三频模糊度解算方法 TCAR,Jung 等(2000)和 Hatch 等(2000)则提出了序贯取整算法 CIR。实际上,早期的TCAR 算法和 CIR 算法的主要思想是一致的,均是采用无几何模型以及就近取整的模式。解算过程中依据虚拟波长从长到短的顺序,采用四舍五入就近取整的方法依次固定超宽巷模糊度、宽巷模糊度以及窄巷模糊度。多频信号观测条件下,Han 等(1999)对适用于不同尺度基线的一些重要的组合观测量进行了研究和探索。Teunissen 等(2002)对三频条件下 TCAR、CIR 以及 LAMBDA 算法的解算效果进行了比较,并建议将 TCAR 和 CIR 算法应用于无几何模型,而 LAMBDA 算法则应用于基于几何的观测模型。在此后的多年时间里,围绕 TCAR 模型的研究不断展开,并最终将其推广应用到基于几何的观测模型中。

### 4.2.1　经典 TCAR 算法

经典 TCAR 算法基于"三步走"策略,按照虚拟波长从长到短的顺序依次固定EWL、WL 和 NL 模糊度参数。在前两步中,模糊度参数得到固定的 EWL 和 WL组合可看作是具有较高精度且彼此不相关的"伪距"观测量,因此可应用于下一步解算。

无几何模型通过对虚拟伪距观测量和虚拟载波观测量进行线性组合,以消除诸如星地间几何距离、对流层延迟误差以及轨道误差等几何相关项,其模型描述如下

$$\Delta P_{(l,m,n)} - \Delta \phi_{(i,j,k)} = \lambda_{(i,j,k)} \Delta N_{(i,j,k)} + (\beta_{(l,m,n)} + \beta_{(i,j,k)}) \Delta \delta I_1 + \varepsilon_{\Delta P_{(l,m,n)}} - \varepsilon_{\Delta \phi_{(i,j,k)}} \quad (4.13)$$

对应的组合观测噪声(单位:周)为

$$\sigma_{TN} = \frac{\sqrt{(\beta_{(l,m,n)} + \beta_{(i,j,k)})^2 \Delta \delta I_1^2 + \mu_{(l,m,n),p}^2 \sigma_{\Delta P}^2 + \mu_{(i,j,k)}^2 \sigma_{\Delta \varphi}^2}}{\lambda_{(i,j,k)}} \quad (4.14)$$

由于组合之后放大了载波噪声,通常情况下,无几何模型需要经过多历元平滑才能成功固定模糊度参数。

基于无几何模型的经典 TCAR 算法分下面三步对模糊度参数浮点解进行逐级取整。

#### 1. 超宽巷(EWL)模糊度解算

对于 BDS 而言,由于 B3 频点上的伪距观测量 $P_3$ 具有较高的精度,可将其用于 EWL 模糊度解算。忽略电离层延迟误差和观测噪声,EWL 模糊度参数$\Delta N_{(0,-1,1)}$ 计算如下

$$\Delta N_{(0,-1,1)} = \left[\frac{\Delta P_3 - \Delta \phi_{(0,-1,1)}}{\lambda_{(0,-1,1)}}\right] \tag{4.15}$$

式中：[·]表示取整算子。

**2. 宽巷(WL)模糊度解算**

将模糊度参数得到固定的 EWL 看作是高精度的"伪距"观测量，用于解算 WL 模糊度 $\Delta N_{(1,0,-1)}$ 和 $\Delta N_{(1,-1,0)}$

$$\Delta \tilde{\phi}_{(0,-1,1)} = \Delta \phi_{(0,-1,1)} + \Delta N_{(0,-1,1)} \tag{4.16}$$

$$\Delta N_{(1,-1,0)} = \frac{\Delta \tilde{\phi}_{(0,-1,1)} - \Delta \phi_{(1,-1,0)}}{\lambda_{(1,-1,0)}} \tag{4.17}$$

$$\Delta N_{(1,0,-1)} = \frac{\Delta \tilde{\phi}_{(0,-1,1)} - \Delta \phi_{(1,0,-1)}}{\lambda_{(1,0,-1)}} \tag{4.18}$$

**3. 窄巷(NL)模糊度解算**

同理，将模糊度参数得到固定的 WL 用于辅助解算 NL 模糊度。

$$\left.\begin{array}{l}\Delta \tilde{\phi}_{(1,-1,0)} = \Delta \phi_{(1,-1,0)} + \Delta N_{(1,-1,0)}\\ \Delta \tilde{\phi}_{(1,0,-1)} = \Delta \phi_{(1,0,-1)} + \Delta N_{(1,0,-1)}\end{array}\right\} \tag{4.19}$$

$$\Delta N_{(1,0,0)} = \frac{\Delta \tilde{\phi}_{(1,-1,0)} - \Delta \phi_{(1,0,0)}}{\lambda_{(1,0,0)}} \tag{4.20}$$

$$\left.\begin{array}{l}\Delta N_{(0,1,0)} = \Delta N_{(1,0,0)} - \Delta N_{(1,-1,0)}\\ \Delta N_{(0,0,1)} = \Delta N_{(1,0,0)} - \Delta N_{(1,0,-1)}\end{array}\right\} \tag{4.21}$$

在第一步中，即使伪距观测量 $P_3$ 的噪声标准差为 0.1 m，组合观测量 $\phi_{(0,-1,1)}$ 的噪声为 0.068 周（短基线条件下），对于 BDS，基于双差的 EWL 模糊度解的标准差为 0.071 周，通过直接取整的方法是可以准确得到固定解的。对于第二步中的 WL 模糊度解算，由于双差大气延迟残差和观测噪声的影响，当基线长度增加时，通过直接取整的方法固定 WL 模糊度参数，成功率会明显降低。

### 4.2.2 综合 TCAR 算法

Vollath 提出的综合 TCAR 算法充分考虑了所有的观测信息，因此相较于经典 TCAR 模型，其模糊度固定成功率要高一些。综合 TCAR 算法实际上可以看作是 LAMBDA 算法的一种特殊形式，即使用系数固定的虚拟观测值（超宽巷或宽巷组合），且采用最简单的取整方式作为模糊度的搜索方式。作为对综合 TCAR 模型的完善和发展，Vollath 提出将综合 TCAR 模型与前面所述的搜索方法结合的方式以提高解算结果的可靠性。这里对综合 TCAR 模型进行简单介绍（范建军 等，2007）。

对于两颗观测卫星，选取一个超宽巷观测量和一个宽巷观测量，基于几何的观测方程式为

$$L_c = A_c x_c + v_c \tag{4.22}$$

其中

$$L_c = CL = [P_1 \quad P_2 \quad P_3 \quad \lambda_1 \phi_1 \quad \lambda_{1,-1,0} \phi_{1,-1,0} \quad \lambda_{0,1,-1} \phi_{0,1,-1}]^{\mathrm{T}} \atop x_c = [\rho \quad N_1 \quad N_{1,0,-1} \quad N_{0,1,-1}] \bigg\} \tag{4.23}$$

$$A_c = \begin{bmatrix} 1 & 0 & 0 & 0 \\ 1 & 0 & 0 & 0 \\ 1 & 0 & 0 & 0 \\ 1 & -\lambda_1 & 0 & 0 \\ 1 & 0 & -\lambda_{1,-1,0} & 0 \\ 1 & 0 & 0 & -\lambda_{0,1,-1} \end{bmatrix} \tag{4.24}$$

其中, $C = \begin{bmatrix} 1 & 0 & 0 & 0 & 0 & 0 \\ 0 & 1 & 0 & 0 & 0 & 0 \\ 0 & 0 & 1 & 0 & 0 & 0 \\ 0 & 0 & 0 & 1 & 0 & 0 \\ 0 & 0 & 0 & \lambda_{1,-1,0}/\lambda_1 & -\lambda_{1,-1,0}/\lambda_2 & 0 \\ 0 & 0 & 0 & 0 & \lambda_{0,1,-1}/\lambda_2 & -\lambda_{0,1,-1}/\lambda_3 \end{bmatrix}$

依据误差传播定律,上述观测方程中的观测量的协方差矩阵为

$$\Sigma_{L_c} = C\Sigma_L C^{\mathrm{T}} \tag{4.25}$$

其解算过程分为以下 3 步:

(1)采用标准最小二乘平差解算方程组式(4.22),对解算得到的超宽巷模糊度参数浮点解采用直接取整的方式得到固定解。由于超宽巷组合观测量的波长较长,组合观测噪声的影响较小,因此在短基线条件下,这一步直接取整的成功率是极高的。将模糊度参数得到固定的超宽巷组合观测量作为精密测距观测量,其精度要远高于伪距观测量。

(2)将得到固定的模糊度参数 $N_{0,1,-1}$ 作为已知值回代到观测方程式中,继续进行平差解算,同样采用取整的方法对宽巷模糊度的浮点解进行固定。在这一步骤中,有

$$x_c = [\rho \quad N_1 \quad N_{1,0,-1}] \atop A_c = \begin{bmatrix} 1 & 0 & 0 \\ 1 & 0 & 0 \\ 1 & 0 & 0 \\ 1 & -\lambda_1 & 0 \\ 1 & 0 & -\lambda_{1,-1,0} \\ 1 & 0 & 0 \end{bmatrix} \Bigg\} \tag{4.26}$$

可以看到,由于这一步中模糊度参数减少,且将精度较高的超宽巷观测量作为已知量增强了解算模型的强度,因此,这一步中解算结果精度会有大幅提高。

(3)与第二步类似,将模糊度得到固定的宽巷观测量作为已知值回代到方程式中,进行平差解算,并对得到的窄巷模糊度浮点解取整固定。不难看出,相较于经典 TCAR 算法,综合 TCAR 算法能够更加可靠地得到模糊度的浮点解。

经典 TCAR 算法基于无几何模型,而综合 TCAR 算法则基于几何观测模型,后者相较于前者估计的观测信息更多,模型强度更强,因此解算效率更高。但是两者都是基于短基线进行解算的,并且均是采用直接取整的方式固定浮点解,因此在实际应用中,当观测环境较为复杂时,尤其在动态条件下,成功率很难保证。

随着基线长度的增加,双差电离层延迟的影响越来越不容忽略,Feng(2008)对具有弱电离层延迟的虚拟组合观测量进行了深入的研究,并将其引入到几何解算模型中,然后采用 LAMBDA 算法对平差之后得到的浮点解进行固定,提高了模糊度解算的成功率,由此拓展了 TCAR 模型的应用。

# 第 5 章　周跳实时探测与修复

## §5.1　概　述

基于载波相位观测量的实时精密定位手段以其高精度的特点在各个领域发展和应用开来。然而,载波相位观测量由于导航信号遮挡、恶劣的电离层条件以及多路径等造成累积相位从而产生一个整周数的跳变,因此,如何在数据预处理过程中对周跳进行实时探测与修复,以保证模糊度解算的可靠性和正确性,一直是 GNSS 研究的重点和热点。

周跳的探测和修复是 GNSS 数据处理过程中的重要部分,因此,有效的周跳探测与修复算法在数据处理过程中不断得到应用与完善。总结近些年来就周跳探测与修复所提出的方法大致可以归纳为 4 类:消去法、基于观测域法、基于坐标域法和基于模糊度域法(李征航 等,2009)。具体来讲,不同的方法适用于不同的测量环境。目前,载波相位精密导航定位中的周跳探测方法主要有码相组合法、电离层残差法、多普勒积分法及历元间差分法。北斗卫星导航系统在体制上的最大创新在于率先实现了三频测距信号的播发。相比双频数据,三频数据能够形成更多更优的线性组合观测量,其等效波长更长,观测噪声和电离层影响也更小,这些优良组合观测量为周跳探测与修复提供了更多选择和帮助。

Zhen 等(2009)提出一种实时的算法,用以探测和修复三频 GNSS 数据中的周跳值,并将该算法应用于单点定位数据处理中。其提出的算法中应用两个无电离层线性组合以及 LAMBDA 算法对周跳备选值进行搜索,并结合 GPS 三频实测数据进行了周跳的探测与修复。Xu 等(2011)研究利用三频无几何组合进行实时周跳探测与修复。Lacy 等(2012)采用 5 个无几何线性组合,通过递进方式探测和确定周跳。黄令勇等(2012)通过北斗三频载波相位无几何组合探测和修复周跳,该方法周跳修复过程较为复杂。李金龙等(2011)将载波观测量和伪距观测量进行组合以探测和修复周跳,但其探测效果受伪距噪声的影响。上述这些方法由于忽略历元间的电离层延迟变化,大都只能应用于高数据采样率或者电离层延迟变化平稳的情况。然而,在电离层活动剧烈时,忽略历元间电离层延迟变化往往会引起周跳探测与修复错误,进而影响 RTK 定位精度和可靠性。

本章首先介绍周跳产生的原因以及特性,然后对几种经典的周跳探测模型进行介绍。然后分别介绍两种基于 BDS 三频信号的周跳实时探测与修复模型。

### 5.1.1　周跳的起因与特性

在 GNSS 接收机进行连续的载波相位测量过程中,某些特殊的原因导致接收机整周计数发生错误,造成接收机得到的相位观测值与正常情况下的观测值之间会发生整数周的跳变,而两者的小数部分即不足一周的部分保持不变,这种观测值发生跳变的现象就称之为周跳(cycle slip)。引起周跳的因素有很多,大致可以归纳为以下几种情况。

(1)障碍物对信号的遮挡。接收机天线周围的树木、建筑物、桥梁及电线杆等都会对信号产生遮挡,使卫星信号无法到达接收机天线。

(2)接收机自身的运动。接收机在锁定信号时,需要事先预测接收机与导航卫星之间相对运动而引起的信号多普勒频移。卫星的运动状态和趋势是有规律的,而地面接收机的运动则是无法预定的,这就导致对多普勒频移的预测难度会增加,甚至会导致卫星信号的失锁。

(3)到达地面接收机处的卫星信号的信噪比低。当到达地面接收机处的卫星信号的信噪比过低时,会使得接收机无法正常锁定卫星信号,从而引起周跳。当卫星高度角较低时,信号在大气中的传播距离变得更远,信号的损耗也相应变大,最终造成到达接收机的卫星信号的信噪比下降。此外,电离层的活动、其他射频信号的干扰以及多路径效应,也会造成卫星信号的信噪比下降。

(4)接收机或卫星内部故障。接收机内部软件发生不可预知的故障,导致无法正常处理卫星信号,或者卫星内部振荡器出现故障,所产生的信号不正确,都会导致周跳的产生。

在进行连续的载波相位测量时,如果接收机对某一颗卫星的载波相位观测值在某一历元发生了周跳,那么,这颗卫星的后续所有历元的载波相位观测值都会引入一个大小相同的整周数偏差(图 5.1)

$$\phi = \tilde{\phi} + \Delta N \qquad (5.1)$$

式中:$\Delta N$ 表示周跳;$\tilde{\phi}$ 表示理想观测值;$\phi$ 表示实际观测值。一旦发生周跳,受影响的载波相位观测值通常不止一个历元,而是相连的多个历元。很明显,由于多个历元的载波相位观测值同时引入了一个整数偏差,这就对数据处理造成严重的影响,因此,必须考虑对这部分影响予以消除,才能保证数据处理的可靠性。

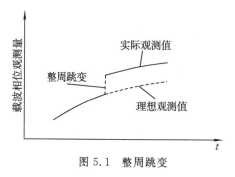

图 5.1　整周跳变

由图 5.1 可以看出,在理想状况下,载波相位观测值是一条随时间变化的平滑曲线。当某一历元第一次出现周跳时,这种平滑特性就被打破了。通常在静态测量条件下,可以利用这一平滑特性进行周跳的探测。

## 5.1.2 周跳的探测与处理

在数据预处理过程中,周跳处理之前首先要进行周跳的探测。所谓周跳探测,就是要确定载波相位观测值的时间序列中所发生周跳的位置,包括卫星号、载波频率以及发生周跳的历元。周跳探测的方法有很多,归纳起来大致可以分为以下几类。

(1)基于载波相位观测值的平滑特性进行周跳的探测。代表方法有多项式拟合法和高次差法。载波相位观测值随时间的变化主要受站星间几何距离的影响,而站星间几何距离的变化规律是由卫星和地面接收机的运动决定的。对于观测卫星而言,其运动存在较强的规律性,当地面接收机的运动规律难以把握的时候,载波相位观测值的平滑特性也就不存在了,因此,该类方法通常适用于静态观测数据的预处理。此外,一些观测误差在时间上发生突变时,如电离层延迟、对流层延迟和钟差的跳变,都会导致该类方法的失败。

(2)基于各类观测值组合进行周跳的探测。代表方法有码相组合法、电离层残差法以及多普勒积分法。此类方法的基本思路就是将不同的观测值组合在一起,得到一些具有适于周跳探测属性的组合观测量,例如与接收机至卫星间几何距离无关的组合。与前一类方法相比,该类方法的优点是不受接收机钟差和卫星钟差的影响,适用于动态测量状态下的数据处理。

(3)基于观测值估值残差进行周跳的探测。代表方法有三差观测值残差法和历元间差分法。鉴于周跳会对最终的定位结果造成显著的影响,因此,可以通过分析参数估计后得到的观测值残差进行周跳的探测。

对于上述的 3 类周跳探测方法,在实际应用过程中,要综合考虑定位模式、接收机运动状态、基线长度以及可用数据类型等各个因素。

周跳探测成功之后,下一步要做的就是对周跳进行处理,通常的做法主要有以下两种。

(1)对周跳进行修复。所谓周跳的修复就是在确定周跳发生的时刻以及大小后,对原始的载波相位观测数据进行改正,使数据能够正常使用。对于非差、单差和双差载波相位观测数据,改正的具体方法是从发生周跳的历元开始,在后续的所有载波相位观测值上均添加一个改正数,即周跳值。对于三差载波相位观测值,仅在周跳发生的历元添加改正数。对周跳进行修复的目的是使观测数据能够正常使用,但是这种处理方式也存在一定的风险,如对周跳发生的时刻或者周跳的大小判断错误的时候,就会在原始载波观测值上附加错误的改正信息,从而对最终的数据处理结果造成严重的影响。

(2)附加新的模糊度参数。鉴于直接对原始观测数据进行修复会有如上所述的不足,可以考虑在探测到周跳发生之后,在载波相位观测方程当中添加一个新的模糊度参数,这一新的模糊度参数会同其他所有参数一起进行估计。显然,新添加的模糊度参数与周跳发生之前的模糊度参数的差值 $\Delta N$ 就是周跳的大小

$$\Delta N = N_2 - N_1 \tag{5.2}$$

式中:$N_2$ 为周跳发生前的模糊度参数;$N_1$ 为周跳发生后的模糊度参数。与第一种处理方法相比,附加新的模糊度参数更为可靠。即使发生"误探"的情况,即将没有周跳的数据当作有周跳进行处理,也不会对最终的处理结果造成实质的影响。这里需要说明的是,该方法由于引入了新的估计参数,因此会在一定程度上增大模糊度解算的难度。为了进一步深入对周跳探测与修复模型的了解,下面将着重对多项式拟合法、高次差法、码相组合法、电离层残差法以及多普勒积分法进行详细的介绍。

**1. 多项式拟合法**

多项式拟合法是利用一个低阶多项式对周跳检测量时间序列的连续性检测。该方法在 Bernese 基线解算软件中得到了应用。多项式拟合得到的值与实际观测值之间出现较大的差异时,则认为探测到了周跳的发生。

这里假设多项式的形式为

$$\phi(t) = a_0 + a_1 t + a_2 t^2 + \cdots + a_n t, \quad m > n+1 \tag{5.3}$$

式中:$m$ 为载波相位观测值时间序列的长度;$t$ 为观测历元;$a$ 为拟合系数;$\phi(t)$ 为载波相位观测量。由拟合残差 $\nu_i$ 可以计算得到

$$\sigma = \sqrt{\frac{\sum_{i=0}^{m} \nu_i^2}{m - (n+1)}} \tag{5.4}$$

由拟合得到的多项式求得下一个历元的载波相位观测值 $\phi'(t_{m+1})$,将其与实际观测值 $\phi(t_{m+1})$ 进行比较。如果

$$|\phi'(t_{m+1}) - \phi(t_{m+1})| \leqslant 3\sigma \tag{5.5}$$

那么认为该历元的观测值不存在周跳,并将该历元的实际观测值纳入用于拟合的时间序列当中,且去掉原序列的首个观测量,然后拟合下一个历元的观测量,以此类推,重复前面的检测过程。如果存在

$$|\phi'(t_{m+1}) - \phi(t_{m+1})| > 3\sigma \tag{5.6}$$

那么就认为该历元存在周跳。周跳的大小就是拟合观测量的整数部分与实际观测值的整数部分之间的差值。

上述探测的过程存在一个假设前提,那就是在观测时段内,载波相位观测量是随着时间均匀变化的,也就是之前提到的平滑特性。但是在实际应用中,由于接收机的无规律运动会导致这一平滑特性并不存在,因此会存在较大的偏差,使该模型仅限于静态数据处理。此外,模型的效果还与观测值的质量有关。

### 2. 高次差法

由于接收机与卫星之间的几何距离在不断发生着变化,因而构造得到的周跳检测量也是不断变化的,这种变化应该是平滑的、有规律的,而周跳会破坏这种规律性。高次差法就是根据这一特性进行一些大的周跳的探测。用于探测等间距的观测序列的异常,高次差法是简单且行之有效的。对于低阶差分的异常,通过不断的差分,这种异常被进一步放大,以便于分辨和识别。实质上,高次差法是一种减法滤波,类似于一个高通滤波器,消除了其常数部分,对于高频部分(如周跳)则被放大(李学逊,1994)。表 5.1 给出了高次差法的原理。

表 5.1　高次差法

| $t_i$ | $y(t)$ | $y^1$ | $y^2$ | $y^3$ | $y^4$ |
|---|---|---|---|---|---|
| $t_1$ | 0 | — | — | — | — |
| — | — | 0 | — | — | — |
| $t_2$ | 0 | — | 0 | — | — |
| — | — | 0 | — | $\varepsilon$ | — |
| $t_3$ | 0 | — | $\varepsilon$ | — | $3\varepsilon$ |
| — | — | $\varepsilon$ | — | $-2\varepsilon$ | — |
| $t_4$ | $\varepsilon$ | — | $-\varepsilon$ | — | $3\varepsilon$ |
| — | — | 0 | — | $\varepsilon$ | — |
| $t_5$ | $\varepsilon$ | — | 0 | — | $-\varepsilon$ |
| — | — | 0 | — | 0 | — |
| $t_6$ | $\varepsilon$ | — | 0 | — | — |
| — | — | 0 | — | — | — |
| $t_7$ | $\varepsilon$ | — | — | — | — |

这里需要说明的是,接收机振荡器的随机误差可能会造成载波相位两周左右的误差。如果直接用原始的载波相位观测量作为信号 $y(t)$,高次差法通常只能用于检测较大的周跳。

### 3. 码相组合法

码相组合法分为两种:单频码相组合法和双频码相组合法。这两种方法都是基于伪距和载波相位组合进行周跳的探测,区别是采用的数据种类有所不同。

1)单频码相组合法

单频码相组合法仅采用单频伪距和载波相位观测量,其形式可表示如下(李征航 等,2009)

$$\phi - \frac{1}{\lambda}R = -N - 2\frac{\delta\rho_1}{\lambda} \tag{5.7}$$

式中:$\phi$ 为载波相位观测量;$R$ 为伪距观测量;$\delta\rho_1$ 为电离层延迟;$\lambda$ 为载波相位观测量的波长。由式(5.7)可以看出,当电离层延迟 $\delta\rho_1$ 的变化较小时,通过对式(5.7)中构造的检测量进行逐历元作差,若历元间差值变化不大,就认为不存在周跳。此外,单频码相组合法适用于动态定位,且不受卫星钟差和接收机钟差的影响。但是对于低采样率的观测数据,由于时间间隔大,电离层延迟的变化量相应变大,对检测量历元间差值会造成一定的影响,导致该方法周跳探测效果下降。

2)双频码相组合法

相比单频码相组合法,双频码相组合法采用更多的观测量:双频伪距观测量和双频载波相位观测量。通常采用的是 Melbourne-Wübbena 组合,模型如下

$$N_1 - N_2 = \frac{f_1 - f_2}{f_1 + f_2}\left(\frac{R_1}{\lambda_1} + \frac{R_2}{\lambda_2}\right) - (\phi_1 - \phi_2) \tag{5.8}$$

式中:下标 1 和 2 表示两个频点信号。对式(5.8)中构造的检测量进行历元间作差,如果历元间的变化量不大,则认为没有周跳发生。该方法同样适用于动态定位,但是由于两个频点的观测信息叠加在了一起,所以即便探测到了周跳的发生,也不能准确分辨出周跳在哪个频点上,此时需要结合其他的探测模型,一起进行周跳的探测。

### 4. 电离层残差法

电离层残差法仅采用双频载波相位观测量,将两个观测量进行组合得到一个新的几何无关观测量 $\phi_{GF}$ ,即

$$\phi_{GF} = \lambda_1 \phi_1 - \lambda_2 \phi_2 = \lambda_1 N_1 - \lambda_2 N_2 + \left(1 - \frac{f_1^2}{f_2^2}\right)\rho_{I_1} \tag{5.9}$$

对于式(5.9),在不存在周跳的情况下,进行历元间作差,可以得到

$$\phi_{GF}(t_{i+1}) - \phi_{GF}(t_i) = \left(1 - \frac{f_1^2}{f_2^2}\right)\left[\rho_{I_1}(t_{i+1}) - \rho_{I_1}(t_i)\right] \tag{5.10}$$

由式(5.10)不难看出,检测量的历元间差分值受到电离层延迟变化量的影响。一般情况下,电离层延迟的历元间变化量是一个非常小的值,因此,当检测量的历元间差分值出现大的跳变时,则认为发生了周跳。电离层残差法由于不受站星间几何距离的影响,因此适用于动态条件下的数据处理,且不受卫星钟差和接收机钟差的影响。此外,由于模型仅采用了载波相位观测量,因此其探测精度较高,对于小周跳也可以进行探测。但是,该方法的缺点也很明显,主要有两个:一是两个频点上的周跳会叠加在一起,不能准确地分辨出各个频点上独立的周跳信息,需要结合其他的模型进行周跳探测。二是对于电离层活动较为剧烈的观测时段,电离层延迟的差分值变化会出现波动,就会使上述方法有可能出现"漏探"或者"误探"的情况,这也是该方法的局限所在。

### 5. 多普勒积分法

多普勒观测值与载波相位观测值之间的关系可以表示如下

$$N(t_{i+1}) - N(t_i) = \phi(t_{i+1}) - \phi(t_i) - \int_{t_i}^{t_{i+1}} D(t)\,\mathrm{d}t\ \frac{1}{2} \qquad (5.11)$$

式中：$D$ 表示多普勒观测信息。在没有周跳存在的情况下：

$$N(t_{i+1}) = N(t_i) \qquad (5.12)$$

在没有周跳发生的情况下，检测量 $N(t_{i+1}) - N(t_i)$ 仅受观测噪声的影响，因此，当该值超过某一限值的时候，就认为发生了周跳。多普勒积分法不受站星间几何距离的影响，因此适用于动态条件下的数据处理，但是，需要注意的是，该方法会受到卫星钟差和接收机钟差的影响。

## §5.2　基于 BDS 三频非差数据的周跳实时探测与修复

三频信号可以形成多个具有优良特性的线性组合观测量，在周跳探测与修复过程中能够有效克服电离层活动造成的不利影响。后面将进一步分析 BDS 三频信号在周跳实时探测与修复方面的性能，并分别针对电离层平稳变化以及活跃状态两种情况，着重介绍两种基于 BDS 三频非差观测的实时周跳探测与修复模型，在实验部分将采用实测数据对两种模型进行论证与分析。

### 5.2.1　北斗基本观测量及观测方程

北斗导航卫星可同时发播 3 个频率的导航信号：B1(1 561.098 MHz)，B2(1 207.14 MHz)，B3(1 268.520 MHz)。在历元 $t$ 时刻，北斗非差载波和伪距观测方程式的数学模型如下

$$\left. \begin{array}{l} P_i(t) = D(t) + k_{1i}I(t) + \varepsilon_p(t) \\ L_i(t) = D(t) - k_{1i}I(t) + B_i + \varepsilon_L(t) \end{array} \right\} \qquad (5.13)$$

式中：$i = 1$、$2$、$3$，代表 3 个频率；$P_i$ 和 $L_i$ 为对应频率 $f_i$ 的伪距观测值和载波相位观测量；$\varepsilon_p$ 和 $\varepsilon_L$ 为伪距观测量和载波观测量的观测噪声，包括多径效应的影响；$D$ 为非离散延迟，可理解为信号在钟差和对流层延迟条件下的传播距离；$I$ 为对应 $f_1$ 频点的电离层延迟，通过计算系数 $k_{1i} = (f_1/f_i)^2$，可以得到对应 $f_i$ 频点上的电离层延迟；$B_i$ 为非零初始相位和整周载波相位模糊度 $N_i$ 的和，$f_i$ 频点上的初始载波相位模糊度通常为非整数值。

周跳探测和修复可以看成是探求含有噪声的规则采样下平滑信号时间序列的非连续性。本书中处理的时间序列是载波观测值 $L_1$、$L_2$、$L_3$ 和伪距观测值 $P_1$、$P_2$、$P_3$ 的线性组合。对于 BDS，这里载波观测值的观测噪声为理想的 $\sigma_{L_1} = \sigma_{L_2} = \sigma_{L_3} = 0.002\ \mathrm{m}$，而伪距观测值的观测噪声为 $\sigma_{P_1} = \sigma_{P_2} = 0.2\ \mathrm{m}$，$\sigma_{P_3} = 0.04\ \mathrm{m}$，整周周跳值表示为 $\delta N_1$、$\delta N_2$、$\delta N_3$。

在充分考虑历元间电离层延迟变化影响的前提下,这里给出一种基于北斗三频非差数据的实时探测、修复周跳的算法,探测过程中应用了 5 种线性无几何组合,基于三步法进行周跳探测。对于探测到的不同周跳组合,通过特定的三频载波相位线性组合进行有效的分辨和修复,最后基于北斗三频实测数据,分别就 1 s、15 s、30 s 不同采样间隔条件下的周跳探测和修复能力进行验证。

### 5.2.2　周跳探测

本小节的周跳探测基于载波和伪距观测值分 3 步构造了 5 种线性组合。第一步,对伪距和载波观测量进行线性组合用以探测"大周跳",即远大于观测噪声的周跳值。第二步,通过载波线性组合探测"小周跳"。第三步,构造基于载波观测量的线性组合对前两步未探测到的周跳组合进行探测。

#### 1. 大周跳

第一步中,载波和伪距观测量线性组合的约束条件为:组合噪声最小以及无几何。其方程可表示如下

$$Y_i(t) = a_{ii}L_i(t) + b_{i1}P_1(t) + b_{i2}P_2(t) + b_{i3}P_3(t) \tag{5.14}$$

式中:$a_{ii} = 1, b_{i1} = b_{i2} = -\dfrac{1}{27}, b_{i3} = -\dfrac{25}{27}(i=1,2,3)$。组合系数可以通过以下约束条件得到,即

$$\left. \begin{aligned} & a_{ii} = 1 \\ & a_{ii} + b_{i1} + b_{i2} + b_{i3} = 0 \\ & \min_{b_{i1},b_{i2},b_{i3}} \left[ a_{ii}^2 \sigma_{L_i} + b_{i1}^2 \sigma_{P_1}^2 + b_{i2}^2 \sigma_{P_2}^2 + b_{i3}^2 \sigma_{P_3}^2 \right] \end{aligned} \right\} \tag{5.15}$$

依据误差传播定律,观测量 $Y_i$ 的标准差 $\sigma_{Y_i}$ 为 7 cm 的水平,为了避免将未模型化的误差放大,令系数 $a_{ii} = 1$。将式(5.13)代入式(5.14)可知,$Y_i$ 可表示为初始模糊度参数、电离层延迟项以及观测噪声三者之和。其中,电离层延迟项可以表示为

$$M_i = -K_{1i}a_{ii} + b_{i1} + K_{12}b_{i2} + K_{13}b_{i3} \tag{5.16}$$

式中:$M_i(i=1,2,3)$ 分别取 $-2.50$、$-3.17$、$-3.02$;$K_{1i} = f_1^2/f_i^2(i=1,2,3)$,$K_{11} = 1, K_{12} = 1.6724, K_{13} = 1.5145$。

式(5.14)中线性组合的优点在于 3 个载波上的周跳不会被叠加和混淆,因此,一个载波上的周跳不会受到另一载波上周跳的补偿和干扰。将相邻两个历元的观测量 $\lambda_{WL12}^B$ 组差得到 $\Delta Y_i$。需要注意的是,$\Delta Y_i$ 可看作是均值为 $\delta N_i \lambda_i$ 的随机变量,其方差取决于组合观测量噪声标准差 $\sigma_{Y_i}$ 和历元间电离层延迟变化量的方差。

这里采用两组北斗三频实测数据进行分析,数据采集地点为郑州,采集时间为 2012 年 12 月 28 日,观测时长分别为 3 h 和 2 h,其电离层延迟变化统计信息如表 5.2 所示。

表 5.2  电离层延迟变化统计

| 采样间隔/s | 数据集 1 | | 数据集 2 | |
|---|---|---|---|---|
| | 标准差/m | 最大值/m | 标准差/m | 最大值/m |
| 1 | 0.003 | 0.015 | 0.003 | 0.017 |
| 15 | 0.005 | 0.027 | 0.006 | 0.030 |
| 30 | 0.006 | 0.037 | 0.007 | 0.041 |

即使对于 30 s 的采样间隔，电离层延迟变化的标准差仍小于 1 cm。因此，假定观测噪声与时间无关，且电离层变化量 $\Delta I$ 是与观测噪声无关的随机量，其均值为 0，标准差 $\sigma_{\Delta I}=1$ cm，则 $\Delta Y_i$ 的方差可由式(5.17)计算得到

$$\sigma_{\Delta Y_i}^2 = 2\sigma_{Y_i}^2 + M_i^2\sigma_{\Delta I}^2 \tag{5.17}$$

计算得到 $\sigma_{\Delta Y_i}\approx 6$ cm，$(i=1,2,3)$。将周跳探测的门限值设定为 $4\sigma_{\Delta Y_i}$。假定 $\Delta Y_i$ 服从正态分布，均值为 $\delta N_i\lambda_i$，假设 $H_0:\delta N_i=0$ 被拒绝，即探测到周跳存在，则

$$\Delta Y_i(t)=|Y_i(t)-Y_i(t-1)|>4\sigma_{\Delta Y_i}\approx 24 \text{ cm} \tag{5.18}$$

对应置信水平 $\alpha=P(|Z|>4)=0.006\%$，可见周跳探测"误探"的可能性非常小。当 $H_0$ 被接受时，并不表示不存在周跳。当存在周跳 $\delta N_i$ 而探测不到的概率，即"漏探"的可能性为

$$\beta=P\left(Z>\frac{\delta N_i\lambda_i-4\sigma_{\Delta Y_i}}{\sigma_{\Delta Y_i}}\right) \tag{5.19}$$

将组合观测量 $Y_1$、$Y_2$、$Y_3$ 上存在的周跳 $\delta N_1$、$\delta N_2$、$\delta N_3$ 的取值设为 $1\sim 10$，并假定漏探的概率 $\beta<0.01\%$，得到 3 个频点上不能有效探测到的周跳值为 $|\delta N_i|=1$，$2(i=1,2,3)$，本书将这几种周跳称为"小周跳"，其探测的方法将在后文中阐述。

**2. 小周跳**

为了能够探测"小周跳"，需进一步降低组合观测值噪声。这里仅采用载波观测值构造无几何和无电离层组合，其数学模型如下

$$Y_4(t)=a_{41}L_1(t)+a_{42}L_2(t)+a_{43}L_3(t) \tag{5.20}$$

式中：$a_{41}=-2.348$；$a_{42}=-7.652$；$a_{43}=10$。组合系数可以通过以下约束条件得到，即

$$\left.\begin{array}{l}a_{43}=10\\ a_{41}+a_{42}+a_{43}=0\\ a_{41}+K_{12}a_{42}+K_{13}a_{43}=0\end{array}\right\} \tag{5.21}$$

由于组合观测量 $Y_4$ 是无电离层的，因此，假定其观测噪声是与时间无关的，则 $\Delta Y_4$ 的方差为 $\sigma_{\Delta Y_4}^2=2\sigma_{Y_4}^2$。假定 $\Delta Y_4$ 服从正态分布，假设 $H_0:\delta N_1=\delta N_2=\delta N_3=0$ 被拒绝，即探测到周跳存在，有 $\Delta Y_4(t)=|Y_4(t)-Y_4(t-1)|>4\sigma_{\Delta Y_4}\approx 14.4$ cm，置信水平为 $\alpha=0.006\%$。

对所有的"小周跳"组合进行探测，可得到不能被探测的周跳组合有(1,1,1)、

(−1,−1,−1)、(2,2,2)以及(−2,−2,−2),对于这 4 种特定的周跳组合,其探测方法将在后文进行阐述。需要说明的是,这里只是对"小周跳"进行探测,至于周跳存在于哪一个频点以及如何修复,将在后文通过构造新的观测量进行分辨和修复,对于"大周跳"和特定的周跳组合的情况也是如此。

### 3. 特定周跳组合

为了能够探测到上述的几种特定的周跳组合,构造如下的观测量

$$Y_5(t) = a_{51}L_1(t) + a_{52}L_2(t) + a_{53}L_3(t) \tag{5.22}$$

式中:$a_{51}=1$;$a_{52}=-0.62$;$a_{53}=-0.38$。组合系数可以通过以下约束条件得到,即

$$\left.\begin{array}{l} a_{51}=1 \\ a_{51}+a_{52}+a_{53}=0 \\ \max\limits_{a_{52},a_{53}}\left[\dfrac{(a_{51}\lambda_1+a_{52}\lambda_2+a_{53}\lambda_3)^2}{\sigma^2_{\Delta Y_5}}\right] \end{array}\right\} \tag{5.23}$$

其中,

$$\left.\begin{array}{l} \sigma^2_{\Delta Y_5}=2\sigma^2_{Y_5}+M^2_5\sigma^2_{\Delta I} \\ \sigma^2_{Y_5}=a^2_{51}\sigma^2_{L_1}+a^2_{52}\sigma^2_{L_2}+a^2_{53}\sigma^2_{L_3} \\ M_5=a_{51}+K_{12}a_{52}+K_{13}a_{53} \end{array}\right\}$$

观测量的噪声水平为 2.5 mm。因此,即使对于周跳组合(1,1,1)产生的 8 cm 水平的跳变,当相邻历元间电离层延迟变化小于 7 cm 时,上述的所有特定周跳组合都能探测到,而在稳定的电离层环境下,7 cm 水平的电离层延迟变化是非常高的,也是很罕见的。为了更加精确,假定 $\sigma_{\Delta Y_5} \approx 7$ mm,且 $\Delta Y_5$ 服从正态分布,假设 $H_0$:$\delta N=0$ 被拒绝,即周跳被探测到,有

$$\Delta Y_5(t) = \left| Y_5(t) - Y_5(t-1) \right| > 4\sigma_{\Delta Y_5} \approx 2.8 \text{ cm} \tag{5.24}$$

对应的置信水平为 $\alpha = 0.006\%$。

## 5.2.3　周跳修复

一旦探测到某一历元存在周跳,下一步要做的就是确定周跳的大小,即每个载波上整周周跳的数值大小。这里通过载波相位线性组合确定周跳大小。周跳概略值计算式如下

$$\delta\tilde{N}_i = \text{round}\left(\frac{\Delta Y_i}{\lambda_i}\right) \tag{5.25}$$

式中:$i=1$、$2$、$3$。通过比较载波波长与 $\Delta Y_i$ 的噪声水平可知,使周跳值 $\delta N_i = \delta\tilde{N}_i + \delta n_i$,且 $\delta n_i = (-1,0,+1)$。为了确定周跳大小,这里考虑组合观测量 $Y_5(t)$,将其在相邻历元间作差得到

$$\Delta Y_5(t) = Y_5(t) - Y_5(t-1) \tag{5.26}$$

建立目标函数

$$\varphi_5(t) = | \Delta Y_5(t) - (a_{51}\delta\widetilde{N}_1\lambda_1 + a_{52}\delta\widetilde{N}_2\lambda_2 + a_{53}\delta\widetilde{N}_3\lambda_3) - $$
$$(a_{51}\delta n_1\lambda_1 + a_{52}\delta n_2\lambda_2 + a_{53}\delta n_3\lambda_3) | \tag{5.27}$$

计算得到使目标函数最小的周跳组合。为了增加目标函数的稳健性,构造如下的约束条件,即

$$\frac{1}{2} | (a_{51}\delta n_1\lambda_1 + a_{52}\delta n_2\lambda_2 + a_{53}\delta n_3\lambda_3) - $$
$$(a_{51}\delta m_1\lambda_1 + a_{52}\delta m_2\lambda_2 + a_{53}\delta m_3\lambda_3) | > 4\sigma_{\Delta Y_5} \tag{5.28}$$

式中:$\delta n_1(-1,0,+1)$,$\delta m_1 = (-1,0,+1)$,且$(\delta n_1,\delta n_2,\delta n_3) \neq (\delta m_1,\delta m_2,\delta m_3)$,将所有的组合代入式(5.28)进行验证,得到不能满足式(5.28)的组合,如表 5.3所示。

表 5.3　不能满足式(5.28)的组合

| $\delta n_1$ | $\delta n_2$ | $\delta n_3$ | $\delta m_1$ | $\delta m_2$ | $\delta m_3$ |
| --- | --- | --- | --- | --- | --- |
| $-1$ | $-1$ | $-1$ | $1$ | $1$ | $0$ |
| $-1$ | $-1$ | $0$ | $0$ | $1$ | $-1$ |
| $-1$ | $-1$ | $0$ | $1$ | $1$ | $1$ |
| $-1$ | $-1$ | $1$ | $0$ | $1$ | $0$ |
| $0$ | $-1$ | $0$ | $1$ | $1$ | $-1$ |
| $0$ | $-1$ | $1$ | $1$ | $1$ | $0$ |
| $0$ | $1$ | $-1$ | $-1$ | $-1$ | $0$ |
| $0$ | $1$ | $0$ | $-1$ | $-1$ | $1$ |
| $1$ | $1$ | $-1$ | $0$ | $-1$ | $0$ |
| $1$ | $1$ | $0$ | $-1$ | $-1$ | $-1$ |
| $1$ | $1$ | $0$ | $0$ | $-1$ | $1$ |
| $1$ | $1$ | $1$ | $-1$ | $-1$ | $0$ |

表 5.3 中所有的组合情况,按照 $(\delta n_1 - \delta m_1, \delta n_2 - \delta m_2, \delta n_3 - \delta m_3)$ 进行分类可以得到以下 4 种情况:$(1,2,-1)$、$(2,1,1)$、$(-1,2,1)$、$(2,2,1)$,其中$(\delta n_1 - \delta m_1, \delta n_2 - \delta m_2, \delta n_3 - \delta m_3)$ 与 $(\delta m_1 - \delta n_1, \delta m_2 - \delta n_2, \delta m_3 - \delta n_3)$ 算作同一类。以$(1,2,-1)$ 为例得到 $d_6(t) = | a_{61}\lambda_1 + 2a_{62}\lambda_2 - a_{63}\lambda_3 |$,构造组合观测量

$$Y_6(t) = a_{61}L_1(t) + a_{62}L_2(t) + a_{63}L_3(t) \tag{5.29}$$

式中:$a_{61} = 1$;$a_{62} = -0.584$;$a_{63} = -0.416$。组合系数通过以下约束条件得到

$$\left. \begin{array}{l} a_{61} = 1 \\ a_{61} + a_{62} + a_{63} = 0 \\ \max_{a_{62},a_{63}} \left[ \dfrac{d_6^2}{\sigma_{\Delta Y_6}^2} \right] \end{array} \right\} \tag{5.30}$$

其中,

$$\left.\begin{array}{l} \sigma_{\Delta Y_6}^2 = 2\sigma_{Y_6}^2 + M_6^2 \sigma_{\Delta I}^2 \\ \sigma_{Y_6}^2 = a_{61}^2 \sigma_{L_1}^2 + a_{62}^2 \sigma_{L2}^2 + a_{63}^2 \sigma_{L3}^2 \\ M_6 = a_{61} + k_{12} a_{62} + k_{13} a_{63} \end{array}\right\} \tag{5.31}$$

组合观测量 $Y_6$ 为无几何且将两组周跳组合之间的差异与观测噪声的比值最大化。
目标函数为

$$\begin{aligned} \varphi_6(t) = |\ \Delta Y_6(t) - (a_{61}\delta\widetilde{N}_1\lambda_1 + a_{62}\delta\widetilde{N}_2\lambda_2 + a_{63}\delta\widetilde{N}_3\lambda_3) - \\ (a_{61}\delta n_1\lambda_1 + a_{62}\delta n_2\lambda_2 + a_{63}\delta n_3\lambda_3)\ | \end{aligned} \tag{5.32}$$

类似的,对于 $(2,1,1)$、$(-1,2,1)$、$(2,2,1)$,可以用相同的方法分别构造观测量
$Y_7$、$Y_8$、$Y_9$,有

$$\left.\begin{array}{l} Y_7(t) = a_{71}L_1(t) + a_{72}L_2(t) + a_{73}L_3(t) \\ Y_8(t) = a_{81}L_1(t) + a_{82}L_2(t) + a_{83}L_3(t) \\ Y_9(t) = a_{91}L_1(t) + a_{92}L_2(t) + a_{93}L_3(t) \end{array}\right\} \tag{5.33}$$

其中,

$$\left.\begin{array}{l} a_{71} = 1, a_{72} = 0.193, a_{73} = -1.193 \\ a_{81} = 1, a_{82} = -1.394\,8, a_{83} = 0.394\,8 \\ a_{91} = 1, a_{92} = 4.006\,5, a_{93} = -5.006\,5 \end{array}\right\} \tag{5.34}$$

### 5.2.4　实验分析

　　为验证上述模型的可行性,采用两组北斗三频实测数据进行实验分析,数据采集地点为郑州,采集时间为 2013 年 9 月 3 日和 2015 年 11 月 15 日,观测时长为 3 h 和 2 h,采样间隔为 1 s,分别记为数据集 $A$ 和 $B$。在无周跳发生的历元人为加入事先设定的周跳组合,然后按照本节的方法进行周跳探测和修复。事先经过数据分析得知电离层环境较为稳定,因此电离层延迟变化水平仅与数据采样间隔有关,将采样间隔分别设定为 1 s、15 s、30 s,实验结果如表 5.4 至表 5.9 所示。

表 5.4　电离层延迟变化水平(采样间隔 1 s,数据集 $A$)

| 设定历元 | 设定周跳 | 估计历元 | 估计周跳 | 周跳类型 | 历元间差值 |
|---|---|---|---|---|---|
| 2 | $(1,1,1)$ | 2 | $(1,1,1)$ | 特定 | $\Delta Y_5 = -0.051$ |
| 152 | $(2,2,2)$ | 152 | $(2,2,2)$ | 特定 | $\Delta Y_5 = -0.102$ |
| 332 | $(1,0,1)$ | 332 | $(1,0,1)$ | 小 | $\Delta Y_4 = 1.923$ |
| 332 | $(0,0,1)$ | 332 | $(0,0,1)$ | 小 | $\Delta Y_4 = 2.374$ |
| 332 | $(3,3,2)$ | 332 | $(3,3,2)$ | 大 | $\Delta Y_1 = 0.520, \Delta Y_2 = 0.691, \Delta Y_3 = 0.419$ |
| 332 | $(1,2,1)$ | 332 | $(1,2,1)$ | 小 | $\Delta Y_4 = -1.878$ |

| 设定历元 | 设定周跳 | 估计历元 | 估计周跳 | 周跳类型 | 历元间差值 |
|---|---|---|---|---|---|
| 332 | $(-2,-1,-1)$ | 332 | $(-2,-1,-1)$ | 小 | $\Delta Y_4 = 0.449$ |
| 500 | $(5,4,3)$ | 500 | $(5,4,3)$ | 大 | $\Delta Y_1 = 0.904, \Delta Y_2 = 0.939, \Delta Y_3 = 0.655$ |

**表 5.5　电离层延迟变化水平**(采样间隔 15 s,数据集 $A$)

| 设定历元 | 设定周跳 | 估计历元 | 估计周跳 | 周跳类型 | 历元间差值 |
|---|---|---|---|---|---|
| 570 | $(1,1,1)$ | 570 | $(1,1,1)$ | 特定 | $\Delta Y_5 = -0.056$ |
| 570 | $(2,2,2)$ | 570 | $(2,2,2)$ | 特定 | $\Delta Y_5 = -0.108$ |
| 570 | $(1,0,1)$ | 570 | $(1,0,1)$ | 小 | $\Delta Y_4 = 1.954$ |
| 570 | $(0,0,1)$ | 570 | $(0,0,1)$ | 小 | $\Delta Y_4 = 2.405$ |
| 570 | $(3,3,2)$ | 570 | $(3,3,2)$ | 大 | $\Delta Y_1 = 0.550, \Delta Y_2 = 0.722, \Delta Y_3 = 0.453$ |
| 570 | $(1,2,1)$ | 570 | $(1,2,1)$ | 小 | $\Delta Y_4 = -1.847$ |
| 570 | $(-2,-1,-1)$ | 570 | $(-2,-1,-1)$ | 小 | $\Delta Y_4 = 0.481$ |
| 570 | $(5,4,3)$ | 570 | $(5,4,3)$ | 大 | $\Delta Y_1 = 0.934, \Delta Y_2 = 0.970, \Delta Y_3 = 0.689$ |

**表 5.6　电离层延迟变化水平**(采样间隔 30 s,数据集 $A$)

| 设定历元 | 设定周跳 | 估计历元 | 估计周跳 | 周跳类型 | 历元间差值 |
|---|---|---|---|---|---|
| 580 | $(1,1,1)$ | 580 | $(1,1,1)$ | 特定 | $\Delta Y_5 = -0.059$ |
| 580 | $(2,2,2)$ | 580 | $(2,2,2)$ | 特定 | $\Delta Y_5 = -0.111$ |
| 580 | $(1,0,1)$ | 580 | $(1,0,1)$ | 小 | $\Delta Y_4 = 1.905$ |
| 580 | $(0,0,1)$ | 580 | $(0,0,1)$ | 小 | $\Delta Y_4 = 2.356$ |
| 580 | $(3,3,2)$ | 580 | $(3,3,2)$ | 大 | $\Delta Y_1 = 0.467, \Delta Y_2 = 0.645, \Delta Y_3 = 0.369$ |
| 580 | $(1,2,1)$ | 580 | $(1,2,1)$ | 小 | $\Delta Y_4 = -1.896$ |
| 580 | $(-2,-1,-1)$ | 580 | $(-2,-1,-1)$ | 小 | $\Delta Y_4 = 0.431$ |
| 580 | $(5,4,3)$ | 580 | $(5,4,3)$ | 大 | $\Delta Y_1 = 0.891, \Delta Y_2 = 0.885, \Delta Y_3 = 0.631$ |

**表 5.7　电离层延迟变化水平**(采样间隔 1 s,数据集 $B$)

| 设定历元 | 设定周跳 | 估计历元 | 估计周跳 | 周跳类型 | 历元间差值 |
|---|---|---|---|---|---|
| 13 | $(1,1,1)$ | 13 | $(1,1,1)$ | 特定 | $\Delta Y_5 = -0.053$ |
| 77 | $(2,2,2)$ | 77 | $(2,2,2)$ | 特定 | $\Delta Y_5 = -0.112$ |
| 216 | $(1,0,1)$ | 216 | $(1,0,1)$ | 小 | $\Delta Y_4 = 1.905$ |
| 216 | $(0,0,1)$ | 216 | $(0,0,1)$ | 小 | $\Delta Y_4 = 2.355$ |
| 216 | $(3,3,2)$ | 216 | $(3,3,2)$ | 大 | $\Delta Y_1 = 0.509, \Delta Y_2 = 0.695, \Delta Y_3 = 0.403$ |
| 216 | $(1,2,1)$ | 216 | $(1,2,1)$ | 小 | $\Delta Y_4 = -1.841$ |
| 216 | $(-2,-1,-1)$ | 216 | $(-2,-1,-1)$ | 小 | $\Delta Y_4 = 0.472$ |
| 441 | $(5,4,3)$ | 441 | $(5,4,3)$ | 大 | $\Delta Y_1 = 0.952, \Delta Y_2 = 0.904, \Delta Y_3 = 0.677$ |

表5.8　电离层延迟变化水平(采样间隔15 s,数据集 $B$)

| 设定历元 | 设定周跳 | 估计历元 | 估计周跳 | 周跳类型 | 历元间差值 |
|---|---|---|---|---|---|
| 825 | (1,1,1) | 825 | (1,1,1) | 特定 | $\Delta Y_5 = -0.055$ |
| 825 | (2,2,2) | 825 | (2,2,2) | 特定 | $\Delta Y_5 = -0.109$ |
| 825 | (1,0,1) | 825 | (1,0,1) | 小 | $\Delta Y_4 = 1.926$ |
| 825 | (0,0,1) | 825 | (0,0,1) | 小 | $\Delta Y_4 = 2.308$ |
| 825 | (3,3,2) | 825 | (3,3,2) | 大 | $\Delta Y_1 = 0.530, \Delta Y_2 = 0.701, \Delta Y_3 = 0.512$ |
| 825 | (1,2,1) | 825 | (1,2,1) | 小 | $\Delta Y_4 = -1.802$ |
| 825 | (−2,−1,−1) | 825 | (−2,−1,−1) | 小 | $\Delta Y_4 = 0.428$ |
| 825 | (5,4,3) | 825 | (5,4,3) | 大 | $\Delta Y_1 = 0.925, \Delta Y_2 = 0.911, \Delta Y_3 = 0.698$ |

表5.9　电离层延迟变化水平(采样间隔30 s,数据集 $B$)

| 设定历元 | 设定周跳 | 估计历元 | 估计周跳 | 周跳类型 | 历元间差值 |
|---|---|---|---|---|---|
| 838 | (1,1,1) | 838 | (1,1,1) | 特定 | $\Delta Y_5 = -0.057$ |
| 838 | (2,2,2) | 838 | (2,2,2) | 特定 | $\Delta Y_5 = -0.107$ |
| 838 | (1,0,1) | 838 | (1,0,1) | 小 | $\Delta Y_4 = 1.943$ |
| 838 | (0,0,1) | 838 | (0,0,1) | 小 | $\Delta Y_4 = 2.321$ |
| 838 | (3,3,2) | 838 | (3,3,2) | 大 | $\Delta Y_1 = 0.471, \Delta Y_2 = 0.663, \Delta Y_3 = 0.382$ |
| 838 | (1,2,1) | 838 | (1,2,1) | 小 | $\Delta Y_4 = -1.836$ |
| 838 | (−2,−1,−1) | 838 | (−2,−1,−1) | 小 | $\Delta Y_4 = 0.443$ |
| 838 | (5,4,3) | 838 | (5,4,3) | 大 | $\Delta Y_1 = 0.851, \Delta Y_2 = 0.892, \Delta Y_3 = 0.606$ |

## 5.2.5　结　论

本节介绍的方法在充分考虑电离层延迟变化水平的前提下,假设载波观测值的观测噪声为理想的 $\sigma_{L_1} = \sigma_{L_2} = \sigma_{L_3} = 0.002$ m,而伪距观测值的观测噪声为 $\sigma_{P_1} = \sigma_{P_2} = 0.2$ m, $\sigma_{P_3} = 0.04$ m,对北斗三频数据进行了最优线性组合,针对不同类型的周跳,得到了相应的最优组合。

在实测数据无周跳历元人为地加入设定的周跳值,然后进行实验分析,结果表明该方法能够探测到设定的各种类型的周跳,可有效应用于北斗三频非差数据周跳实时探测和修复。此外,针对"误探""漏探"的情况,在理论上进行了假设、检验,且实验中并没有出现"误探""漏探"情况。需要注意的是,本节模型的假设以及结论都是基于实验数据电离层环境稳定的情况,对于电离层活动剧烈的情况,三频非差数据的周跳实时探测与修复方法有待进一步研究和改进。

## §5.3 基于 TCAR 的 BDS 三频非差数据周跳实时探测与修复

§5.2 基于 BDS 三频数据构造了 5 个无电离层无几何观测量,分 3 步实时探测和修复周跳,该算法的前提是电离层延迟变化随时间平滑变化,在电离层活跃条件下应用效果会严重受限。因此,为了提高电离层活跃状态下周跳实时探测与修复的成功率和可靠性,本节介绍一种改进的基于 TCAR 算法的周跳实时探测与修复模型并充分考虑电离层延迟变化造成的影响,依次对 EWL、WL 和 NL 虚拟观测量进行周跳实时探测与修复,继而通过变换计算得到原始载波相位观测量的周跳值。然后,通过实测 BDS 三频数据对模型可行性进行验证分析。

在综合考虑虚拟波长、电离层延迟因子以及虚拟观测噪声的基础上,选取了 $EWL_{\phi(0,1,-1)}$、$WL_{\phi(1,0,-1)}$ 和 $NL_{\phi(2,-1,0)}$ 三个虚拟观测量进行周跳实时探测和修复。

### 5.3.1 周跳实时探测与修复算法优化模型

#### 1. EWL 周跳探测与修复

EWL 虚拟观测量上的周跳值通过 HMW 线性组合观测量进行解算。HMW 组合观测量保留了 EWL 模糊度参数,且不受几何相关项以及对流层延迟误差和电离层延迟误差的影响,其数学表现形式如下

$$N_{(0,1,-1)} = \left( \frac{f_2 P_2 + f_3 P_3}{f_2 + f_3} - \frac{f_2 \phi_2 - f_3 \phi_3}{f_2 - f_3} \right) / \lambda_{(0,1,-1)} \quad (5.35)$$

对相邻的两个历元作差,得到周跳的表达式为

$$\Delta N_{(0,1,-1)} = \left( \frac{f_2 \Delta P_2 + f_3 \Delta P_3}{f_2 + f_3} - \frac{f_2 \Delta \phi_2 - f_3 \Delta \phi_3}{f_2 - f_3} \right) / \lambda_{(0,1,-1)} \quad (5.36)$$

当 $| \Delta N_{(0,1,-1)} | > 0.5$ 时,认为发生了周跳,周跳值计算如下

$$\hat{N}_{(0,1,-1)} = \text{round}(| N_{(0,1,-1)} |) \quad (5.37)$$

式中:round 为取整算子;$\hat{N}_{(0,1,-1)}$ 为 EWL 虚拟观测量发生的整周跳变值。依据误差传播定律,$\Delta N_{(0,1,-1)}$ 的标准差 $\sigma_{\Delta N_{(0,1,-1)}} \approx 0.066$ 周,因此,可以假设 $\Delta N_{(0,1,-1)}$ 服从均值为 0、标准差为 0.066 周的正态分布(Lacy et al,2012)。所以,EWL 周跳探测和修复的成功率为

$$P_1 = P(| \Delta N_{(0,1,-1)} - \Delta \hat{N}_{(0,1,-1)} | < 0.5) = 100\% \quad (5.38)$$

#### 2. WL 周跳探测与修复

当 EWL 组合观测量的周跳进行修正后,可与 WL 组合观测量形成无几何观测量,即

$$\phi_{(0,1,-1)} - \phi_{(1,0,-1)} = N_{(1,0,-1)} \lambda_{(1,0,-1)} - N_{(0,1,-1)} \lambda_{(0,1,-1)} + \eta_1 I \quad (5.39)$$

式中:$\eta_1 = \beta_{(0,1,-1)} - \beta_{(1,0,-1)} = 0.298$。相邻历元间作差得到周跳表达式为

$$\Delta N_{(1,0,-1)} = (\Delta\phi_{(0,1,-1)} - \Delta\phi_{(1,0,-1)} + \Delta\hat{N}_{(0,1,-1)}\lambda_{(0,1,-1)} - \eta_1\Delta I)/\lambda_{(1,0,-1)}$$

$$(5.40)$$

对于 30 s 的采样率,式(3.40)中的电离层延迟项 $\eta_1\Delta I$ 是小项,与 $\lambda_{(1,0,-1)}$ 相比可以忽略其影响。与 EWL 相同,当 $|\Delta N_{(1,0,-1)}| > 0.5$ 时,认为 WL 发生了周跳,周跳值计算如下

$$\hat{N}_{(1,0,-1)} = \text{round}(|N_{(1,0,-1)}|)$$

$$(5.41)$$

依据误差传播定律,$\Delta N_{(1,0,-1)}$ 的标准差 $\sigma_{\Delta N_{(1,0,-1)}} \approx 0.146$ 周,对于 30 s 的采样率,电离层延迟变化量平缓变化,假定 $\Delta I = 0.1$ m,$\eta_1\Delta I$ 为 0.03 周。因此,可以假设 $\Delta N_{(1,0,-1)}$ 服从均值为 0.03 周、标准差为 0.146 周的正态分布(Lacy et al,2012)。所以,WL 周跳探测和修复的成功率为

$$P_2 = P(|\Delta N_{(1,0,-1)} - \Delta\hat{N}_{(1,0,-1)}| < 0.5) = 99.88\%$$

$$(5.42)$$

**3. NL 周跳探测与修复**

与前面相似,将周跳值得到确定的 WL 组合观测量应用到 NL 观测量周跳探测与修复中,以消除 NL 观测量的几何相关项,形式如下

$$\phi_{(1,0,-1)} - \phi_{(2,-1,0)} = N_{(2,-1,0)}\lambda_{(2,-1,0)} - N_{(1,0,-1)}\lambda_{(1,0,-1)} + \eta_2 I \quad (5.43)$$

式中:$\eta_2 = \beta_{(1,0,-1)} - \beta_{(2,-1,0)} = 1.941$。 相邻历元间作差得到 NL 周跳表达式为

$$\Delta N_{(2,-1,0)} = (\Delta\phi_{(1,0,-1)} - \Delta\phi_{(2,-1,0)} + \Delta\hat{N}_{(1,0,-1)}\lambda_{(1,0,-1)} - \eta_2\Delta I)/\lambda_{(2,-1,0)}$$

$$(5.44)$$

式中:$\eta_2 = 1.941$,电离层延迟误差被放大,而 NL 波长更短,$\lambda_{(2,-1,0)} = 0.1565$ m。因此,在电离层活跃状态下,其信号延迟的量值给低采样率数据带来的影响是不能忽略的,可通过式(5.45)计算得到,即

$$\Delta I = \frac{\Delta\phi_1 - \Delta\phi_i}{k_{1i} - 1}$$

$$(5.45)$$

式中:$k_{1i} = (f_1/f_i)^2$,$i = 2,3$。对于每一个历元,当原始载波观测量上的周跳得到准确的修复之后,$\Delta I$ 都可计算得到。

当 $\text{EWL}_{\phi(0,1,-1)}$、$\text{WL}_{\phi(1,0,-1)}$ 上的周跳得到确定之后,另一个 WL 观测量 $\text{WL}_{\phi(1,-1,0)}$ 上的周跳值可由式(5.46)计算得到,即

$$\Delta\hat{N}_{(1,-1,0)} = \Delta\hat{N}_{(1,0,-1)} - \Delta\hat{N}_{(0,1,-1)}$$

$$(5.46)$$

当两个 WL 组合至少一个无周跳时,认为原始载波观测值上没有发生周跳,$\Delta I$ 即可由当前历元的观测数据进行更新。例如,$\Delta\hat{N}_{(1,0,-1)} = 0$ 时,认为 $\phi_1$ 和 $\phi_2$ 上无周跳发生,则可以由 $\phi_1$ 和 $\phi_2$ 准确计算得到 $\Delta I$。 当然实际情况中会存在 $\Delta\hat{N}_{(1,0,0)} = \Delta\hat{N}_{(0,0,1)}$ 以及 $\Delta\hat{N}_{(1,0,0)} = \Delta\hat{N}_{(0,1,0)}$ 这类特殊情形,对于这类特殊情形,将会在后面进行分析和讨论。

当 $|\Delta N_{(2,-1,0)}| > 0.5$ 时,认为 NL 发生了周跳,周跳值计算如下

$$\hat{N}_{(2,-1,0)} = \mathrm{round}(\,|\,N_{(2,-1,0)}\,|\,) \tag{5.47}$$

依据误差传播定律，$\Delta N_{(2,-1,0)}$ 的标准差 $\sigma_{\Delta N_{(2,-1,0)}} \approx 0.187$ 周，当 $\eta_2 \Delta I$ 得到准确计算之后，可以假设 $\Delta N_{(2,-1,0)}$ 服从均值为 0、标准差为 0.187 周的正态分布（Lacy et al,2012）。因此，NL 周跳探测和修复的成功率为

$$P_3 = P(\,|\,\Delta N_{(2,-1,0)} - \hat{N}_{(2,-1,0)}\,|\, < 0.5) = 99.26\% \tag{5.48}$$

当 EWL、WL 和 NL 周跳得到修复之后，原始载波观测量上的周跳值可由式(5.49)计算得到，即

$$\begin{bmatrix} \Delta \hat{N}_{(1,0,0)} \\ \Delta \hat{N}_{(0,1,0)} \\ \Delta \hat{N}_{(0,0,1)} \end{bmatrix} = \begin{bmatrix} 1 & -1 & 1 \\ 2 & -2 & 1 \\ 1 & -2 & 1 \end{bmatrix} \begin{bmatrix} \Delta \hat{N}_{(0,1,-1)} \\ \Delta \hat{N}_{(1,0,-1)} \\ \Delta \hat{N}_{(2,-1,0)} \end{bmatrix} \tag{5.49}$$

最后，原始载波相位观测量上的周跳值 $\Delta \hat{N}_{(1,0,0)}$、$\Delta \hat{N}_{(0,1,0)}$、$\Delta \hat{N}_{(0,0,1)}$ 得到准确探测与修复的概率为

$$P = P_1 \times P_2 \times P_3 = 99.14\% \tag{5.50}$$

### 4. 特殊周跳组合

在 NL 周跳的探测与修复过程中，需要准确计算 $\Delta I$，以确保探测与修复的精度和可靠性。但是只有 $\hat{N}_{(1,0,-1)} = 0$ 或 $\hat{N}_{(1,-1,0)} = 0$ 时，$\Delta I$ 的值才能由当前观测历元计算得到，否则只能采用前一历元的 $\Delta I$ 值。然而，某些特殊情况下，如当 $\Delta \hat{N}_{(1,0,0)} = \Delta \hat{N}_{(0,0,1)}$ 或 $\Delta \hat{N}_{(1,0,0)} = \Delta \hat{N}_{(0,1,0)}$ 时，也有 $\hat{N}_{(1,0,-1)} = 0$ 或 $\hat{N}_{(1,-1,0)} = 0$，显然，此时 WL 不存在周跳，但原始载波观测量有周跳发生。如果仍由当前观测量按照式(5.45)计算 $\Delta I$，必然会存在很大的误差，影响 $N_{(2,-1,0)}$ 的准确计算。因此，需要对 $\Delta \hat{N}_{(1,0,0)} = \Delta \hat{N}_{(0,0,1)}$ 或 $\Delta \hat{N}_{(1,0,0)} = \Delta \hat{N}_{(0,1,0)}$ 这样的特殊情形进行准确可靠的分辨，以确定原始载波相位观测量上是否发生了周跳，进而最终确定是否能够由当前历元的原始观测量进行计算，准确得到电离层延迟变化量 $\Delta I$。这里构造新的观测量 $Y_i$：

$$Y_i = a\phi_1 + b\phi_i + c\tilde{\phi}_{\mathrm{WL}} + d\tilde{\phi}_{(0,1,-1)} \tag{5.51}$$

式中：$i = 2,3$。$\tilde{\phi}_{\mathrm{WL}}$ 和 $\tilde{\phi}_{(0,1,-1)}$ 表示周跳值得到修复的 WL 和 EWL 组合观测量。当 $\hat{N}_{(1,0,-1)} = 0$ 时，$i = 3$，$\tilde{\phi}_{\mathrm{WL}} = \tilde{\phi}_{(1,0,-1)}$；当 $\hat{N}_{(1,-1,0)} = 0$ 时，$i = 2$，$\tilde{\phi}_{\mathrm{WL}} = \tilde{\phi}_{(1,-1,0)}$。为了消除组合之后的几何相关项，并使一周的周跳产生的跳变量同组合噪声的比值最大，构造的约束条件如下

$$\left. \begin{array}{l} a = 1 \\ a + b + c + d = 0 \\ \dfrac{(a\lambda_1 + b\lambda_i)^2}{\sigma^2_{\Delta Y_i}} = \max \end{array} \right\} \tag{5.52}$$

式中：$i = 2,3$。

$$\left.\begin{aligned}
\sigma^2_{\Delta Y_i} &= 2\sigma^2_{Y_i} + M^2\sigma^2_{\Delta I} \\
\sigma^2_{Y_i} &= a^2\sigma^2_\phi + b^2\sigma^2_\phi + c^2\sigma^2_{\phi_{WL}} + d^2\sigma^2_{\phi_{(0,1,-1)}} \\
M &= a + bk_{1i} + ck_{WL} + dk_{(0,1,-1)}
\end{aligned}\right\} \tag{5.53}$$

$$\left.\begin{aligned}
\sigma_{\phi_{(1,0,-1)}} &= \mu_{(1,0,-1)}\sigma_\phi \\
\sigma_{\phi_{(1,-1,0)}} &= \mu_{(1,-1,0)}\sigma_\phi \\
\sigma_{\phi_{(0,1,-1)}} &= \mu_{(0,1,-1)}\sigma_\phi
\end{aligned}\right\} \tag{5.54}$$

式(5.53)中：$k_{WL}$、$k_{(0,1,-1)}$ 为电离层延迟因子。当 $\hat{N}_{(1,0,-1)} = 0$ 时，$i = 3$，$k_{WL} = k_{(1,0,-1)}$，$\sigma_{\phi_{WL}} = \sigma_{\phi_{(1,0,-1)}}$；当 $\hat{N}_{(1,-1,0)} = 0$ 时，$i = 2$，$k_{WL} = k_{(1,-1,0)}$，$\sigma_{\phi_{WL}} = \sigma_{\phi_{(1,-1,0)}}$。

式(5.54)中：$\mu_{(1,0,-1)}$、$\mu_{(1,-1,0)}$、$\mu_{(0,1,-1)}$ 为组合观测量的噪声因子，$\mu_{(1,0,-1)}$、$\mu_{(1,-1,0)}$、$\mu_{(0,1,-1)}$ 以及 $k_{(1,0,-1)}$、$k_{(1,-1,0)}$ 和 $k_{(0,1,-1)}$ 的取值参见表2.2。对相邻两个历元的虚拟观测量 $Y_i$ 作差得到

$$\Delta Y_i = a\Delta N_1\lambda_1 + b\Delta N_i\lambda_i + M\Delta I \tag{5.55}$$

设定原始载波相位的非差观测噪声 $\sigma_\phi = 0.2\,\text{cm}$，将 $\sigma_{\Delta I}$ 分别设为 $0.5\,\text{cm}$ 和 $1\,\text{cm}$，得到的优化系数如表5.10所示。

表 5.10　最优组合系数

| $i$ | $\sigma_{\Delta I}$/cm | $a$ | $b$ | $c$ | $d$ |
|---|---|---|---|---|---|
| 2 | 0.5 | 1 | $-1.193\,6$ | 0.184\,6 | 0.009\,0 |
|   | 1 | 1 | $-1.206\,0$ | 0.201\,4 | 0.004\,7 |
| 3 | 0.5 | 1 | $-1.238\,0$ | 0.226\,5 | 0.011\,5 |
|   | 1 | 1 | $-1.232\,7$ | 0.226\,0 | 0.006\,7 |

当 $|\Delta Y_i| > n\sigma_{\Delta Y_i}$ 时，认为发生了周跳，这里仅仅是对周跳进行判断，为了避免"漏探"情况的发生，采用严格的 $3\sigma_{\Delta Y_i}$。当 $\sigma_{\Delta I} = 1\,\text{cm}$ 时，对于一周的跳变，$|a\Delta N_1\lambda_1 + b\Delta N_i\lambda_i| \approx 10\,\text{cm}$，$3\sigma_{\Delta Y_i} \approx 4\,\text{cm}$，因此当 $\Delta I < 6\,\text{cm}$ 时，即使对于一周的周跳变量，也可进行有效的探测，而 $\Delta I > 6\,\text{cm}$ 属于电离层活动非常剧烈的情况，是比较罕见的，而且即使出现"误探"的情况，依然可以采用上一历元的 $\Delta I$，对 NL 组合观测量的周跳进行有效的探测与修复。

## 5.3.2　实验分析

为了验证上述模型的有效性和可靠性，采用一组正常多路径水平下，经过周跳修复的"干净"BDS三频实测数据进行实验分析，数据采集地点为浙江杭州，采集时间为2015年4月9日。分别选取3号卫星和9号卫星，3号卫星时长为1天，9号卫星为地方时10:40—22:40，采样间隔均为30 s。其电离层延迟变化量 $\Delta I$ 的

时间序列分别如图 5.2 和图 5.3 所示。

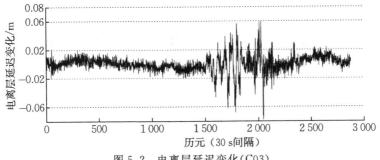

图 5.2　电离层延迟变化(C03)

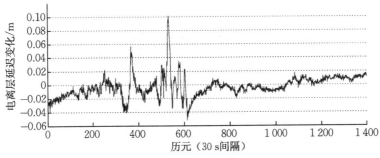

图 5.3　电离层延迟变化(C09)

　　图 5.2 在 1 500 个历元以后，图 5.3 在 380 个历元之后都出现较大幅度的波动，这是由于当地时间下午时分电离层活动剧烈造成的。对电离层延迟变化量 $\Delta I$ 进行数理统计，得到其中误差 $\sigma_{\Delta I}=1\,\text{cm}$，最小值为 $-7.8\,\text{cm}$，最大值为 $6.0\,\text{cm}$。无周跳状态下，EWL、WL 和 NL 周跳浮点解 $\Delta N_{(0,1,-1)}$、$\Delta N_{(1,0,-1)}$ 和 $\Delta N_{(2,-1,0)}$ 的时间序列值如图 5.4 至图 5.9 所示。

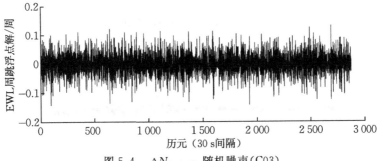

图 5.4　$\Delta N_{(0,1,-1)}$ 随机噪声(C03)

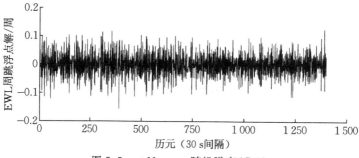

图 5.5    $\Delta N_{(0,1,-1)}$ 随机噪声(C09)

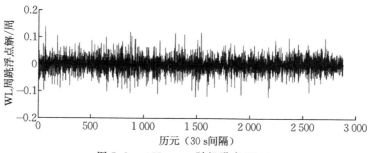

图 5.6    $\Delta N_{(1,0,-1)}$ 随机噪声(C03)

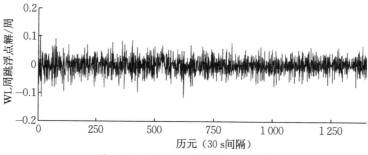

图 5.7    $\Delta N_{(1,0,-1)}$ 随机噪声(C09)

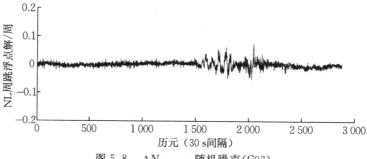

图 5.8    $\Delta N_{(2,-1,0)}$ 随机噪声(C03)

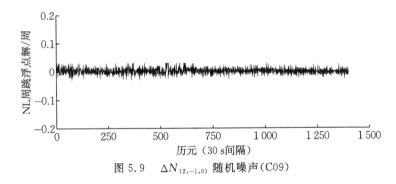

图 5.9　$\Delta N_{(2,-1,0)}$ 随机噪声(C09)

由图 5.4 至图 5.7 可以看出，$\Delta N_{(0,1,-1)}$ 和 $\Delta N_{(1,0,-1)}$ 的随机观测噪声都比较小，基本保持在 0.1 周之内。图 5.8 和图 5.9 中，$\Delta N_{(2,-1,0)}$ 的随机观测噪声更小，这都有利于周跳的准确探测和修复。

为了验证模型周跳实时探测和修复的可靠性，采用电离层较为平稳的 0～800 历元(C03)、100～300 历元(C09)和电离层活跃的 1 600～2 000 历元(C03)、300～600 历元(C09)的观测数据进行实验，分别记为时段一、时段二、时段三和时段四。将周跳类型人为设置为 3 种：大周跳、小周跳和特殊周跳，对结果进行总结分析，如表 5.11和表 5.12 所示。

表 5.11　周跳探测与修复结果(C03)

| 历元 | 时段 | 周跳真值 | 周跳类型 | $\Delta I$ /m | $\Delta N_{(0,1,-1)}$ /周 | $\Delta N_{(1,0,-1)}$ /周 | $\Delta N_{(2,-1,0)}$ /周 | 周跳估值 |
|---|---|---|---|---|---|---|---|---|
| 200 | 1 | (1,1,1) | 特殊周跳 | −0.003 | 0.03 | −0.03 | 1.01 | (1,1,1) |
| 250 | 1 | (0,1,0) | 小周跳 | 0.004 | 1.03 | 0.01 | −0.98 | (0,1,0) |
| 300 | 1 | (1,0,0) | 小周跳 | −0.003 | 0.03 | 0.99 | 1.97 | (1,0,0) |
| 310 | 1 | (0,0,1) | 小周跳 | 0.012 | −1.02 | −1.00 | 0.02 | (0,0,1) |
| 325 | 1 | (1,1,0) | 特殊周跳 | 0.004 | 0.97 | 1.04 | 0.96 | (1,1,0) |
| 400 | 1 | (1,3,0) | 小周跳 | 0.006 | 3.02 | 0.99 | −0.99 | (1,3,0) |
| 455 | 1 | (1,0,1) | 特殊周跳 | 0.010 | −1.00 | −0.02 | 1.98 | (1,0,1) |
| 585 | 1 | (0,1,1) | 特殊周跳 | −0.002 | 0.07 | −0.96 | −1.22 | (0,1,1) |
| 200 | 1 | (6,7,8) | 大周跳 | −0.003 | −0.97 | −2.03 | 5.01 | (6,7,8) |
| 250 | 1 | (10,0,0) | 大周跳 | 0.004 | 0.06 | 10.03 | 20.07 | (10,0,0) |
| 325 | 1 | (0,−5,8) | 大周跳 | 0.004 | −13.03 | −7.96 | 4.96 | (0,−5,8) |
| 400 | 1 | (0,0,−7) | 大周跳 | 0.006 | 7.02 | 6.99 | 0.01 | (0,0,−7) |
| 455 | 1 | (0,8,0) | 大周跳 | 0.010 | 8.00 | −0.02 | −8.02 | (0,8,0) |
| 585 | 1 | (−7,10,0) | 大周跳 | −0.002 | 10.07 | −6.96 | −24.22 | (−7,10,0) |
| 1712 | 3 | (1,1,1) | 特殊周跳 | −0.040 | 0.02 | −0.01 | 1.14 | (1,1,1) |
| 1716 | 3 | (0,1,0) | 小周跳 | −0.058 | 1.06 | −0.04 | −0.95 | (0,1,0) |
| 1750 | 3 | (1,0,0) | 小周跳 | 0.016 | 0.03 | 0.99 | 2.01 | (1,0,0) |

| 历元 | 时段 | 周跳真值 | 周跳类型 | $\Delta I$ /m | $\Delta N_{(0,1,-1)}$ /周 | $\Delta N_{(1,0,-1)}$ /周 | $\Delta N_{(2,-1,0)}$ /周 | 周跳估值 |
|---|---|---|---|---|---|---|---|---|
| 1764 | 3 | (0,0,1) | 小周跳 | 0.030 | −1.11 | −1.01 | −0.10 | (0,0,1) |
| 1780 | 3 | (1,1,0) | 特殊周跳 | −0.043 | 0.98 | 0.96 | 1.24 | (1,1,0) |
| 1788 | 3 | (1,3,0) | 小周跳 | −0.068 | 3.00 | 0.97 | −1.15 | (1,3,0) |
| 1803 | 3 | (1,0,1) | 特殊周跳 | 0.056 | −1.00 | 0.03 | 2.00 | (1,0,1) |
| 1840 | 3 | (0,1,1) | 特殊周跳 | 0.012 | 0.02 | −0.98 | −1.03 | (0,1,1) |
| 1712 | 3 | (6,7,8) | 大周跳 | −0.040 | −0.98 | −2.00 | 5.14 | (6,7,8) |
| 1716 | 3 | (10,0,0) | 大周跳 | −0.058 | 0.06 | 9.96 | 20.07 | (10,0,0) |
| 1780 | 3 | (0,−5,8) | 大周跳 | −0.043 | −13.02 | −8.04 | 5.24 | (0,−5,8) |
| 1788 | 3 | (0,0,−7) | 大周跳 | −0.068 | 7.00 | 6.97 | −0.15 | (0,0,−7) |
| 1803 | 3 | (0,8,0) | 大周跳 | 0.056 | 8.00 | 0.03 | −8.00 | (0,8,0) |
| 1840 | 3 | (−7,10,0) | 大周跳 | 0.012 | 10.02 | −6.98 | −24.03 | (−7,10,0) |

**表 5.12　周跳探测与修复结果(C09)**

| 历元 | 时段 | 周跳真值 | 周跳类型 | $\Delta I$ /m | $\Delta N_{(0,1,-1)}$ /周 | $\Delta N_{(1,0,-1)}$ /周 | $\Delta N_{(2,-1,0)}$ /周 | 周跳估值 |
|---|---|---|---|---|---|---|---|---|
| 100 | 2 | (1,1,1) | 特殊周跳 | −0.011 | 0 | −0.04 | 1.02 | (1,1,1) |
| 150 | 2 | (0,1,0) | 小周跳 | −0.008 | 0.96 | −0.03 | −0.99 | (0,1,0) |
| 152 | 2 | (1,0,0) | 小周跳 | −0.009 | 0.01 | 1.02 | 1.89 | (1,0,0) |
| 154 | 2 | (0,0,1) | 小周跳 | −0.010 | −0.99 | −0.99 | −0.01 | (0,0,1) |
| 155 | 2 | (1,1,0) | 特殊周跳 | −0.007 | 1.01 | 0.99 | 1.05 | (1,1,0) |
| 185 | 2 | (1,3,0) | 小周跳 | −0.001 | 3.08 | 1.01 | −0.95 | (1,3,0) |
| 220 | 2 | (1,0,1) | 特殊周跳 | −0.002 | −0.96 | 0.03 | 2.13 | (1,0,1) |
| 255 | 2 | (0,1,1) | 特殊周跳 | 0.005 | 0.01 | −0.99 | −1.05 | (0,1,1) |
| 100 | 2 | (6,7,8) | 大周跳 | −0.011 | −0.99 | −2.04 | 5.01 | (6,7,8) |
| 150 | 2 | (10,0,0) | 大周跳 | −0.008 | −0.03 | 9.97 | 20.03 | (10,0,0) |
| 155 | 2 | (0,−5,8) | 大周跳 | −0.007 | −12.99 | −8.00 | 5.04 | (0,−5,8) |
| 185 | 2 | (0,0,−7) | 大周跳 | −0.001 | 7.08 | 7.00 | 0.05 | (0,0,−7) |
| 220 | 2 | (0,8,0) | 大周跳 | −0.002 | 8.04 | 0.02 | −7.87 | (0,8,0) |
| 255 | 2 | (−7,10,0) | 大周跳 | 0.005 | 10.00 | −6.99 | −24.05 | (−7,10,0) |
| 346 | 4 | (1,1,1) | 特殊周跳 | −0.040 | 0.00 | −0.03 | 0.97 | (1,1,1) |
| 367 | 4 | (0,1,0) | 小周跳 | 0.056 | 1.03 | 0.02 | −0.73 | (0,1,0) |
| 489 | 4 | (1,0,0) | 小周跳 | −0.031 | 0.00 | 0.99 | 2.00 | (1,0,0) |
| 492 | 4 | (0,0,1) | 小周跳 | −0.029 | −0.94 | −0.94 | −0.05 | (0,0,1) |
| 523 | 4 | (1,1,0) | 特殊周跳 | 0.033 | 0.88 | 0.98 | 1.21 | (1,1,0) |
| 527 | 4 | (1,3,0) | 小周跳 | 0.057 | 3.08 | 1.01 | −0.80 | (1,3,0) |
| 535 | 4 | (1,0,1) | 特殊周跳 | 0.070 | −1.05 | 0.00 | 1.84 | (1,0,1) |
| 591 | 4 | (0,1,1) | 特殊周跳 | −0.034 | 0.01 | −1.00 | −1.17 | (0,1,1) |

续表

| 历元 | 时段 | 周跳真值 | 周跳类型 | $\Delta I$ /m | $\Delta N_{(0,1,-1)}$ /周 | $\Delta N_{(1,0,-1)}$ /周 | $\Delta N_{(2,-1,0)}$ /周 | 周跳估值 |
|---|---|---|---|---|---|---|---|---|
| 346 | 4 | $(6,7,8)$ | 大周跳 | $-0.040$ | $-0.99$ | $-2.03$ | $4.97$ | $(6,7,8)$ |
| 367 | 4 | $(10,0,0)$ | 大周跳 | $0.056$ | $0.03$ | $10.02$ | $20.26$ | $(10,0,0)$ |
| 489 | 4 | $(0,-5,8)$ | 大周跳 | $-0.031$ | $-12.99$ | $-8.00$ | $5.00$ | $(0,-5,8)$ |
| 527 | 4 | $(0,0,-7)$ | 大周跳 | $0.057$ | $7.08$ | $7.01$ | $0.19$ | $(0,0,-7)$ |
| 535 | 4 | $(0,8,0)$ | 大周跳 | $0.070$ | $7.94$ | $0$ | $-8.15$ | $(0,8,0)$ |
| 591 | 4 | $(-7,10,0)$ | 大周跳 | $-0.034$ | $10.01$ | $-7.01$ | $-24.17$ | $(-7,10,0)$ |

由表 5.11、表 5.12 可以看出:对于卫星 C03,第 3 时段为电离层活跃时段,在 1788 历元,即使电离层延迟变化量达到 6 cm,对应的周跳能也够探测和修复成功。对于卫星 C09,第 4 时段为电离层活跃时段,在 535 历元,电离层延迟变化量为 7 cm,对应的周跳能够探测和修复成功。说明在电离层活跃状态下,本小节介绍的模型时是适用的;而在电离层活动平稳状态下,可以看出,对于各类周跳,都能准确可靠地探测和修复。因此,无论是在电离层平稳状态下还是电离层活跃状态下,对于 30 s 的采样间隔,本小节中的优化模型对各类周跳都能准确地探测和修复。

### 5.3.3　结　论

BDS 三频观测条件下可以组合得到具有优良特性的虚拟载波观测量,有利于改善非差观测数据的周跳实时探测与修复,本小节介绍的一种改进的基于 TCAR 算法的 BDS 三频非差数据的周跳实时探测与修复模型,充分考虑电离层延迟变化对周跳实时探测与修复过程中造成的影响,通过优化载波相位组合确定电离层延迟的变化量,以提高 NL 周跳的探测与修复的成功率和可靠性。最后,基于实测 BDS 三频数据对模型可行性进行验证,结果表明,即使在 30 s 的采样率以及电离层活动活跃的条件下,该模型都能有效地实时探测和修复各类周跳,可应用于北斗三频非差数据周跳实时探测和修复。

## §5.4　本章小结

电离层活动是影响 BDS 三频非差周跳实时探测与修复的主要因素,三频观测条件下,通过对原始观测量进行线性组合,可以得到一些具有优良特性的虚拟组合观测量,有助于提高周跳实时探测与修复的成功率与可靠性。

(1) §5.2 中的模型在电离层延迟随时间平滑变化的前提下,基于 BDS 三频数据构造了 5 个无电离层无几何观测量,分 3 步实时探测和修复周跳,对于探测到的不同周跳,通过特定的三频载波相位线性组合进行有效分辨和修复,最后基于北斗三频实测数据,分别就 1 s、15 s、30 s 不同采样间隔下的周跳探测和修复能力进行了验证,实验结果表明该方法没有出现"误探"和"漏探"的情况。

(2)§5.3 中的模型充分考虑电离层延迟变化对周跳实时探测与修复过程中造成的影响,并通过优化载波相位组合确定电离层延迟的变化量,以提高 NL 周跳的探测与修复的成功率和可靠性。实验结果表明,即使在 30 s 的采样率以及电离层活动活跃条件下,该模型都能有效地实时探测和修复各类周跳,可应用于北斗三频非差数据周跳实时探测和修复。

# 第 6 章　短基线 RTK

在 GNSS 工程应用时,在城市高楼密集区和深山峡谷等环境下采用单卫星系统进行定位时,由于受到地形及周围环境的影响,用户接收机可见卫星数目少且分布不佳,系统的可用性降低,无法满足定位的最低要求(胡自全 等,2012)。多系统条件下,天空中导航卫星可见数量的增加为解决上述问题提供了可能。以 GPS/BDS 联合 RTK 定位为例,其可见卫星数增加将近一倍,可显著增强单频 RTK 定位模型的几何强度,进而可缩减目前 GPS 单频 RTK 定位的初始化时间并提高其可靠性(He et al,2014)。

GNSS 单历元 RTK 定位精度和可靠性取决于模糊度能否正确固定(Deng et al,2014)。在 GNSS 单系统条件下,当天空中的可见导航卫星数量很少时,整周模糊度的计算就不能完成。2011 年 12 月 31 日,GLONASS 恢复全球组网运行,向全球民用用户提供长期免费服务,并宣布系统服务性能水平与美国 GPS 系统相当。2012 年底,我国的北斗卫星导航系统已部署完成由 5 颗 GEO 卫星、5 颗 IGSO 卫星和 4 颗 MEO 卫星组成的区域星座,具备了向中国及周边地区提供服务的能力。多个卫星导航系统的投入运行使天空中导航卫星的可见数增加,为整周模糊度的解算带来了有利的因素。

由于 GPS 和 BDS 在信号体制结构方面采用的都是码分多址技术(CDMA),因此两者在数据处理模型方面非常接近,有利于进行双系统组合定位,高星伟等(2012)和李金龙(2015)都对 GPS/BDS 组合定位进行了研究。但是,目前的研究并没有就 BDS 三频条件下采用组合观测量与 GPS 联合 RTK 时的优势进行论证和分析,鉴于此,本书将在本章的最后部分就相关内容和研究情况展开详细介绍。由于 GLONASS 导航信号与 GPS 导航信号存在不同,高星伟等(2004)、段举举等(2012)、Shi 等(2013)对 GPS/GLONASS 联合定位的数据处理模型进行了研究和分析,得出了许多有益的结论。目前针对 GLONASS/BDS 组合 RTK 定位的研究还不多。尽管与 GPS、BDS 等卫星导航系统相比,GLONASS 还存在频分多址等问题,给数据处理带来诸多不便,但也有其优势和可借鉴之处,如卫星的轨道倾角较大,有利于高纬度地区的定位导航。因此,作为一种卫星资源,有必要对 GLONASS 进行更加全面深入的研究,使其能够更好地纳入全球导航与定位服务体系中来。未来,在通往多系统组合定位的道路上,对 GLONASS/BDS RTK 定位的数学模型以及基于实测数据进行研究分析将是一项很有意义的事情。

本章首先对短基线条件下 BDS 三频无几何模型的性能进行分析。其次,为进一步分析双系统组合 RTK 的优势,分别就 GLONASS/BDS 以及 GPS/BDS 条件下单频、双频组合 RTK 的数学模型及性能进行论证。再次，就 GLONASS 观测量频间偏差对 GLONASS/BDS 组合 RTK 造成的影响进行实验分析，介绍一种基于零基线的校正方法。最后，为分析 BDS 三频信号在短基线双系统组合条件下的应用性能，依次对 BDS 三频观测下 GLONASS/BDS、GPS/BDS 多频 RTK 解算模型进行优化，并分别基于实测数据进行验证。

# §6.1　BDS 短基线三频无几何 RTK

§4.2 已经对无几何 TCAR 算法进行了详细的介绍，这里就不再赘述。鉴于虚拟组合观测量 $\phi_{0,-1,1}$、$\phi_{(1,-1,0)}$ 和 $\phi_{(1,0,-1)}$ 具有较优的特性，适用于 TCAR 算法，这里采用这 3 个组合进行实验分析。其中，$\phi_{0,-1,1}$ 是 EWL 组合，$\phi_{1,-1,0}$ 和 $\phi_{(1,0,-1)}$ 是 WL 组合。对于 BDS，上述最优组合的相关特性如表 2.2 所示。

## 6.1.1　实验分析

采用数据集 $A$、$B$ 和 $C$ 三组实测基线数据进行实验，卫星高度截止角为 15°，数据集概况如表 6.1 所示。

表 6.1　采用的数据集概况

| 数据集 | 基线长度 | 观测时长/s | 日期 | 采样间隔/s |
|---|---|---|---|---|
| $A$ | 11 m | 8 300 | 2015-10-22 | 1 |
| $B$ | 8 km | 7 200 | 2013-07-31 | 1 |
| $C$ | 14 km | 21 600 | 2015-04-09 | 1 |

需要说明的是，数据集 $A$ 和数据集 $C$ 的观测时段分别为地方时 14 点到 16 点和 12 点到 15 点，两时段均为电离层活动剧烈时期，采用这两个时段的观测数据以分析电离层活动对无几何 TCAR 模型模糊度固定成功率造成的影响。对实验结果进行统计，得到表 6.2、表 6.3 和表 6.4。

表 6.2　模糊度浮点解误差统计（数据集 $A$）

| 模糊度 | 卫星对 | 中误差/周 | 最大值/周 | 最小值/周 | 单历元固定成功率/% |
|---|---|---|---|---|---|
| EWL | C02-C01 | 0.078 7 | 0.233 5 | −0.326 7 | 100 |
| | C04-C03 | 0.095 2 | 0.418 4 | −0.363 0 | 100 |
| | C09-C08 | 0.097 1 | 0.356 2 | −0.354 3 | 100 |
| | C09-C01 | 0.088 0 | 0.382 3 | −0.262 7 | 100 |
| WL | C02-C01 | 0.131 2 | 0.664 9 | −0.463 2 | 99.8 |
| | C04-C03 | 0.186 1 | 1.203 2 | −0.842 8 | 98.9 |
| | C09-C08 | 0.154 4 | 0.557 3 | −0.573 8 | 99.9 |
| | C09-C01 | 0.147 8 | 0.658 0 | −0.522 8 | 99.7 |

续表

| 模糊度 | 卫星对 | 中误差/周 | 最大值/周 | 最小值/周 | 单历元固定成功率/% |
|---|---|---|---|---|---|
| NL | C02-C01 | 0.078 9 | 0.372 6 | −0.256 7 | 100 |
| | C04-C03 | 0.110 2 | 0.590 4 | −0.502 0 | 99.9 |
| | C09-C08 | 0.118 3 | 0.440 4 | −0.361 9 | 100 |
| | C09-C01 | 0.081 5 | 0.438 5 | −0.148 0 | 100 |

**表 6.3　模糊度浮点解误差统计**（数据集 $B$）

| 模糊度 | 卫星对 | 中误差/周 | 最大值/周 | 最小值/周 | 单历元固定成功率/% |
|---|---|---|---|---|---|
| EWL | C02-C01 | 0.047 4 | 0.238 4 | −0.060 0 | 100 |
| | C04-C03 | 0.035 8 | 0.107 5 | −0.186 1 | 100 |
| | C10-C01 | 0.057 0 | 0.220 5 | −0.111 6 | 100 |
| | C11-C01 | 0.057 8 | 0.244 0 | −0.168 8 | 100 |
| WL | C02-C01 | 0.087 1 | 0.339 3 | −0.382 3 | 100 |
| | C04-C03 | 0.101 1 | 0.442 7 | −0.483 1 | 100 |
| | C10-C01 | 0.075 5 | 0.329 3 | −0.356 7 | 100 |
| | C11-C01 | 0.130 7 | 0.593 3 | −0.498 3 | 99.9 |
| NL | C02-C01 | 0.088 0 | 0.448 4 | −0.258 8 | 100 |
| | C04-C03 | 0.151 9 | 0.698 5 | −0.607 1 | 99.7 |
| | C10-C01 | 0.124 5 | 0.507 8 | −0.369 9 | 99.9 |
| | C11-C01 | 0.138 3 | 0.529 5 | −0.473 4 | 99.9 |

**表 6.4　模糊度浮点解误差统计**（数据集 $C$）

| 模糊度 | 卫星对 | 中误差/周 | 最大值/周 | 最小值/周 | 单历元固定成功率/% |
|---|---|---|---|---|---|
| EWL | C03-C01 | 0.065 2 | 0.276 2 | −0.149 6 | 100 |
| | C04-C03 | 0.083 0 | 0.200 0 | −0.310 2 | 100 |
| | C10-C01 | 0.063 1 | 0.250 8 | −0.176 2 | 100 |
| | C14-C01 | 0.082 6 | 0.449 3 | −0.336 9 | 100 |
| WL | C03-C01 | 0.065 8 | 0.250 0 | −0.275 1 | 100 |
| | C04-C03 | 0.070 6 | 0.296 7 | −0.278 4 | 100 |
| | C10-C01 | 0.066 5 | 0.261 3 | 0.234 2 | 100 |
| | C14-C01 | 0.095 4 | 0.410 9 | −0.512 6 | 99.9 |
| NL | C03-C01 | 0.172 9 | 0.384 0 | −0.674 2 | 94.7 |
| | C04-C03 | 0.425 7 | 1.214 0 | −0.699 7 | 65.9 |
| | C10-C01 | 0.293 9 | 0.276 7 | −0.926 4 | 76.8 |
| | C14-C01 | 0.234 8 | 0.935 4 | −0.705 2 | 84.9 |

　　由表 6.2、表 6.3 可以看出,对于 11 m 长的超短基线和 8 km 长的短基线,无几何模型 EWL、WL 和 NL 模糊度的固定率都极高,接近 100%。随着基线长度增加到 14 km,由表 6.4 可以看出,EWL 和 WL 模糊度解算成功率依然能保持较高水平,但是 NL 模糊度的固定率明显下降,最低达到 65.9%(C04-C03)。这说明,基线长度增加之后,双差电离层延迟残差是影响 NL 模糊度固定率的主要因素。模糊度估值误差变化如图 6.1 至图 6.12 所示。

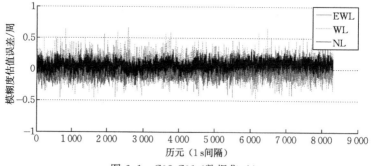

图 6.1　C02-C01(数据集 $A$)

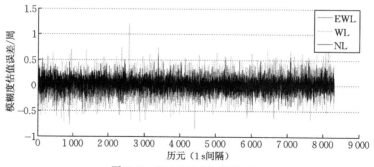

图 6.2　C04-C03(数据集 $A$)

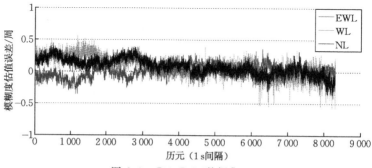

图 6.3　C09-C08(数据集 $A$)

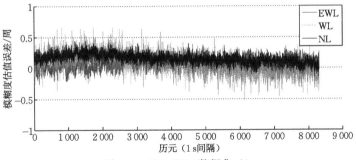

图 6.4　C09-C01（数据集 $A$）

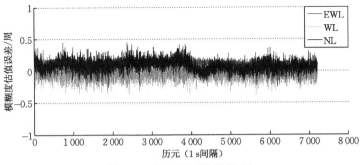

图 6.5　C02-C01（数据集 $B$）

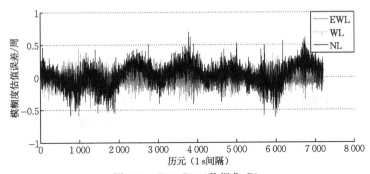

图 6.6　C04-C03（数据集 $B$）

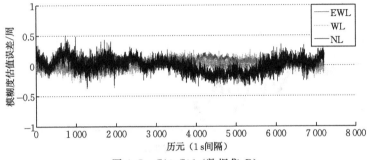

图 6.7　C10-C01（数据集 $B$）

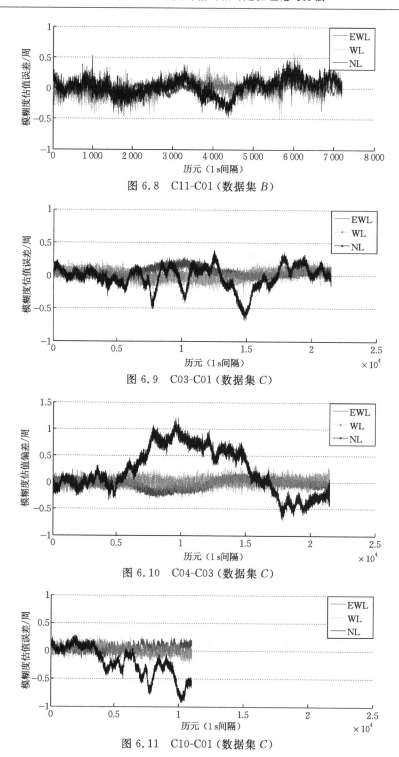

图 6.8　C11-C01（数据集 $B$）

图 6.9　C03-C01（数据集 $C$）

图 6.10　C04-C03（数据集 $C$）

图 6.11　C10-C01（数据集 $C$）

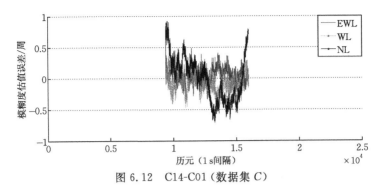

图 6.12　C14-C01（数据集 C）

由图 6.1 至图 6.12 所示的误差变化图可以看出，对于数据集 C，即使在电离层活跃时段，EWL、WL 模糊度误差依然能保持在 0.5 周以内，通过直接取整可以可靠固定；而 NL 模糊度受双差电离层延迟残差的影响，误差波动剧烈，尤其是在电离层活跃时段，NL 模糊度固定成功率受其影响非常明显。因此可以看出，随着基线长度的增加，双差电离层延迟残差是制约无几何 TCAR 算法应用的主要因素。

## 6.1.2　结　论

本节就短基线 BDS 三频无几何解算模型的性能进行了介绍和分析，并通过实测数据进行了论证。结果表明，短基线条件下，随着基线长度增加到 14 km，EWL 和 WL 模糊度解算成功率依然能保持较高水平，而 NL 模糊度的固定成功率明显下降，最低降至 65.9%（C04-C03），表明双差电离层延迟残差是影响 NL 模糊度固定的主要因素，并由此导致三频无几何模型应用受到限制。

# §6.2　基于几何的短基线 RTK

## 6.2.1　数学模型

在短基线条件下，忽略双差对流层残差、双差电离层残差以及轨道误差的影响，载波和伪距单频差分定位的数学模型为（李金龙，2015）

$$
\begin{aligned}
E(\boldsymbol{l}_j^{dd}) &= \begin{bmatrix} \boldsymbol{DG} \\ \boldsymbol{DG} \end{bmatrix} \boldsymbol{x} + \begin{bmatrix} \boldsymbol{D\Lambda}_j \\ \boldsymbol{0} \end{bmatrix} \boldsymbol{N}_j^{sd} \\
D(\boldsymbol{l}_j^{dd}) &= \begin{bmatrix} \boldsymbol{DQ}_{\varphi,j}^{sd}\boldsymbol{D}^{\mathrm{T}} & \\ & \boldsymbol{DQ}_{p,j}^{sd}\boldsymbol{D}^{\mathrm{T}} \end{bmatrix} \\
&= \begin{bmatrix} \boldsymbol{Q}_{\varphi_j^{dd}} & \\ & \boldsymbol{Q}_{p_j^{dd}} \end{bmatrix}
\end{aligned} \right\}
\tag{6.1}
$$

式中：sd 表示单差；dd 表示双差；$\boldsymbol{\Lambda}_j = \begin{bmatrix} \lambda_j & & \\ & \ddots & \\ & & \lambda_j \end{bmatrix}$，$\boldsymbol{l}_j^{dd} = \begin{bmatrix} \varphi_j^{dd} \\ p_j^{dd} \end{bmatrix}$ 是载波相位和伪

距的双差观测值；$\boldsymbol{Q}_{\varphi_j^{dd}}$、$\boldsymbol{Q}_{p_j^{dd}}$ 为载波相位和伪距双差观测的协方差矩阵；$\boldsymbol{x} = \Delta\boldsymbol{r}_{qr}$，为位置参数；$\boldsymbol{N}_j^{sd}$ 为单差模糊度参数；$\boldsymbol{G}$ 为设计矩阵，表示为

$$\boldsymbol{G} = \begin{bmatrix} -(\boldsymbol{u}_r^1)^T \\ \vdots \\ -(\boldsymbol{u}_r^n)^T \end{bmatrix} \tag{6.2}$$

由单差模糊度参数到双差模糊度参数的转换矩阵表示为

$$\boldsymbol{D} = \begin{bmatrix} -1 & 1 & 0 & \cdots & 0 \\ -1 & 0 & 1 & \cdots & 0 \\ \vdots & \vdots & \vdots & \ddots & \vdots \\ -1 & 0 & 0 & \cdots & 1 \end{bmatrix} \tag{6.3}$$

短基线情形下的单频差分定位数学模型相应的未知参数向量为 $\boldsymbol{Y}' = \begin{bmatrix} (\Delta\boldsymbol{r}_{qr})^T & (\boldsymbol{N}_j^{sd})^T \end{bmatrix}^T$，即为位置参数和单差模糊度参数。

本章将分别就 GPS/BDS 单频、双频、多频以及 GLONASS/BDS 单频、双频、多频组合 RTK 的数学模型和解算效果进行分析和验证，需要注意的是，其中组双差是在各个系统内部实现的，系统之间不组双差。之所以采取这样的处理策略，是因为对于不同的导航系统，即使具有相同波长的载波信号也会存在不同的群延迟，这部分误差是无法通过组双差进行消除的。如果这部分系统间系统误差处理不好，反而会降低定位的精度。

在模糊度参数浮点解的计算过程中，本章解算的是单差模糊度参数而不是双差模糊度参数，原因是有助于解算 GLONASS 系统频分多址信号的整周模糊度参数，保持解算模型的兼容性和统一性。以距离为单位，GLONASS 的双差载波观测方程可以表示为

$$\begin{aligned} \varphi_{rb,i}^{jk} &= \rho_{rb}^{jk} + (\lambda_j N_{rb,i}^j - \lambda_k N_{rb,i}^k) \\ &= \rho_{rb}^{jk} + \lambda_j N_{rb,i}^{jk} + (\lambda_k - \lambda_j) N_{rb,i}^k \end{aligned} \tag{6.4}$$

式中：$\boldsymbol{A} = \begin{bmatrix} -(u_r^1)^T \\ \vdots \\ -(u_r^n)^T \end{bmatrix}$，是载波观测量；$\boldsymbol{D} = \begin{bmatrix} -1 & 1 & 0 & \cdots & 0 \\ -1 & 0 & 1 & \cdots & 0 \\ \vdots & \vdots & \vdots & \ddots & \vdots \\ -1 & 0 & 0 & \cdots & 1 \end{bmatrix}$，是伪距观测

量；$\boldsymbol{Y}' = \begin{bmatrix} (\Delta\boldsymbol{r}_{qr})^T & (\boldsymbol{N}_j^{sd})^T \end{bmatrix}^T$，是载波观测量的波长；$\lambda$ 为模糊度。 由于 GLONASS 信号频分多址的特点，式(6.4)引入了参考卫星单差模糊度的影响，通过单差模糊度的概略值来改正这种影响，可达到保留模糊度的整周特性。先根据

伪距求出参考卫星的单差模糊度,然后进行基线解算,但是如果参考卫星的单差模糊度解算结果不准确,会引入一个系统性偏差。因此,在本章的解算过程中,单差模糊度作为实参数解算,而不进行固定。由单差模糊度的实参数解转换为双差模糊度的实参数解,然后再进行双差模糊度的固定。双差模糊度浮点解到固定解的计算过程中采用 LAMBDA 算法,ratio 的阈值设为 2.0。解算过程中模糊度解算采用单历元固定模式,这样可以避免观测数据中周跳对解算结果造成的不利影响。

## 6.2.2　单历元多系统单频组合 RTK

本小节对 GLONASS/BDS 以及 GPS/BDS 单历元单频 RTK 定位性能进行论证,并结合实测数据进行分析。

### 1. GLONASS/BDS 单频 RTK 实验分析

1)静态实验

采用数据集 $A$、$B$ 和 $C$ 三组实测基线数据进行验证分析,实验采用和芯星通 UR370 多模接收机,实验地点为郑州,卫星高度截止角为 $15°$,数据集概况如表 6.5 所示。

表 6.5　采用的数据集概况

| 数据集 | 基线长度 | 观测时长/s | 日期 | 采样间隔/s |
|---|---|---|---|---|
| $A$ | 8.1 m | 4 200 | 2013-11-25 | 1 |
| $B$ | 8.0 m | 3 600 | 2013-11-25 | 1 |
| $C$ | 8 km | 7 200 | 2013-07-31 | 1 |

以数据集 $A$ 为例,分别对 BDS(B1)、GLONASS(G1)、GLONASS/BDS(G1＋B1)三种模式下的卫星可见数、位置精度因子(position dilution of precision,PDOP)、水平分量精度因子(horizontal dilution of precision,HDOP)、垂直分量精度因子(vertical dilution of precision,VDOP)以及 ratio 值的时间序列值变化进行比较分析和统计,其中 ratio 值时间序列如图 6.13 所示。

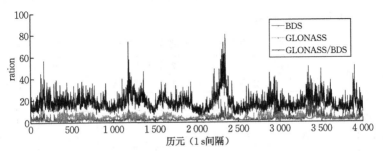

图 6.13　ratio 值时间序列

对上述 3 种定位模式的可见卫星数、PDOP、ratio 值进行统计得到表 6.6。BDS 可见卫星数平均为 8 颗,GLONASS 可见卫星数平均为 7.5 颗,在卫星数相近的情况下,GLONASS 的 PDOP 值平均为 1.87,优于 BDS,而组合之后的 PDOP 均值为 1.48,几何结构得到很大改善。组合之后的 ratio 值最小为 5.1,最大为 80.0,平均为 18.2,相较于单系统条件下的定位结果有了明显改善。

表 6.6  3 种定位模式可见卫星数、PDOP、ratio 值统计结果(数据集 A)

| 定位模式 | 可见卫星数 | | | PDOP | | | ratio | | |
|---|---|---|---|---|---|---|---|---|---|
| | 最大 | 最小 | 平均 | 最大 | 最小 | 平均 | 最大 | 最小 | 平均 |
| BDS | 8 | 8 | 8.0 | 2.98 | 2.63 | 2.78 | 30.3 | 1.0 | 3.2 |
| GLONASS | 8 | 5 | 7.5 | 3.31 | 2.36 | 1.87 | 44.0 | 1.0 | 4.8 |
| GLONASS/BDS | 16 | 13 | 15.5 | 1.72 | 1.48 | 1.33 | 80.0 | 5.1 | 18.2 |

为了进一步评估 GLONASS/BDS 单历元单频 RTK 定位的性能,分别采用数据集 A 和数据集 B,按照以下 4 种定位模式进行实验:BDS 单频(B1)、GLONASS 单频(G1)、GLONASS/BDS 单频组合(G1+B1)以及 BDS 双频(B1/B2)。对上述模式的单历元模糊度解算的固定率和错误率进行统计得到表 6.7。需要指出的是,上述的模糊度错误率为固定错误历元数与总历元数的比值,这里以判断模糊度参数固定对错以后处理模式计算得到的模糊度参数作为参考值。由表 6.7 可知,对于数据集 A,GLONASS 单频模式下的模糊度固定率为 79.9%,相应的错误率为 38.7%,优于 BDS 单频模式,BDS 单频模式下的模糊度固定率为 66.6%,错误率高达 64.3%。对于数据集 B,GLONASS 单频模式下的模糊度固定率为 76.3%,相应的错误率为 36.3%,也优于 BDS 单频模式,BDS 单频模式下的模糊度固定率为 72.4%,而错误率高达 67.1%。对于数据集 C,GLONASS 和 BDS 单频模式下模糊度固定率仅为 27.1% 和 39.3%。由此可见,无论是 GLONASS 还是 BDS,单系统条件下单历元单频 RTK 定位的可行性无法得到保证。而对于 GLONASS/BDS 单频组合模式,数据集 A 和数据集 B 的模糊度固定率分别高达 100% 和 99.9%,对应的错误率则都为 0,数据集 C 的模糊度固定率为 95.1%,对应的错误率为 0.1%。可以看出,其性能与 BDS 双频模式基本相当,较之单系统条件下的单历元单频定位性能有了明显的提升。

表 6.7  单历元模糊度解算的固定率和错误率统计结果  单位:%

| 定位模式 | 数据集 A | | 数据集 B | | 数据集 C | |
|---|---|---|---|---|---|---|
| | 固定率 | 错误率 | 固定率 | 错误率 | 固定率 | 错误率 |
| G1 | 79.9 | 38.7 | 76.3 | 36.3 | 27.1 | 99.8 |
| B1 | 66.6 | 64.3 | 72.4 | 67.1 | 39.3 | 13.5 |
| G1+B1 | 100 | 0 | 99.9 | 0 | 95.1 | 0.1 |
| B1+B2 | 100 | 0 | 100 | 0 | 95.4 | 0 |

除了对上述单频模糊度解算性能进行比较分析,还对 GLONASS/BDS 单频组合和 BDS 双频模式下的固定解在东向(E)、北向(N)、天顶向(U)3 个方向的定

位误差进行统计,其定位误差时间序列如图 6.14 至图 6.19 所示。

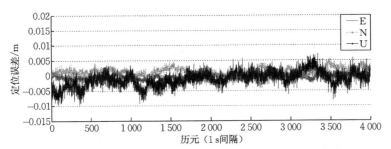

图 6.14　GLONASS/BDS 单频组合定位误差时间序列(数据集 *A*)

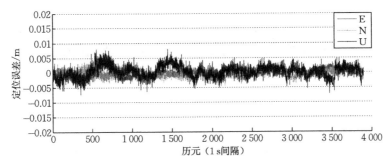

图 6.15　GLONASS/BDS 单频组合定位误差时间序列(数据集 *B*)

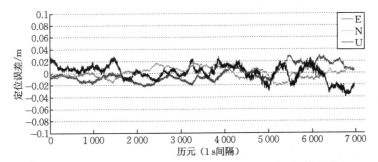

图 6.16　GLONASS/BDS 单频组合定位误差时间序列(数据集 *C*)

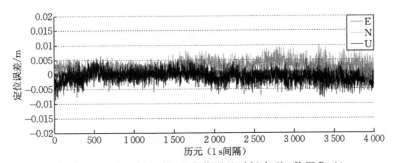

图 6.17　BDS 双频(B1/B2)定位误差时间序列(数据集 *A*)

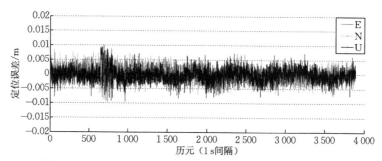

图 6.18　BDS 双频(B1/B2)定位误差时间序列（数据集 *B*）

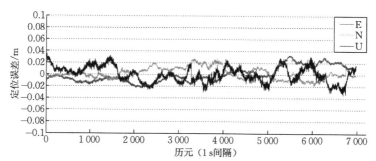

图 6.19　BDS 双频(B1/B2)定位误差时间序列（数据集 *C*）

对 GLONASS/BDS 单历元单频 RTK 定位，以及 BDS 单历元双频 RTK 定位固定解定位误差进行统计分别得到表 6.8、表 6.9。

表 6.8　GLONASS/BDS 单频单历元 RTK 定位固定解定位误差统计结果

单位:cm

| | 数据集 *A* | | | 数据集 *B* | | | 数据集 *C* | | |
| --- | --- | --- | --- | --- | --- | --- | --- | --- | --- |
| | E | N | U | E | N | U | E | N | U |
| 最小值 | −0.32 | −0.36 | −1.00 | −0.38 | −0.46 | −0.74 | −2.30 | −2.19 | −3.95 |
| 最大值 | 0.21 | 0.54 | 0.70 | 0.33 | 0.41 | 0.80 | 3.04 | 1.74 | 2.86 |
| 中误差 | 0.08 | 0.12 | 0.25 | 0.10 | 0.12 | 0.22 | 1.23 | 0.84 | 1.28 |

表 6.9　BDS 单历元双频 RTK 定位固定解定位误差统计结果　　单位:cm

| | 数据集 *A* | | | 数据集 *B* | | | 数据集 *C* | | |
| --- | --- | --- | --- | --- | --- | --- | --- | --- | --- |
| | E | N | U | E | N | U | E | N | U |
| 最小值 | −0.15 | −0.20 | −0.86 | −0.96 | −0.89 | −0.94 | −2.31 | −1.86 | −3.51 |
| 最大值 | 0.35 | 0.90 | 0.63 | 0.43 | 0.90 | 1.00 | 3.35 | 2.74 | 3.51 |
| 中误差 | 0.07 | 0.20 | 0.22 | 0.07 | 0.25 | 0.25 | 1.34 | 0.92 | 1.29 |

由图 6.14 和图 6.15 可知，对于数据集 *A* 和数据集 *B*，GLONASS/BDS 单历元单频 RTK 所有固定解在东向和北向上的定位误差都在 0.5 cm 以内，而天顶方向的定位误差稍差一些，但都保持在 1 cm 以内。对于数据集 *C*，当基线长度为

8 km 时,GLONASS/BDS 单历元单频 RTK 所有固定解在 3 个方向上的定位误差都保持在 4 cm 以内。

由表 6.8 可知,对于数据集 $A$ 和数据集 $B$,GLONASS/BDS 单历元单频 RTK 定位在东向上的中误差分别为 0.08 cm 和 0.10 cm,北向上的中误差都为 0.12 cm,而天顶向的中误差分别为 0.25 cm 和 0.22 cm。对于数据集 $C$,GLONASS/BDS 单历元单频 RTK 定位在 3 个方向上的中误差分别为 1.23 cm、0.84 cm 和 1.28 cm。由表 6.8 与表 6.9 相比可知,对于数据集 $A$ 和数据集 $B$,双系统组合模式与 BDS 双频模式在东向和天顶向的中误差相近,而在北向上前者优于后者,两者分别为 0.08 cm 和 0.13 cm。因此,总结来看,GLONASS/BDS 单历元单频 RTK 是可行的。

2)动态实验

动态测试于 2016 年 1 月 18 日在郑州进行,流动站与基准站之间的最远距离为 720 m。测试过程中,高度截止角设为 15°,采用间隔为 1 s,一共收集了 2 995 个历元的 GLONASS/BDS 动态数据。实验中,以所有双频 GLONASS/BDS 数据联合解算得到的模糊度整数解作为模糊度参考值来判断各种方案单历元固定模糊度的正确性,而相应的坐标固定解作为流动站接收机位置参考值来评估各种方案单历元固定解的精度。可见卫星时序如图 6.20 所示。

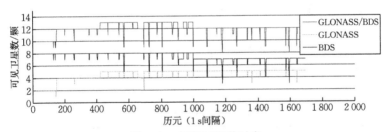

图 6.20　可见卫星数时序

对模糊度固定效果进行统计得到表 6.10。

表 6.10　模糊度固定结果　　　　单位:%

| 定位模式 | 模糊度固定率 | 模糊度错误率 |
|---|---|---|
| GLONASS | 23.7 | 77.2 |
| BDS | 35.3 | 86.6 |
| GLONASS/BDS | 67.5 | 16.1 |

针对得到固定解的所有历元,对其定位偏差进行统计得到图 6.21 和表 6.11。

表 6.11　定位精度统计结果　　　　单位:cm

| 定位模式 | 中误差 | | |
|---|---|---|---|
| | E | N | U |
| GLONASS/BDS | 0.34 | 0.38 | 1.59 |

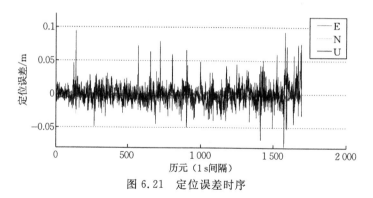

图 6.21　定位误差时序

3）结论

相较于 GLONASS 和 BDS 单系统条件，GLONASS/BDS 双系统组合 RTK 定位的优点主要是可观测卫星的数量更多，观测卫星的几何图形强度更强，多余观测量更多，使整个卫星定位系统的可靠性和可用性得到提高。

本小节基于实测数据对 GLONASS/BDS 单历元单频 RTK 定位的性能进行了验证分析，结果表明，就模糊度固定效果和定位精度而言，GLONASS/BDS 单历元单频 RTK 定位是可行的。

**2. GPS/BDS 单频 RTK 实验分析**

1）静态实验

采用数据集 $A$ 和 $B$ 两组实测基线数据进行验证分析，实验采用和芯星通 UR370 多模接收机，实验地点为郑州，卫星高度截止角为 $15°$，数据集概况如表 6.12 所示。

表 6.12　采用的数据集概况

| 数据集 | 基线长度 | 观测时长/s | 日期 | 采样间隔/s |
|---|---|---|---|---|
| $A$ | 8 m | 9 648 | 2014-03-15 | 1 |
| $B$ | 8 km | 7 200 | 2014-07-31 | 1 |

以数据集 $A$ 为例，分别对 BDS(B1)、GPS(G1)、GPS/BDS(G1＋B1)3 种模式下的卫星可见数、PDOP 以及 ratio 值的时间序列值变化进行比较分析和数理统计，其中 ratio 值时间序列如图 6.22 所示。

对上述 3 种定位模式的可见卫星数、PDOP 值、ratio 值进行统计得到表 6.13。

表 6.13　3 种定位模式可见卫星数、PDOP、ratio 值统计结果（数据集 $A$）

| 定位模式 | 可见卫星数 | | | PDOP | | | ratio | | |
|---|---|---|---|---|---|---|---|---|---|
| | 最大 | 最小 | 平均 | 最大 | 最小 | 平均 | 最大 | 最小 | 平均 |
| BDS | 10 | 9 | 9.0 | 2.80 | 1.96 | 2.47 | 140.2 | 1.0 | 4.7 |
| GPS | 7 | 5 | 6.5 | 9.59 | 2.04 | 4.30 | 250.0 | 1.0 | 4.3 |
| GPS＋BDS | 17 | 14 | 15.5 | 1.72 | 1.29 | 1.52 | 171.3 | 3.3 | 25.3 |

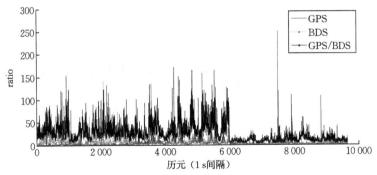

图 6.22　ratio 值时间序列

表 6.13 中,BDS 可见卫星数平均为 9 颗,GPS 可见卫星数平均为 6.5 颗,GPS 的 PDOP 值平均为 4.30,逊于 BDS,而组合之后的 PDOP 均值为 1.52,几何结构得到很大改善。组合之后的 ratio 值最小为 3.3,最大为 171.3,平均为 25.3,相较于单系统条件下的定位结果有了明显改善。

为了进一步评估 GPS/BDS 单历元单频 RTK 定位的性能,分别采用数据集 A 和数据集 B,按照以下 3 种定位模式进行了实验:BDS 单频(B1)、GPS 单频(G1)、GPS/BDS 单频组合(G1+B1),对上述模式的单历元模糊度解算的固定率和错误率进行统计得到表 6.14。

表 6.14　单历元模糊度解算的固定率和错误率统计结果　单位:%

| 定位模式 | 数据集 A | | 数据集 B | |
|---|---|---|---|---|
| | 固定率 | 错误率 | 固定率 | 错误率 |
| G1 | 71.3 | 48.2 | 33.4 | 95.2 |
| B1 | 69.8 | 61.6 | 39.3 | 23.1 |
| B1+G1 | 100 | 0 | 98.2 | 0 |

由表 6.14 可知,对于数据集 A,GPS 单频模式下的模糊度固定率为 71.3%,相应的错误率为 48.2%;BDS 单频模式的模糊度固定率为 69.8%,错误率高达 61.6%。对于数据集 B,GPS 单频模式下的模糊度固定率为 33.4%,相应的错误率为 95.2%;BDS 单频模式模糊度固定率为 39.3%,而错误率高达 23.1%。由此可见,无论是 GPS 还是 BDS,单系统条件下单历元单频 RTK 定位的可行性无法得到保证。而对于 GPS/BDS 单频组合模式,数据集 A 和数据集 B 的模糊度固定率分别高达 100% 和 98.2%,对应的错误率则都为 0,可以看出,其性能比单系统条件下的单历元单频定位性能有了明显的提升。

对 GPS/BDS 单频组合模式下的固定解在东向(E)、北向(N)、天顶向(U)3 个方向的定位误差进行统计,其定位误差时间序列如图 6.23 和图 6.24 所示。

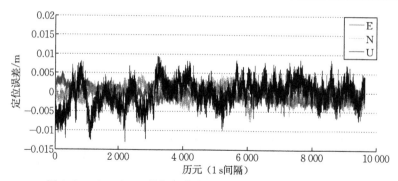

图 6.23　GPS/BDS 单频组合定位误差时间序列（数据集 $A$）

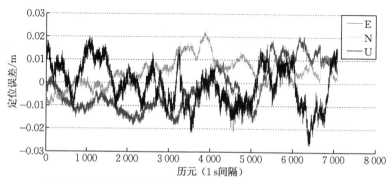

图 6.24　GPS/BDS 单频组合定位误差时间序列（数据集 $B$）

对 GPS/BDS 单历元单频 RTK 定位固定解定位误差进行统计得到表 6.15。

表 6.15　GPS/BDS 单历元单频 RTK 定位固定解定位误差统计结果 单位:cm

| | 数据集 $A$ | | | 数据集 $B$ | | |
|---|---|---|---|---|---|---|
| | E | N | U | E | N | U |
| 最小值 | −0.52 | −0.77 | −1.30 | −1.86 | −1.06 | −2.71 |
| 最大值 | 0.53 | 0.61 | 0.94 | 2.09 | 2.24 | 1.99 |
| 中误差 | 0.15 | 0.17 | 0.34 | 0.69 | 0.62 | 0.89 |

由图 6.23 可知,对应数据集 $A$,GPS/BDS 单历元单频 RTK 所有固定解在东向和北向上的定位误差都在 0.5 cm 以内,而天顶方向的定位误差稍差一些,但基本都保持在 1 cm 以内。由图 6.24 可知,对于数据集 $B$,当基线长度为 8 km 时,GPS/BDS 单历元单频 RTK 所有固定解在 3 个方向上的定位误差都保持在 2 cm 以内。

由表 6.15 可知,对于数据集 $A$,GPS/BDS 单历元单频 RTK 定位在东向上的中误差分别为 0.15 cm,北向上的中误差为 0.17 cm,而天顶向的中误差为 0.34 cm。而对于数据集 $B$,GPS/BDS 单历元单频 RTK 定位在 3 个方向上的中误差分别为 0.69 cm、0.62 cm 和 0.89 cm。因此,总的来看,GPS/BDS 单历元单频

RTK 是可行的。

2)动态实验

动态测试于 2015 年 10 月 21 日
在郑州进行,流动站接收机安装在车
顶部,车轨迹见图 6.25,流动站与基
准站之间的最远距离为 1.1 km。测
试过程中,高度截止角设为 15°,采用
间隔为 1 s,总共收集了 3 087 个历元
的 GPS/BDS 双频动态数据,期间流
动站接收机的可见卫星数见图 6.26。
实验中,以所有双频 GPS/BDS 数据
联合解算得到的模糊度整数解作为模
糊度参考值来判断各种方案单历元固
定模糊度的正确性,而以相应的坐标
固定解作为流动站接收机位置参考值
来评估各种方案单历元固定解的
精度。

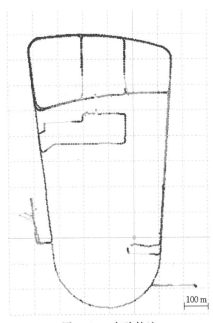

图 6.25　实验轨迹

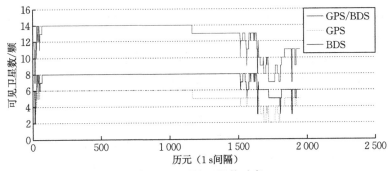

图 6.26　可见卫星数时序

对模糊度固定结果进行统计,得到表 6.16。

表 6.16　模糊度固定结果　　　　单位:%

| 定位模式 | 模糊度固定率 | 模糊度错误率 |
|---|---|---|
| GPS | 35.5 | 79.1 |
| BDS | 35.4 | 72.6 |
| GPS/BDS | 66.4 | 3.2 |

由表 6.16 可以看出,双系统条件下,模糊度固定率明显增加,达到 66.4%,而
错误率只有 3.2%。对所有得到固定解的历元进行统计,分别得到图 6.27 和

表6.17。

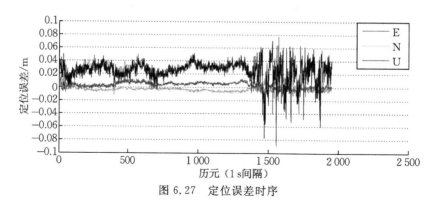

图 6.27　定位误差时序

**表 6.17　定位精度统计结果**　　　　　　单位:cm

| 定位模式 | 中误差 | | |
|---|---|---|---|
| | E | N | U |
| GPS/BDS | 0.47 | 0.49 | 1.57 |

由图 6.27 可以看出,在 1 500 个历元之前,东向和北向上的定位偏差都保持在 2 cm 以内,天顶方向偏差在 5 cm 以内,变化平稳,而在 1 500 个历元之后,各个方向上定位偏差出现较大波动,尤其是天顶方向定位偏差达到 8 cm。这是由于卫星被遮挡,可视卫星数下降造成的,这一点由图 6.26 可以得到印证。最后对定位结果进行统计,由表 6.17 可以看出,在东向、北向以及天顶方向上的中误差分别为 0.47 cm、0.49 cm 以及 1.57 cm。因此,就模糊度固定效果和定位精度来看,GPS/BDS 单历元单频组合 RTK 应用于动态定位是可行的。

3)结论

相较于 GPS 和 BDS 单系统条件,GPS/BDS 双系统组合使整个卫星定位系统的可靠性和可用性均得到提高。本小节分别基于静态和动态观测条件对 GPS/BDS 单历元单频 RTK 定位性能进行了验证,结果表明,无论是 GPS 还是 BDS,其单系统单历元单频 RTK 效果均不佳,都不能满足用户的基本需求,而 GPS/BDS 双系统条件下其单历元单频 RTK 是可行的。

## 6.2.3　单历元多系统双频组合 RTK

### 1. GPS/BDS 双频组合 RTK 实验分析

1)静态实验

采用 5.3.2 小节的实验数据对 GPS/BDS 单历元双频组合 RTK 的性能进行验证分析,对模糊度固定效果进行统计得到表 6.18。

表 6.18　模糊度固定率　　　　　　　　　单位:%

| 定位模式 | 固定率 | |
| --- | --- | --- |
| | 数据集 $A$ | 数据集 $B$ |
| GPS | 99.7 | 99.4 |
| BDS | 99.9 | 98.8 |
| GPS/BDS | 99.9 | 99.9 |

由表 6.18 可以看出,单系统条件下模糊度固定率都保持较高水准,而 GPS/BDS 组合较之单系统模糊度固定率略有改善。

对于所有得到固定解的历元进行统计,得到定位误差统计结果如表 6.19 所示以及时序变化图如图 6.28 至图 6.33 所示。

表 6.19　定位精度统计结果　　　　　　　单位:cm

| 基线长度 | 系统 | 中误差 | | |
| --- | --- | --- | --- | --- |
| | | E | N | U |
| | BDS | 0.19 | 0.21 | 0.44 |
| 8 m | GPS | 0.24 | 0.24 | 0.50 |
| | GPS/BDS | 0.20 | 0.15 | 0.36 |
| | BDS | 1.23 | 0.92 | 1.29 |
| 8 km | GPS | 1.09 | 0.76 | 1.23 |
| | GPS/BDS | 1.08 | 0.65 | 1.04 |

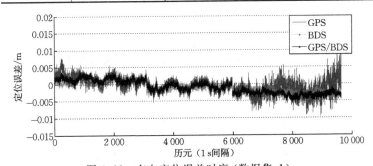

图 6.28　东向定位误差时序(数据集 $A$)

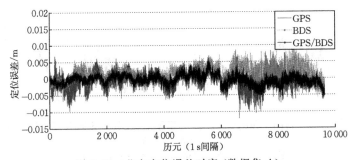

图 6.29　北向定位误差时序(数据集 $A$)

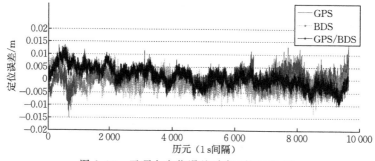

图 6.30　天顶向定位误差时序（数据集 $A$）

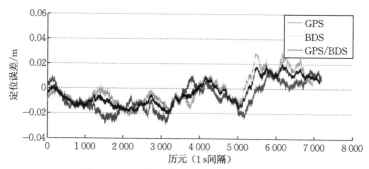

图 6.31　东向定位误差时序（数据集 $B$）

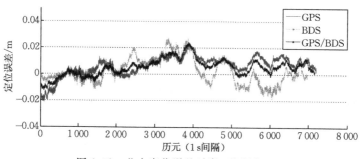

图 6.32　北向定位误差时序（数据集 $B$）

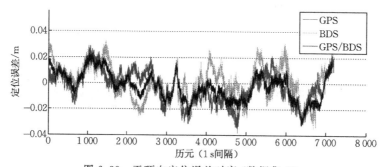

图 6.33　天顶向定位误差时序（数据集 $B$）

　　由表 6.19 可以看出,在东向、北向、天顶向 3 个方向上,GPS/BDS 组合定位精度较之单系统都有不同程度的改善。

　　综合图 6.28 至图 6.33 可以看出,GPS/BDS 组合较之单系统,定位偏差波动更小,说明其模型强度更优,定位结果也更加可靠。

　　2)动态实验

　　这里仍采用 5.3.2 小节的动态数据对 GPS/BDS 单历元双频组合 RTK 进行动态实验,可见卫星时序如图 6.34 所示。

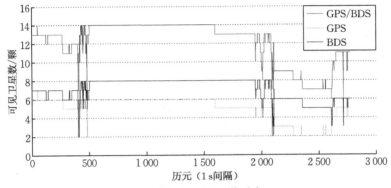

图 6.34　可见卫星数时序

对模糊度固定效果进行统计得到表 6.20。

表 6.20　模糊度固定结果　　　　　　　单位:%

| 定位模式 | 模糊度固定率 | 模糊度错误率 |
| --- | --- | --- |
| GPS | 78.2 | 1.2 |
| BDS | 81.3 | 2.8 |
| GPS/BDS | 91.6 | 0.9 |

针对得到固定解的所有历元,对其定位偏差进行统计得到图 6.35 和表 6.21。

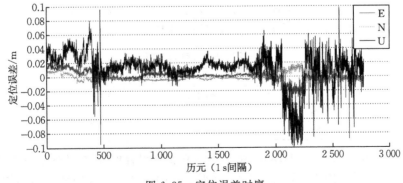

图 6.35　定位误差时序

表 6.21　定位精度统计结果　　　　单位:cm

| 定位模式 | 中误差 | | |
|---|---|---|---|
| | E | N | U |
| GPS/BDS | 0.77 | 0.50 | 2.49 |

由图 6.35 可以看出,在 2 000 个历元之前,东向和北向上的定位偏差大部分保持在 2 m 以内,天顶方向偏差在 5 cm 以内,且变化平稳,而在第 500 个历元附近以及 2 000 个历元之后,各个方向上定位偏差出现较大波动,尤其是天顶方向定位偏差达到 10 cm。这是由于卫星被遮挡,可视卫星数下降造成的,这一点由图 6.34 可以得到印证。最后,对定位结果进行统计,由表 6.21 可以看出,在东向、北向以及天顶方向上的中误差分别为 0.77 cm、0.50 cm 以及 2.49 cm。

3)结论

本小节基于静态和动态观测条件对 GPS/BDS 单历元双频组合 RTK 的性能进行了验证分析,结果表明,就模糊度固定效果以及定位精度解算两个指标而言,双系统组合相较于单系统均有所改善。

**2. GLONASS/ BDS 双频组合 RTK 实验分析**

1)静态实验

实验采用两组数据集,均采用司南多模接收机,采样间隔为 1 s,具体如表 6.22 所示。

表 6.22　采用的数据集概况

| 数据集 | 基线长度 | 观测时长/s | 采样间隔/s | 接收机 | GLONASS 平均可见卫星数/颗 | BDS 平均可见卫星数/颗 |
|---|---|---|---|---|---|---|
| A | 15 m | 8 310 | 1 | 司南 | 4.7 | 8 |
| B | 8 km | 7 200 | 1 | 司南 | 4.5 | 9.5 |

由表 6.22 可以看出,BDS 平均可见卫星数要比 GLONASS 多,分别为 8 颗和 9.5 颗,而 GLONASS 平均可见卫星数仅为 4.7 颗和 4.5 颗,GLONASS 单系统观测条件较差,因此实验仅就 BDS 单系统以及 GLONASS/BDS 双系统两种模式进行比较分析。对模糊度固定效果进行统计得到表 6.23。

表 6.23　模糊度固定结果　　　　单位:%

| 定位模式 | 固定率 | |
|---|---|---|
| | 数据集 A | 数据集 B |
| BDS | 99.8 | 96.8 |
| GLONASS/BDS | 99.9 | 99.9 |

由表 6.23 可以看出,GLONASS/BDS 双系统组合模式比 BDS 单系统模式模糊度固定率略高,表明双系统条件下,可视卫星的增加使星座空间几何结构更优,多余观测量更多,一定程度上改善了模糊度解算效果,提高了模糊度解算的成功率

和可靠性。对得到固定解的历元进行定位结果统计,得到表 6.24。

表 6.24　定位精度统计结果　　　　　　单位:cm

| 基线长度 | 定位模式 | 中误差 | | |
|---|---|---|---|---|
| | | E | N | U |
| 15 m | BDS | 0.20 | 0.29 | 0.55 |
| | GLONASS/BDS | 0.22 | 0.27 | 0.50 |
| 8 km | BDS | 1.23 | 0.92 | 1.29 |
| | GLONASS/BDS | 1.13 | 0.77 | 1.12 |

由表 6.24 可以看出,对于超短基线数据集 $A$,BDS 单系统定位中误差在东向和北向上分别为 0.20 cm 和 0.29 cm,效果与 GLONASS/BDS 相近;天顶方向上中误差为 0.55 cm,略逊于 GLONASS/BDS 组合。对于数据集 $B$,基线长度增加到 8 km,GLONASS/BDS 组合模式在东向、北向以及天顶方向上的定位中误差分别为 1.13 cm、0.77 cm 和 1.12 cm,均优于 BDS 单系统模式定位效果。

数据集 $A$、$B$ 所对应两种模式下的定位偏差时序如图 6.36 至图 6.39 所示。

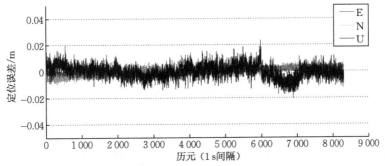

图 6.36　GLONASS/BDS 双频组合定位误差时间序列(数据集 $A$)

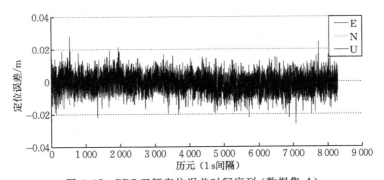

图 6.37　BDS 双频定位误差时间序列(数据集 $A$)

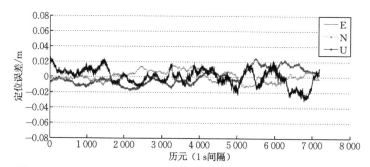

图 6.38　GLONASS/BDS 双频组合定位误差时间序列（数据集 $B$）

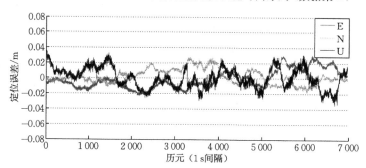

图 6.39　BDS 双频定位误差时间序列（数据集 $B$）

　　对比图 6.36 和图 6.37 可以明显看出，GLONASS/BDS 组合模型相较于单系统模型在 3 个方向上的定位平差波动要小，说明超短基线条件下组合模式定位的稳定性更好，效果更优。这里需要说明的是，对于 15 m 基线，数据集 $A$ 中 GLONASS/BDS 模式在 6 000 历元处出现小的跳动，这是由于加入了一颗新的 GLONASS 卫星造成的（新的卫星高度角较低，观测质量不高，噪声较大）。总体而言，对于 15 m 基线，数据集 $A$ 中 GLONASS/BDS 模式比 BDS 单系统模式的定位精度要高。由图 6.38 可以看出，对于 8 km 长基线，GLONASS/BDS 单历元双频组合 RTK 在 3 个方向上的偏差基本都能保持在 2 cm 以内。

2）动态实验

　　这里仍采用 5.3.2 小节的动态数据进行动态实验，卫星时序如图 6.40 所示。

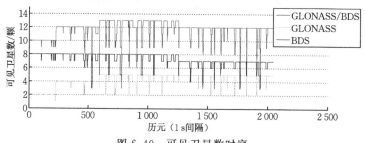

图 6.40　可见卫星数时序

对模糊度固定效果进行统计得到表 6.25。

表 6.25　模糊度固定结果　　　　　单位:%

| 定位模式 | 模糊度固定成功率 | 模糊度固定错误率 |
|---|---|---|
| GLONASS | 16.4 | 37.0 |
| BDS | 77.8 | 13.6 |
| GLONASS /BDS | 82.1 | 10.7 |

针对得到固定解的所有历元,对其定位偏差进行统计得到图 6.41 和表 6.26。

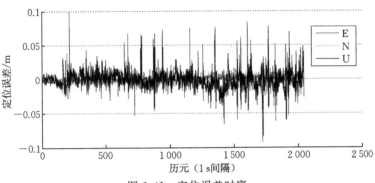

图 6.41　定位误差时序

表 6.26　定位精度统计结果　　　　　单位:cm

| 定位模式 | 中误差 | | |
|---|---|---|---|
| | E | N | U |
| GLONASS/BDS | 0.34 | 0.41 | 1.58 |

3)结论

本小节对 GLONASS/BDS 单历元双频组合 RTK 定位的性能进行了实验分析,结果表明,相较于 BDS 单系统,双系统组合 RTK 在模糊度固定以及定位精度两个方面都有所改善。

## 6.2.4　GLONASS 接收机频间偏差在 GLONASS/BDS 短基线联合 RTK 中的修正方法

目前的 GNSS 接收机为每个导航卫星信号设计了一个通道(Hofmann et al, 2008),当采用不同制造商生产的接收机进行 RTK 解算时,会造成接收机内部通道频间偏差(inter frequency biases),这些时间变量对伪距观测量和载波观测量产生了一定的影响。研究表明,接收机内部频间偏差包含一个常数项和一个与频点相关的变量两部分,通过组双差的形式,可以消除常数项,而频点相关部分会与接收机钟差项混合在一起。对于 BDS 而言,由于其信号采用的是 CDMA 体制,即使采用不同制造商生产的接收机对,频点相关部分通过组双差也可消除;相反,对于

GLONASS,只有采用相同的接收机对,这部分偏差在组双差之后才能忽略,否则将会严重影响模糊度解算的成功率。因此,鉴于目前各个接收机制造商推出的多模接收机型号种类繁多,这里有必要对这部分偏差的影响和校正方法进行介绍。

### 1. GLONASS 频间偏差修正方法

频间偏差的影响可以通过事先标定的方法进行修正,以提高双系统联合 RTK 定位模糊度固定的成功率和可靠性,通常可通过零基线解算得到载波相位以及伪距观测量的频间偏差修正值。当采用不同制造商生产的 GNSS 接收机对进行相对定位时,顾及 GLONASS 频间偏差造成的影响,短基线条件下,观测方程式如下

$$
\left.
\begin{aligned}
P_{rm,1}^{\text{BDS},pq} &= \rho_{rm}^{pq} + \upsilon_{rm,1}^{pq} \\
P_{rm,1}^{\text{GLO},pq} &= \rho_{rm}^{pq} + (k^p - k^q)\zeta_{rm} + \upsilon_{rm,1}^{pq} \\
\phi_{rm,1}^{\text{BDS},pq} &= \rho_{rm}^{pq} + \frac{c}{f_1}(N_{rm,1}^p - N_{rm,1}^q) + \varepsilon_{rm,1}^{pq} \\
\phi_{rm,1}^{\text{GLO},pq} &= \rho_{rm}^{pq} + \frac{c}{f_1^P}N_{rm,1}^p - \frac{c}{f_1^q}N_{rm,1}^q + (k^p - k^q)\gamma_{rm} + \varepsilon_{rm,1}^{pq}
\end{aligned}
\right\}
\tag{6.5}
$$

式中:假定同一颗卫星上两个载波频率的偏差值是相同的,并且该偏差对于不同卫星是频率相关的(Wanninger,2012)。$m$、$r$ 分别表示基准站和用户流动站上的接收机;$p$、$q$ 表示观测卫星;$\phi_{rm,1}^{\text{BDS},pq}$ 和 $\phi_{rm,1}^{\text{GLO},pq}$ 分别表示 BDS、GLONASS 两个系统 $L_1$ 载波观测量的双差形式(单位:m),$P_{rm,1}^{\text{BDS},pq}$ 和 $P_{rm,1}^{\text{GLO},pq}$ 分别表示两个系统 $L_1$ 伪距观测量的双差形式(单位:m);$\zeta_{rm}$ 和 $\gamma_{rm}$ 分别表示伪距观测量和载波相位观测量的频间偏差值;$k^p$ 和 $k^q$ 为 GLONASS 卫星的频率通道号,取值区间为 $[-7,6]$;$\upsilon_{rm,1}^{pq}$ 和 $\varepsilon_{rm,1}^{pq}$ 分别表示伪距观测量和载波观测量的观测噪声。

零基线条件下,几何相关项 $\rho_{rm}^{pq}$ 等于 0。对于伪距观测量而言,双差之后的余项含有频间偏差 $\zeta_{rm}$ 和噪声 $\upsilon_{rm,1}^{pq}$;而对于载波观测量,双差余项中除频间偏差和噪声外,还含有模糊度参数 $N_{rm,1}^p$ 和 $N_{rm,1}^q$。下面将分别就两种观测量频间偏差的求解进行介绍和讨论。

#### 1)伪距观测量频间偏差修正方法

GLONASS 伪距观测量双差之后的余项含有频间偏差 $\zeta_{rm}$ 和噪声 $\upsilon_{rm,1}^{pq}$。研究表明 $\zeta_{rm}$ 为分米量级,而噪声 $\upsilon_{rm,1}^{pq}$ 亦为分米量级,因此,不能忽略噪声 $\upsilon_{rm,1}^{pq}$ 直接求解 $\zeta_{rm}$。这里介绍一种求解策略:$(k^p - k^q)\zeta_{rm} + \upsilon_{rm,1}^{pq}$ 中,将 $k^p - k^q$ 的大小设置一个较大阈值,如 ±10,将 $\zeta_{rm}$ 项进行放大,一定程度上可降低噪声 $\upsilon_{rm,1}^{pq}$ 在双差余项中的影响比重,进而可以忽略噪声 $\upsilon_{rm,1}^{pq}$,直接求解 $\zeta_{rm}$。

#### 2)载波相位观测量频间偏差修正方法

载波相位观测量的噪声水平为毫米量级,而研究表明 $\gamma_{rm}$ 为厘米量级,因此,忽略噪声项的影响,只要求解出模糊度参数 $N_{rm,1}^p$ 和 $N_{rm,1}^q$,就可得到 $\gamma_{rm}$ 的值。而

与之矛盾的是,要想得到模糊度参数,又要先求得 $\gamma_{rm}$。 这里采用如下策略进行解算:由于原始载波波长约为 20 cm,因此,这里对 $\gamma_{rm}$ 的系数 $(k^p - k^q)$ 设置一个阈值(理论上最小为 $\pm1$),书中设为 $\pm1$,使得 $(k^p - k^q)\gamma_{rm}$ 对模糊度参数的影响小于载波观测量的半个波长(10 cm),并设定 $N_{rm,1}^q$ 等于 0(Wanninger,2012),如此,通过直接取整得到 $N_{rm,1}^p$ 的整数解,然后将其回代到双差方程式中,得到 $\gamma_{rm}$ 的初值,将该初值代入其他 $(|k^p - k^q| \neq 1)$ 双差观测方程式中,通过取整得到单差模糊度的固定解,至此,所有的模糊度参数都固定完毕。最后,解算得到 $n$ 个 $\gamma_{rm}$ 值($n$ 为双差方程式个数),将这 $n$ 个 $\gamma_{rm}$ 值取平均数,得到该历元 $\gamma_{rm}$ 的最终解算值。

### 2. 实验分析

采用一条 11 m 长的超短基线和一条 8 km 长的短基线实验上述方法的可行性,接收机分别采用司南和芯星通两种多模接收机,观测时长为 2 h,采样间隔为 1 s。验证之前,先进行零基线数据的采集,数据观测时长为 3.5 h,采样间隔为 1 s。通过零基线解算得到频间偏差校正值,如图 6.42 和图 6.43 所示。

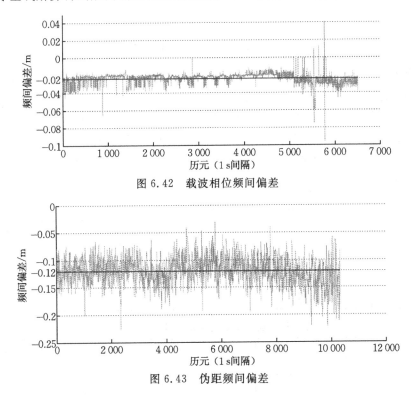

图 6.42　载波相位频间偏差

图 6.43　伪距频间偏差

对所有历元取平均值,得到 $\zeta_{rm}$ 和 $\gamma_{rm}$ 的修正值分别为 $-0.024$ m 和 $-0.120$ m(粗线表示)。

选取其中一组卫星对,其修正之后载波相位和伪距的双差残差如图 6.44 和

图 6.45 所示。

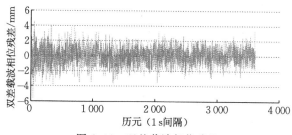

图 6.44    双差载波相位残差

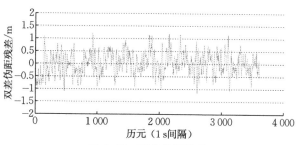

图 6.45    双差伪距残差

由图 6.44 和图 6.45 可以看出,修正之后的双差观测量残差均为白噪声,由此频间偏差造成的系统偏差得以消除。

将得到的修正值应用于基线模糊度解算,为进一步分析伪距频间偏差对模糊度解算的影响,分别就修正前(载波、伪距均不修正)、伪距修正(载波修正)和伪距不修正(载波修正)3 种模式进行实验分析和比对,并对模糊度解算结果进行统计,得到表 6.27 和表 6.28。

表 6.27    模糊度固定结果统计(11 m 基线)

| 模式 | | $\zeta_{rm}/\gamma_{rm}/m$ | 模糊度固定率/% | 模糊度固定历元数/个 |
|---|---|---|---|---|
| 修正前 | | 0/0 | 0.49 | 35 |
| 修正后 | 伪距修正 | −0.024/−0.120 | 99.93 | 7 195 |
| | 伪距不修正 | 0/−0.120 | 99.93 | 7 195 |

表 6.28    模糊度固定结果统计(8 km 基线)

| 模式 | | $\zeta_{rm}/\gamma_{rm}/m$ | 模糊度固定率/% | 模糊度固定历元数/个 |
|---|---|---|---|---|
| 修正前 | | 0/0 | 0.43 | 31 |
| 修正后 | 伪距修正 | −0.024/−0.120 | 91.37 | 6 579 |
| | 伪距不修正 | 0/−0.120 | 91.37 | 6 579 |

可以看到,修正前分别仅有 35 和 31 个历元得到固定解,成功率极低,为

0.49％和 0.43％；对载波相位观测量的频间偏差进行修正之后，模糊度固定率极大提升，分别达到 99.93％和 91.37％，由此证明对这部分偏差进行修正的必要性以及校正方法的正确性和可行性。此外，对比伪距修正与不修正两种处理策略，模糊度固定效果是一样的。分析来看，这是由于非差伪距观测量的噪声为分米级，而 $\zeta_{rm}=-0.120\ m$，两者属同一量级，造成该部分偏差修正值被观测噪声淹没，这一结果也表明了伪距观测量在 RTK 定位中的作用要远逊于载波相位观测量。

采用事后相对定位结果作为比对的真值，对所有得到固定解的历元进行定位精度统计，得到图 6.46、图 6.47、表 6.29、表 6.30。

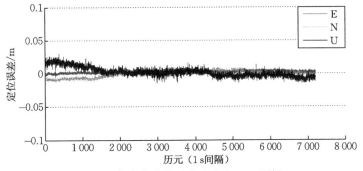

图 6.46　定位偏差时序变化(11 m 基线)

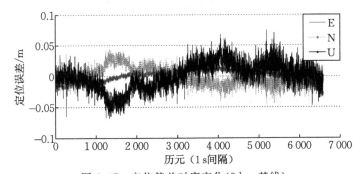

图 6.47　定位偏差时序变化(8 km 基线)

表 6.29　定位精度统计(11 m 基线)　　　　单位：cm

| 统计结果 | E | N | U |
|---|---|---|---|
| 中误差 | 0.13 | 0.44 | 0.74 |
| 均值 | 0.25 | 0.01 | 0.23 |
| 最大值 | 1.21 | 0.97 | 3.01 |
| 最小值 | −0.58 | −1.28 | −1.42 |

表 6.30　定位精度统计表(8 km 基线)　　　　单位:cm

| 统计结果 | E | N | U |
|---|---|---|---|
| 中误差 | 0.97 | 1.37 | 2.18 |
| 均值 | 0.16 | 0.03 | 0.21 |
| 最大值 | 1.88 | 4.36 | 7.43 |
| 最小值 | −3.24 | −4.61 | −6.85 |

图 6.46 中,东向、北向、天顶向 3 个方向上的定位偏差都保持在 2 cm 以内。由表 6.29 的统计结果可以看出,3 个方向上的定位精度中误差分别为 0.13 cm、0.44 cm 和 0.74 cm。图 6.47 中,基线长度增加到 8 km,3 个方向上定位偏差增大。由表 6.30 看出,东向、北向、天顶向上定位中误差依次为 0.97 cm、1.37 cm、2.18 cm。因此,总结来看,本小节中的修正方法是可行的。

**3. 结论**

当采用不同的接收机对进行 GLONASS/BDS 联合 RTK 定位时,为提高模糊度固定的成功率,需要对 GLONASS 观测量的频间偏差进行修正,本小节分别就载波相位观测量和伪距观测量频间偏差的修正方法进行了介绍和分析,并采用短基线数据对所提修正方法的可行性进行了验证,结果表明该方法可明显提高模糊度固定的成功率,有效保证了 RTK 解算结果的可靠性。

## 6.2.5　基于 TCAR 的单历元多系统多频组合 RTK

鉴于 TCAR 算法和多系统组合定位的优势,在基于几何 TCAR 算法的基础上,分别对 GPS/BDS 以及 GLONASS/BDS 组合单历元多频 RTK 定位的数学模型进行介绍,并基于实验数据进行论证分析,得出有益的结论。

**1. GPS/BDS 多频组合 RTK**

1)多频模糊度解算

三频情形下,频率的多样性可以提高无几何模糊度解算方法的可靠性。就无几何模糊度解算效果而言,三频要明显优于双频。但是,无几何条件下观测噪声和电离延迟误差对窄巷模糊度解算造成的影响非常敏感(Vollath et al,1999;Ji et al,2007),依然制约着模糊度解算的收敛速度和可靠性。因此,对于多系统多频情形,基于整数最小二乘估计的几何模糊度解算方法可以将模糊度固定率最大化,所以其仍然是模糊度解算的第一选择。

本小节在基于几何的 TCAR 模型的基础上,介绍基于 GPS 双频数据和 BDS 三频数据的多频模糊度解算(mulitple carrier ambiguity resolution,MCAR)算法。短基线条件下,忽略双差电离层延迟和双差对流层延迟的影响,基于几何的 TCAR 和 MCAR 模型可描述如下。

——超宽巷(EWL)模糊度解算

对于 TCAR 算法和 MCAR 算法,第一步解算完全相同。BDS 三频观测条件下,对载波观测量进行组合可得到 EWL($\lambda \geqslant 2.76$ m)载波观测量,这里采用$(0,-1,1)$组合,其对应的双差组合观测量可表示为 $\phi_{(0,-1,1)}^{dd}$,组合波长 $\lambda_{(0,-1,1)} = 4.884$ m。EWL 载波观测量与 3 个伪距观测量 $P_1$、$P_2$ 和 $P_3$ 组成的基于几何模型的双差观测方程可表示为

$$
\begin{bmatrix} v_{\text{EWL}}^{\text{B}} \\ v_{P_1}^{\text{B}} \\ v_{P_2}^{\text{B}} \\ v_{P_3}^{\text{B}} \end{bmatrix} = \begin{bmatrix} \boldsymbol{B}^{\text{B}} & \boldsymbol{I}\lambda_{\text{EWL}}^{\text{B}} \\ \boldsymbol{B}^{\text{B}} & 0 \\ \boldsymbol{B}^{\text{B}} & 0 \\ \boldsymbol{B}^{\text{B}} & 0 \end{bmatrix} \begin{bmatrix} \boldsymbol{a} \\ \boldsymbol{b}_{\text{EWL}}^{\text{B}} \end{bmatrix} - \begin{bmatrix} l_{\text{EWL}}^{\text{B}} \\ l_{P_1}^{\text{B}} \\ l_{P_2}^{\text{B}} \\ l_{P_3}^{\text{B}} \end{bmatrix} \tag{6.6}
$$

式中:$v$ 表示观测量减掉计算量(OMC)后的残余向量;$\boldsymbol{B}^{\text{B}}$ 为基线位置向量 $\boldsymbol{a}$ 的设计矩阵,其右上标 B 表示 BDS 系统;$\boldsymbol{a}$ 为位置参数$(x,y,z)$。$\boldsymbol{b}_{\text{EWL}}^{\text{B}}$ 为双差 EWL 模糊度参数;$\boldsymbol{I}$、$\lambda_{\text{EWL}}^{\text{B}}$、$l$ 分别代表单位矩阵、EWL 波长,以及 EWL 和伪距观测量。这里采用经典最小二乘估计得到 $\boldsymbol{b}_{\text{EWL}}^{\text{B}}$ 参数的浮点解,然后采用 LAMBDA 算法对浮点解进行固定。

——宽巷(WL)模糊度解算

当 $\boldsymbol{b}_{\text{EWL}}^{\text{B}}$ 参数得到固定时,可将 EWL 看作高精度的伪距观测量用于 WL($\lambda \geqslant 0.84$ m)模糊度解算。对于 WL 载波组合,BDS 系统采用$(1,-1,0)$和$(1,0,-1)$,GPS 系统采用$(1,-1,0)$。将$(1,-1,0)$和$(1,0,-1)$组合各记为 WL12 和 WL13。

对于 BDS 单系统下的 TCAR 算法,WL12 载波的双差观测方程为

$$
\begin{bmatrix} v_{\text{WL12}}^{\text{B}} \\ v_{\text{EWL}}'^{\text{B}} \end{bmatrix} = \begin{bmatrix} \boldsymbol{B}^{\text{B}} & \boldsymbol{I}\lambda_{\text{WL12}}^{\text{B}} \\ \boldsymbol{B}^{\text{B}} & 0 \end{bmatrix} \begin{bmatrix} \boldsymbol{a} \\ \boldsymbol{b}_{\text{WL12}}^{\text{B}} \end{bmatrix} - \begin{bmatrix} l_{\text{WL12}}^{\text{B}} \\ l_{\text{EWL}}'^{\text{B}} \end{bmatrix} \tag{6.7}
$$

式中:$v_{\text{WL12}}^{\text{B}}$ 和 $v_{\text{EWL}}'^{\text{B}}$ 分别表示 BDS 系统 WL12 载波观测量和 EWL 伪距观测量 OMC 残余向量;$\lambda_{\text{WL12}}^{\text{B}}$、$\boldsymbol{b}_{\text{WL12}}^{\text{B}}$ 和 $l_{\text{WL12}}^{\text{B}}$ 分别表示 WL12 波长、模糊度参数及其观测量;$l_{\text{EWL}}'^{\text{B}}$ 表示 EWL 伪距观测量。

对于 MCAR 算法,采用 GPS 双频数据与 BDS 三频数组合定位时,WL12 载波的双差观测方程如下

$$
\begin{bmatrix} v_{\text{WL12}}^{\text{G}} \\ v_{P_1}^{\text{G}} \\ v_{P_2}^{\text{G}} \\ v_{\text{WL12}}^{\text{B}} \\ v_{\text{EWL}}'^{\text{B}} \end{bmatrix} = \begin{bmatrix} \boldsymbol{B}^{\text{G}} & \boldsymbol{I}\lambda_{\text{WL12}}^{\text{G}} & 0 \\ \boldsymbol{B}^{\text{G}} & 0 & 0 \\ \boldsymbol{B}^{\text{G}} & 0 & 0 \\ \boldsymbol{B}^{\text{B}} & 0 & \boldsymbol{I}\lambda_{\text{WL12}}^{\text{B}} \\ \boldsymbol{B}^{\text{B}} & 0 & 0 \end{bmatrix} \begin{bmatrix} \boldsymbol{a} \\ \boldsymbol{b}_{\text{WL12}}^{\text{G}} \\ \boldsymbol{b}_{\text{WL12}}^{\text{B}} \end{bmatrix} - \begin{bmatrix} l_{\text{WL12}}^{\text{G}} \\ l_{P_1}^{\text{G}} \\ l_{P_2}^{\text{G}} \\ l_{\text{WL12}}^{\text{B}} \\ l_{\text{EWL}}'^{\text{B}} \end{bmatrix} \tag{6.8}
$$

式中:$v_{\text{WL12}}^{\text{G}}$、$v_{P_1}^{\text{G}}$、$v_{P_2}^{\text{G}}$ 分别表示 GPS 的 WL12 载波和两个伪距观测量的 OMC 残余

向量；$\boldsymbol{B}^{\mathrm{G}}$ 和 $\boldsymbol{\lambda}_{\mathrm{WL12}}^{\mathrm{G}}$ 分别表示 GPS 位置向量的设计矩阵和 GPS 的 WL12 波长；$l_{\mathrm{WL12}}^{\mathrm{G}}$、$l_{\mathrm{P_1}}^{\mathrm{G}}$ 和 $l_{\mathrm{P_2}}^{\mathrm{G}}$ 分别表示 GPS 系统的 WL12 载波和两个伪距观测量。这里仍采用经典最小二乘估计计算 $\boldsymbol{b}_{\mathrm{WL12}}^{\mathrm{G}}$ 和 $\boldsymbol{b}_{\mathrm{WL12}}^{\mathrm{B}}$ 的浮点解，并采用 LAMBDA 算法得到固定解。相较于直接解算 WL 模糊度，将 BDS 系统的 EWL 当作高精度伪距观测量辅助 GPS/BDS 组合 WL 模糊度解算时，更能发挥 TCAR 算法的优越性，成功率也更高。

　　——窄巷(NL)模糊度解算

　　对于 BDS 系统，WL13 模糊度参数 $b_{\mathrm{WL13}}^{\mathrm{B}} = b_{\mathrm{WL12}}^{\mathrm{B}} - b_{\mathrm{EWL}}^{\mathrm{B}}$。将模糊度得到固定的 WL 看作是精度比 EWL 更高的伪距观测量，用于 NL 模糊度解算，这里 NL 采用 B1 和 L1 频点上的载波信号。

　　对于 BDS 单系统条件下的 TCAR 算法，NL 载波的双差观测方程如下

$$\begin{bmatrix} \boldsymbol{v}_1 \\ \boldsymbol{v}'_{\mathrm{WL12}} \\ \boldsymbol{v}'_{\mathrm{WL13}} \end{bmatrix} = \begin{bmatrix} \boldsymbol{B}^{\mathrm{B}} & \boldsymbol{I}\boldsymbol{\lambda}_1^{\mathrm{B}} \\ \boldsymbol{B}^{\mathrm{B}} & 0 \\ \boldsymbol{B}^{\mathrm{B}} & 0 \end{bmatrix} \begin{bmatrix} \boldsymbol{a} \\ \boldsymbol{b}_1^{\mathrm{B}} \end{bmatrix} - \begin{bmatrix} \boldsymbol{l}_1^{\mathrm{B}} \\ \boldsymbol{l}'^{\mathrm{B}}_{\mathrm{WL12}} \\ \boldsymbol{l}'^{\mathrm{B}}_{\mathrm{WL13}} \end{bmatrix} \qquad (6.9)$$

　　对于 MCAR 算法，采用 GPS 双频数据与 BDS 三频数据组合定位时，NL 载波的双差观测方程为

$$\begin{bmatrix} \boldsymbol{v}_1^{\mathrm{G}} \\ \boldsymbol{v}'^{\mathrm{G}}_{\mathrm{WL12}} \\ \boldsymbol{v}_1^{\mathrm{B}} \\ \boldsymbol{v}'^{\mathrm{B}}_{\mathrm{WL12}} \\ \boldsymbol{v}'^{\mathrm{B}}_{\mathrm{WL13}} \end{bmatrix} = \begin{bmatrix} \boldsymbol{B}^{\mathrm{G}} & \boldsymbol{I}\boldsymbol{\lambda}_1^{\mathrm{G}} & 0 \\ \boldsymbol{B}^{\mathrm{G}} & 0 & 0 \\ \boldsymbol{B}^{\mathrm{B}} & 0 & \boldsymbol{I}\boldsymbol{\lambda}_1^{\mathrm{B}} \\ \boldsymbol{B}^{\mathrm{B}} & 0 & 0 \\ \boldsymbol{B}^{\mathrm{B}} & 0 & 0 \end{bmatrix} \begin{bmatrix} \boldsymbol{a} \\ \boldsymbol{b}_1^{\mathrm{G}} \\ \boldsymbol{b}_1^{\mathrm{B}} \end{bmatrix} - \begin{bmatrix} \boldsymbol{l}_1^{\mathrm{G}} \\ \boldsymbol{l}'^{\mathrm{G}}_{\mathrm{WL12}} \\ \boldsymbol{l}_1^{\mathrm{B}} \\ \boldsymbol{l}'^{\mathrm{B}}_{\mathrm{WL12}} \\ \boldsymbol{l}'^{\mathrm{B}}_{\mathrm{WL13}} \end{bmatrix} \qquad (6.10)$$

　　第 2 步 WL 模糊度估计采用直接取整的方式时成功率较低，导致最终估计可靠性不高。因此，在第 2 步固定 WL 模糊度时采用基于几何的观测模型，使用接收机与卫星之间的空间几何约束信息。由于顾及所有观测量信息和模糊度之间的所有相关信息，因此该算法优于无几何模型。

　　总结来看，相较于 GPS/BDS 组合直接解算 NL 模糊度，MCAR 算法兼具了 TCAR 算法的优点，通过对原始载波相位观测量进行线性组合，得到长波长、弱电离层延迟、弱观测噪声的最优虚拟观测量，按波长从长到短，采用不断精化的伪距观测量依次固定 EWL、WL 和 NL 模糊度，可明显提高 NL 模糊度解算效率。此外，就计算量而言，无论是对模型进行平差计算时待估参数的维数，还是采用 LAMBDA 算法对浮点解进行固定时模糊度参数的维数，MCAR 算法都要远小于 GPS/BDS 组合直接解算 NL 模糊度。因此，MCAR 算法计算量更小，可以有效缓解实时计算时造成的计算压力。

　　相较于 TCAR 算法，MCAR 算法将 GPS/BDS 组合引入到 WL 和 NL 模糊度

解算中,实现了由单系统条件到双系统条件的拓展,采用的观测量更多,星座几何结构更优,定位可靠性更高。此外,双系统组合定位能够有效改善 BDS 单系统条件下由于特殊星座设计等原因造成的定位精度方面的缺陷。

2) 实验分析

为验证 MCAR 模型的有效性和可行性,采用 3 组静态基线数据进行实验,数据采集使用司南多模接收机,卫星高度截止角设为 $15°$,概况如表 6.31 所示。

表 6.31 采用的数据集概况

| 数据集 | 基线长度 | 观测时长/s | 日期 | 采样间隔/s |
|---|---|---|---|---|
| $A$ | 8 m | 9 644 | 2015-01-11 | 1 |
| $B$ | 8 km | 5 000 | 2014-07-31 | 1 |
| $C$ | 17 km | 9 726 | 2014-07-01 | 1 |

将 GPS 双频数据与 BDS 三频数据组合直接解算 NL 模糊度记为 GPS/BDS 模型,具体形式参照式(6.1),并与 BDS 单系统 TCAR 模型以及基于双系统组合的 MCAR 模型分别就模糊度解算效果和定位精度两个指标进行比对分析。解算过程均采用单历元模糊度固定模式,如图 6.48 所示。

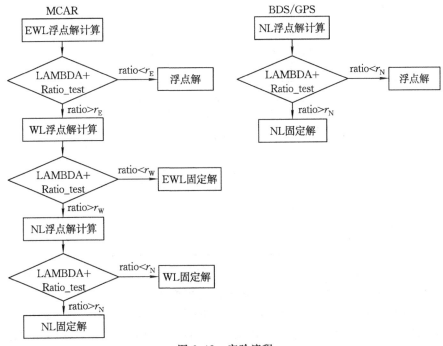

图 6.48 实验流程

图 6.48 中 EWL 和 WL 模糊度固定 ratio 阈值 $r_E$ 和 $r_W$ 均设为 2,而 NL 模糊度固定 ratio 阈值 $r_N$ 则分别设为 2、3 和 5,以比较 GPS/BDS 和 MCAR 不同模

式下的 NL 模糊度解算(ambiguity resolution,AR)效率。由于 EWL 或 WL 模糊度固定失败都会造成 NL 模糊度无法解算,因此只需对 NL 模糊度解算效率进行比较。统计结果如表 6.32 至表 6.34 所示。

表 6.32　模糊度解算效率比较(数据集 A)

| 系统 | | MCAR | TCAR | GPS/BDS |
|---|---|---|---|---|
| 总历元数/个 | | 9 644 | 9 644 | 9 644 |
| ratio≥5 | 历元数/个 | 9 644 | 9 644 | 9 644 |
| | 成功率/% | 100.0 | 100.0 | 100.0 |
| ratio≥3 | 历元数/个 | 9 644 | 9 644 | 9 644 |
| | 成功率/% | 100.0 | 100.0 | 100.0 |
| ratio≥2 | 历元数/个 | 9 644 | 9 644 | 9 644 |
| | 成功率/% | 100.0 | 100.0 | 100.0 |

表 6.33　模糊度解算效率比较(数据集 B)

| 系统 | | MCAR | TCAR | GPS/BDS |
|---|---|---|---|---|
| 总历元数/个 | | 5 000 | 5 000 | 5 000 |
| ratio≥5 | 历元数/个 | 4 829 | 4 842 | 3 210 |
| | 成功率/% | 96.58 | 96.84 | 64.20 |
| ratio≥3 | 历元数/个 | 5 000 | 4 999 | 4 863 |
| | 成功率/% | 100.0 | 99.98 | 97.26 |
| ratio≥2 | 历元数/个 | 5 000 | 5 000 | 5 000 |
| | 成功率/% | 100.0 | 100.0 | 100.0 |

表 6.34　模糊度解算效率比较(数据集 C)

| 系统 | | MCAR | TCAR | GPS/BDS |
|---|---|---|---|---|
| 总历元数/个 | | 9 726 | 9 726 | 9 726 |
| ratio≥5 | 历元数/个 | 3 886 | 6 807 | 2 275 |
| | 成功率/% | 39.95 | 69.99 | 23.39 |
| ratio≥3 | 历元数/个 | 8 818 | 8 855 | 6 867 |
| | 成功率/% | 90.66 | 91.04 | 70.60 |
| ratio≥2 | 历元数/个 | 9 695 | 9 482 | 9 345 |
| | 成功率/% | 99.68 | 97.49 | 96.08 |

表 6.32 中,对于数据集 A 中 8 m 超短基线,ratio 阈值为 2、3 和 5 时,MCAR、TCAR 和 GPS/BDS 3 种模式 NL 模糊度固定率均达到 100%,效果相同。表 6.33 中,对于数据集 B,基线长度为 8 km,ratio 阈值为 2 时,MCAR、TCAR 和 GPS/BDS 3 种模式 NL 模糊度固定率均达到 100%;ratio 阈值为 3 时,3 种模式 NL 模糊度固定率依次为 100%、99.98%和 97.26%;ratio 阈值为 5 时,3 种模式 NL 模糊度固定率依次为 96.58%、96.84%和 64.20%。可以看出,与 GPS/BDS 模型直接解算 NL 模糊度相比,MCAR 和 TCAR 模型 NL 模糊度固定的 ratio 值更理想。

表 6.34 中,对于数据集 $C$,基线长度达 17 km,ratio 阈值为 2 时,MCAR、TCAR 和 GPS/BDS 3 种模式 NL 模糊度固定率达到 99.68%、97.49% 和 96.08%;ratio 阈值为 3 时,固定率依次为 90.66%、91.04% 和 70.60%;ratio 阈值为 5 时,固定率依次为 39.95%、69.99% 和 23.39%。可以看出,即使对于长度为 17 km 的基线,忽略电离层残差的影响,当 ratio 阈值为 3 时,MCAR 和 TCAR 模型 NL 模糊度固定率依然高于 90%,远优于 GPS/BDS 模型。当严格执行 ratio 阈值为 2 时,由于 MCAR 模型兼具 TCAR 算法与多系统组合的优点,因此其 NL 模糊度固定率是最高的。总结来看,对于 17 km 长的基线,双差电离层延迟残差使 GPS/BDS 组合直接固定 NL 模糊度变得困难。对于 MCAR 和 TCAR 模式,通过不断精化伪距观测量,对 EWL、WL 和 NL 模糊度依次逐级固定,可保持较高的 NL 固定率,优于 GPS/BDS 模式。

对比 MCAR 和 TCAR 两种模式 NL 模糊度固定率,ratio 阈值为 2 和 3 时,前者优于后者;而当 ratio 阈值为 5 时,前者略低于后者。分析来看,其原因是在 WL 模糊度解算过程中 MCAR 模型引入了 GPS 原始伪距观测量,一定程度上抵消了模糊度已固定的 EWL 作为高精度伪距观测量时给 WL 模糊度解算带来的优势。通常情况下,对于静态基线数据,NL 模糊度固定时 ratio 阈值不会达到 5,这里采用阈值 5 是为了分析 ratio 值的分布情况。结果表明,MCAR 模式 ratio 值分布更集中,波动更小,体现出 MCAR 模式的稳定性要优于 TCAR 模式。

当 ratio 阈值为 2 时,对未得到 NL 固定解的历元,当其浮点解与参考位置在东向和北向上的偏差小于 0.1 m,在天顶向的偏差小于 0.2 m 时,认为其模糊度固定解被错误地拒绝了而未被采纳。对数据集 $A$、$B$、$C$ 进行统计得到表 6.35 至表 6.37。

表 6.35 ratio 阈值 = 2 时的数据集统计(数据集 $A$)

| 系统 | MCAR | TCAR | GPS/BDS |
|---|---|---|---|
| 总历元数/个 | 9 644 | 9 644 | 9 644 |
| 固定解历元数/个 | 9 644 | 9 644 | 9 644 |
| 固定率/% | 100.0 | 100.0 | 100.0 |
| 未固定但解算正确历元数/个 | 0 | 0 | 0 |
| 错误拒绝率/% | 0 | 0 | 0 |

表 6.36 ratio 阈值 = 2 时的数据集统计(数据集 $B$)

| 系统 | MCAR | TCAR | GPS/BDS |
|---|---|---|---|
| 总历元数/个 | 5 000 | 5 000 | 5 000 |
| 固定解历元数/个 | 5 000 | 5 000 | 5 000 |
| 固定率/% | 100.0 | 100.0 | 100.0 |
| 未固定但解算正确历元数/个 | 0 | 0 | 0 |
| 错误拒绝率/% | 0 | 0 | 0 |

**表 6.37　ratio 阈值＝2 时的数据集统计**（数据集 $C$）

| 系统 | MCAR | TCAR | GPS/BDS |
|---|---|---|---|
| 总历元数/个 | 9 726 | 9 726 | 9 726 |
| 固定解历元数/个 | 9 695 | 9 482 | 9 345 |
| 固定率/% | 99.68 | 97.49 | 96.08 |
| 未固定但解算正确历元数/个 | 31 | 239 | 352 |
| 错误拒绝率/% | 0.32 | 2.46 | 3.62 |

由表 6.35 和表 6.36 可知,当 ratio 阈值为 2 时,对于数据集 $A$ 和 $B$,3 种模式下模糊度固定的错误拒绝率均为 0,即没有出现解算正确却未得到固定解的情况。表 6.37 中,对于数据集 $C$,3 种模式下未得到固定解但解算正确的历元数依次为 31 个、239 个、352 个。MCAR 模型的错误拒绝率仅为 0.32%,远远低于 GPS/BDS 模型和 TCAR 模型,这是因为对于 17 km 的基线,双差电离层延迟残差使 GPS/BDS 模式 NL 模糊度固定率降低。而 TCAR 模型虽然能在一定程度上弥补这一缺陷,但相较于 MCAR 模型,单系统条件在观测量数量、星座几何结构强度等方面要逊于双系统组合,使得解算结果逊于后者。因此,MCAR 模型模糊度解算的可靠性更高,效果更优。

当 ratio 阈值为 2 时,针对所有得到固定解的历元,将其解算得到的位置参数与参考位置作差,得到其在东向、北向、天顶向 3 个方向的偏差,如图 6.49 至图 6.57 所示。

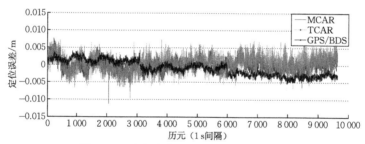

图 6.49　东向定位误差时序（数据集 $A$）

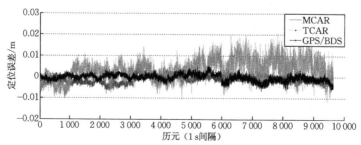

图 6.50　北向定位误差时序（数据集 $A$）

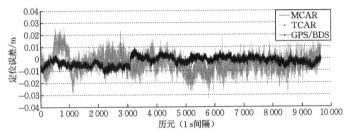

图 6.51　天顶向定位误差时序（数据集 $A$）

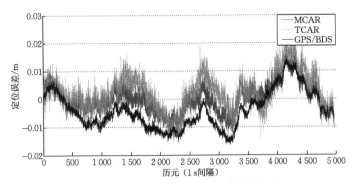

图 6.52　东向定位误差时序（数据集 $B$）

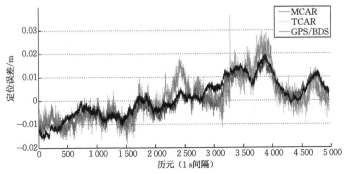

图 6.53　北向定位误差时序（数据集 $B$）

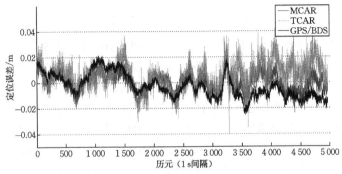

图 6.54　天顶向定位误差时序（数据集 $B$）

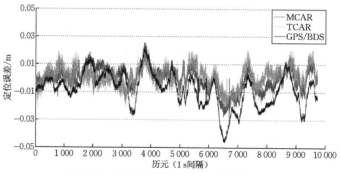

图 6.55    东向定位误差时序（数据集 C）

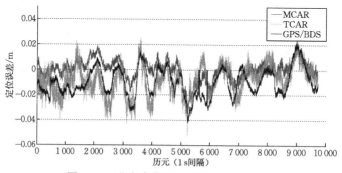

图 6.56    北向定位误差时序（数据集 C）

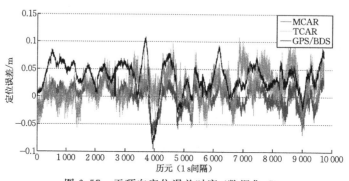

图 6.57    天顶向定位误差时序（数据集 C）

由图 6.49 至图 6.54 可以看出，对于 8 m 和 8 km 的长基线，基于 BDS 单系统的 TCAR 模型在各个方向上的定位偏差波动较大，尤其在北向和天顶向最明显，说明其稳定性不如基于多系统组合的 GPS/BDS 模型和 MCAR 模型。由图 6.55 至图 6.57 可以看出，对于数据集 C，随着基线长度达到 17 km，双差电离层延迟残差增大，忽略其影响时，这部分误差会被位置参数吸收，造成 GPS/BDS 模型定位偏差波动较大，稳定性变差。而 TCAR 和 MCAR 模式由于采用了模糊度得到固定的 WL 观测量，模型结构更优，在一定程度上削弱了这一影响。由

图 6.56 可以看出,TCAR 模型北向上定位偏差波动较大,甚至大于 GPS/BDS 模型,这是由 BDS 星座设计的特殊性造成的。因此,综合来看,MCAR 模型相较于其他两种模型,其定位偏差波动最小,稳定性最好。对所有得到固定解的历元在不同方向上的定位偏差进行数理统计,得到表 6.38。

表 6.38　定位精度统计结果

| 基线长度 | 系统 | 中误差/cm | | |
|---|---|---|---|---|
| | | E | N | U |
| 8 m | MCAR | 0.18 | 0.15 | 0.36 |
| | TCAR | 0.22 | 0.49 | 0.77 |
| | GPS/BDS | 0.20 | 0.19 | 0.40 |
| 8 km | MCAR | 0.52 | 0.74 | 0.75 |
| | TCAR | 0.64 | 0.88 | 1.07 |
| | GPS/BDS | 0.66 | 0.80 | 0.95 |
| 17 km | MCAR | 0.82 | 0.80 | 1.94 |
| | TCAR | 0.73 | 1.17 | 2.68 |
| | GPS/BDS | 1.20 | 1.10 | 2.83 |

由表 6.38 可以看出,对于数据集 $A$ 和 $B$,MCAR 模型在各方向上的定位中误差是最小的,效果最优。对于数据集 $C$,东向上 TCAR 和 MCAR 模型定位中误差相近,分别为 0.73 cm 和 0.82 cm,优于 GPS/BDS 模型。北向和天顶方向上,MCAR 模型定位中误差分别为 0.80 cm 和 1.94 cm,均优于 TCAR 和 GPS/BDS 模型。因此,总的来看,MCAR 模型定位效果优于其他两种模型。

3)结论

基于 GPS/BDS 双系统组合的 MCAR 模型充分借鉴双系统组合定位和 TCAR 算法的优点,模型强度更优,稳定性更强。采用实测数据进行的验证分析表明,相较于 BDS 单系统 TCAR 算法以及 GPS/BDS 直接解算 NL 模糊度参数,MCAR 模型在 NL 模糊度固定率和定位精度两个指标方面都有所改善。

**2. GLONASS/BDS 多频组合 RTK**

1)多频模糊度解算

本小节在几何模型的基础上,介绍基于 GLONASS 双频数据和 BDS 三频数据的多频模糊度解算(MCAR)算法。短基线条件下,忽略双差电离层延迟和双差对流层延迟的影响,基于几何的 MCAR 模型可描述如下。

——超宽巷(EWL)模糊度解算

第一步与前文 BDS 超宽巷模糊度解算模型相同,这里不再赘述。

——宽巷(WL)模糊度解算

当 $b_{\mathrm{EWL}}^{\mathrm{B}}$ 参数得到固定时,可将 EWL 看作高精度的伪距观测量用于 WL($\lambda \geqslant$ 0.84 m)模糊度解算。对于 WL 载波组合,BDS 系统采用 $(1,-1,0)$ 和 $(1,0,-1)$,

GLONASS 系统采用 $(1,-1,0)$。将 $(1,-1,0)$ 和 $(1,0,-1)$ 组合各记为 WL12 和 WL13。

采用 GLONASS 双频数据与 BDS 三频数组合定位时,WL12 载波的双差观测方程式为

$$\begin{bmatrix} \boldsymbol{v}_{\mathrm{WL12}}^{\mathrm{G}} \\ \boldsymbol{v}_{P_1}^{\mathrm{G}} \\ \boldsymbol{v}_{P_2}^{\mathrm{G}} \\ \boldsymbol{v}_{\mathrm{WL12}}^{\mathrm{B}} \\ \boldsymbol{v}_{\mathrm{EWL}}^{\prime\mathrm{B}} \end{bmatrix} = \begin{bmatrix} \boldsymbol{B}^{\mathrm{G}} & \boldsymbol{D}^{\mathrm{G}}\boldsymbol{\lambda}_{\mathrm{WL12}}^{\mathrm{G}} & 0 \\ \boldsymbol{B}^{\mathrm{G}} & 0 & 0 \\ \boldsymbol{B}^{\mathrm{G}} & 0 & 0 \\ \boldsymbol{B}^{\mathrm{B}} & 0 & \boldsymbol{D}^{\mathrm{B}}\boldsymbol{\lambda}_{\mathrm{WL12}}^{\mathrm{B}} \\ \boldsymbol{B}^{\mathrm{B}} & 0 & 0 \end{bmatrix} \begin{bmatrix} \boldsymbol{a} \\ \boldsymbol{b}_{\mathrm{WL12}}^{\mathrm{sd,G}} \\ \boldsymbol{b}_{\mathrm{WL12}}^{\mathrm{sd,B}} \end{bmatrix} - \begin{bmatrix} \boldsymbol{l}_{\mathrm{WL12}}^{\mathrm{G}} \\ \boldsymbol{l}_{P_1}^{\mathrm{G}} \\ \boldsymbol{l}_{P_2}^{\mathrm{G}} \\ \boldsymbol{l}_{\mathrm{WL12}}^{\mathrm{B}} \\ \boldsymbol{l}_{\mathrm{EWL}}^{\prime\mathrm{B}} \end{bmatrix} \qquad (6.11)$$

式中:sd 表示单差;$\boldsymbol{v}_{\mathrm{WL12}}^{\mathrm{G}}$、$\boldsymbol{v}_{P_1}^{\mathrm{G}}$、$\boldsymbol{v}_{P_2}^{\mathrm{G}}$ 分别表示 GLONASS 的 WL12 载波和两个伪距观测量的 OMC 残余向量;$\boldsymbol{B}^{\mathrm{G}}$ 表示 GLONASS 位置向量的设计矩阵;$\boldsymbol{l}_{\mathrm{WL12}}^{\mathrm{G}}$、$\boldsymbol{l}_{P_1}^{\mathrm{G}}$ 和 $\boldsymbol{l}_{P_2}^{\mathrm{G}}$ 分别表示 WL12 载波和两个伪距观测量;$\boldsymbol{\lambda}_{\mathrm{WL12}}=[\lambda_{\mathrm{WL12}}^1 \quad \lambda_{\mathrm{WL12}}^2 \quad \cdots \quad \lambda_{\mathrm{WL12}}^k]^{\mathrm{T}}$;$\boldsymbol{D}$ 为单差模糊度参数到双差模糊度参数的转换矩阵。考虑到 GLONASS 频分多址对数据处理造成的不便,这里解算站间单差模糊度参数 $\boldsymbol{b}_{\mathrm{WL12}}^{\mathrm{sd,G}}$ 和 $\boldsymbol{b}_{\mathrm{WL12}}^{\mathrm{sd,B}}$,仍采用经典最小二乘估计计算 $\boldsymbol{b}_{\mathrm{WL12}}^{\mathrm{sd,G}}$ 和 $\boldsymbol{b}_{\mathrm{WL12}}^{\mathrm{sd,B}}$ 的浮点解。

将单差模糊度通过矩阵转换为双差模糊度,然后采用 LAMBDA 算法得到固定解。相较于直接解算 WL 模糊度,将 BDS 系统的 EWL 当作高精度伪距观测量辅助 GLONASS/BDS 组合 WL 模糊度解算时,理论上固定率更高。

——窄巷(NL)模糊度解算

对于 BDS 系统,WL13 模糊度参数固定解 $\boldsymbol{b}_{\mathrm{WL13}}^{\mathrm{dd,B}} = \boldsymbol{b}_{\mathrm{WL12}}^{\mathrm{dd,B}} - \boldsymbol{b}_{\mathrm{EWL}}^{\mathrm{dd,B}}$。将模糊度得到固定的 WL 看作是精度比 EWL 更高的伪距观测量,用于 NL 模糊度解算,这里 NL 采用 B1 和 G1 频点上的载波信号。

采用 GLONASS 双频数据与 BDS 三频数据组合定位时,NL 载波的双差观测方程为

$$\begin{bmatrix} \boldsymbol{v}_1^{\mathrm{G}} \\ \boldsymbol{v}_{\mathrm{WL12}}^{\prime\mathrm{G}} \\ \boldsymbol{v}_1^{\mathrm{B}} \\ \boldsymbol{v}_{\mathrm{WL12}}^{\prime\mathrm{B}} \\ \boldsymbol{v}_{\mathrm{WL13}}^{\prime\mathrm{B}} \end{bmatrix} = \begin{bmatrix} \boldsymbol{B}^{\mathrm{G}} & \boldsymbol{D}^{\mathrm{G}}\boldsymbol{\lambda}_1^{\mathrm{G}} & 0 \\ \boldsymbol{B}^{\mathrm{G}} & 0 & 0 \\ \boldsymbol{B}^{\mathrm{B}} & 0 & \boldsymbol{D}^{\mathrm{B}}\boldsymbol{\lambda}_1^{\mathrm{B}} \\ \boldsymbol{B}^{\mathrm{B}} & 0 & 0 \\ \boldsymbol{B}^{\mathrm{B}} & 0 & 0 \end{bmatrix} \begin{bmatrix} \boldsymbol{a} \\ \boldsymbol{b}_1^{\mathrm{sd,G}} \\ \boldsymbol{b}_1^{\mathrm{sd,B}} \end{bmatrix} - \begin{bmatrix} \boldsymbol{l}_1^{\mathrm{G}} \\ \boldsymbol{l}_{\mathrm{WL12}}^{\prime\mathrm{G}} \\ \boldsymbol{l}_1^{\mathrm{B}} \\ \boldsymbol{l}_{\mathrm{WL12}}^{\prime\mathrm{B}} \\ \boldsymbol{l}_{\mathrm{WL13}}^{\prime\mathrm{B}} \end{bmatrix} \qquad (6.12)$$

式中:$\boldsymbol{\lambda}_1 = [\lambda_1^1 \quad \lambda_1^2 \quad \cdots \quad \lambda_1^k]^{\mathrm{T}}$。第 2 步中 WL 模糊度估计采用直接取整的方式时成功率较低,导致最终估计可靠性不高。因此,在第 2 步中固定 WL 模糊度时采用基于几何的观测模型。

前两步中,EWL 和 WL 模糊度解算采用经典最小二乘估计法,短基线条件下其固定率是非常高的。而对于 NL,其信号波长更短,对噪声等更敏感,若直接进行模糊度固定会比较困难。而 MCAR 算法通过采用不断精化的伪距观测量依次

固定 EWL、WL 和 NL 模糊度,可明显提高 NL 模糊度解算效率。此外,就计算量而言,MCAR 算法可有效缓解实时计算时造成的计算压力。

2)实验分析

为验证 MCAR 模型的有效性和可行性,采用两组静态基线数据进行实验,数据采集使用司南多模接收机,卫星高度截止角设为 15°,概况如表 6.39 所示。

表 6.39　采用的数据集概况

| 数据集 | 基线长度 | 观测时长/s | 日期 | 采样间隔/s |
|---|---|---|---|---|
| $A$ | 8 m | 9 188 | 2015-01-11 | 1 |
| $B$ | 8 km | 7 200 | 2014-07-31 | 1 |

将 GLONASS 双频与 BDS 三频数据组合直接解算 NL 模糊度记为 GLONASS/BDS 模型,与 MCAR 模型就模糊度解算和定位精度两个指标进行比对分析。解算过程均采用单历元模糊度固定模式。

实验流程参照图 6.48,其中 EWL 和 WL 模糊度固定 ratio 阈值 $r_E$ 和 $r_W$ 均设为 2,而 NL 模糊度固定 ratio 阈值 $r_N$ 则分别设为 2、3 和 5,以比较 GLONASS/BDS 和 MCAR 不同模式下的 NL 模糊度解算效率。由于 EWL 或 WL 模糊度固定失败都会造成 NL 模糊度无法解算,因此只需对 NL 模糊度解算效率进行比较。统计结果见表 6.40 和表 6.41。

表 6.40　模糊度解算效率比较(数据集 $A$)

| 系统 | | MCAR | GLONASS/BDS |
|---|---|---|---|
| 总历元数/个 | | 9 188 | 9 188 |
| ratio≥5 | 历元数/个 | 9 181 | 9 022 |
| | 成功率/% | 99.2 | 98.2 |
| ratio≥3 | 历元数/个 | 9 188 | 9 143 |
| | 成功率/% | 100.0 | 99.5 |
| ratio≥2 | 历元数/个 | 9 188 | 9 188 |
| | 成功率/% | 100.0 | 100.0 |

表 6.41　模糊度解算效率比较(数据集 $B$)

| 系统 | | MCAR | GLONASS/BDS |
|---|---|---|---|
| 总历元数/个 | | 7 200 | 7 200 |
| ratio≥5 | 历元数/个 | 4 767 | 2 918 |
| | 成功率/% | 66.2 | 40.5 |
| ratio≥3 | 历元数/个 | 7 141 | 6 742 |
| | 成功率/% | 99.2 | 93.6 |
| ratio≥2 | 历元数/个 | 7 185 | 6 898 |
| | 成功率/% | 99.8 | 95.8 |

由表 6.40 可以看出,对于 8 m 超短基线,ratio 阈值为 2 时,MCAR 模型和

GLONASS/BDS 模型 NL 模糊度固定的成功率都能达到 100%；当 ratio 阈值分别为 3 和 5 时，前者的 NL 模糊度固定率要优于后者。

由表 6.41 可以看出，即使对于长度为 8 km 的基线，忽略电离层残差的影响，当 ratio 阈值为 3 时，MCAR 模糊度固定率依然高于 99%，优于 GLONASS/BDS 模型。当严格执行 ratio 阈值为 2 时，由于 MCAR 模型兼具 TCAR 算法与多系统组合的优点，因此其 NL 模糊度固定率是最高的。总结来看，对于 8 km 长的基线，双差电离层延迟残差使得 GLONASS/BDS 组合直接固定 NL 模糊度变得困难。对于 MCAR 模式，通过不断精化伪距观测量，对 EWL、WL 和 NL 模糊度依次逐级固定，可保持较高的 NL 固定率，优于 GLONASS/BDS 模式。

ratio 阈值为 2 时，对未得到 NL 固定解的历元，当其浮点解与参考位置在东向和北向上的偏差小于 0.1 m，在天顶向的偏差小于 0.2 m 时，认为其模糊度固定解被错误地拒绝了而未被采纳。对数据集 $A$、$B$ 进行统计得到表 6.42 和表 6.43。

**表 6.42　ratio 阈值＝2 时的数据集统计**（数据集 $A$）

| 系统 | MCAR | GLONASS/BDS |
|---|---|---|
| 总历元数/个 | 9 188 | 9 188 |
| 固定解历元数/个 | 9 188 | 9 188 |
| 固定率/% | 100.0 | 100.0 |
| 未固定但解算正确历元数/个 | 0 | 0 |
| 错误拒绝率/% | 0 | 0 |

**表 6.43　ratio 阈值＝2 时的数据集统计**（数据集 $B$）

| 系统 | MCAR | GLONASS/BDS |
|---|---|---|
| 总历元数/个 | 7 200 | 7 200 |
| 固定解历元数/个 | 7 185 | 6 989 |
| 固定率/% | 99.8 | 97.1 |
| 未固定但解算正确历元数/个 | 0 | 202 |
| 错误拒绝率/% | 0 | 2.8 |

由表 6.42 可知，ratio 阈值为 2 时，对于数据集 $A$，两种模式下模糊度固定的错误拒绝率均为 0，即没有出现解算正确却未得到固定解的情况。表 6.43 中，对于数据集 $B$，两种模式下未得到固定解但解算正确的历元数依次为 202 个和 0 个。MCAR 模型的错误拒绝率远远低于 GLONASS/BDS 模型，这是因为对于 8 km 的基线，双差电离层延迟残差使得 GLONASS/BDS 模式 NL 模糊度固定率降低，而 MCAR 模式解算结果能在一定程度上弥补这一缺陷。因此，MCAR 模型模糊度解算的可靠性更高，效果更优。

ratio 阈值为 2 时，针对所有得到固定解的历元，将其解算得到的位置参数与参考位置作差，得到其在东向、北向、天顶向 3 个方向的偏差，如图 6.58 至图 6.63

所示。

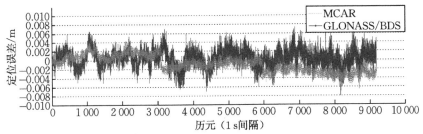

图 6.58　东向定位误差时序(数据集 $A$)

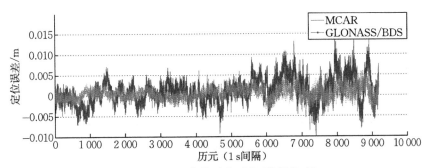

图 6.59　北向定位误差时序(数据集 $A$)

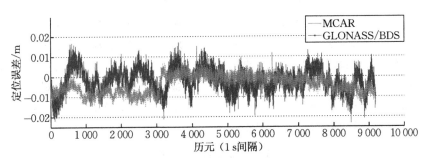

图 6.60　天顶向定位误差时序(数据集 $A$)

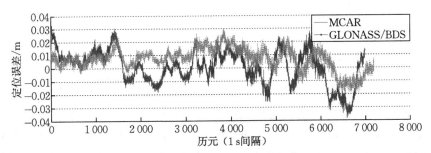

图 6.61　东向定位误差时序(数据集 $B$)

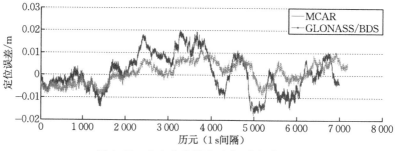

图 6.62　北向定位误差时序（数据集 $B$）

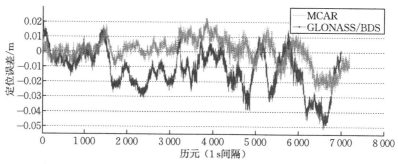

图 6.63　天顶向定位误差时序（数据集 $B$）

由图 6.58 至图 6.60 可知，对于 8 m 超短基线，两种模型在东向和北向上定位误差保持在 1 cm 以内，天顶方向上定位误差保持在 2 cm 以内。图 6.61 至图 6.63 中，对于数据集 $B$，随着基线长度达到 8 km，双差电离层延迟残差增大，忽略其影响时，这部分误差会被位置参数吸收，造成 GLONASS/BDS 模型定位偏差波动较大、稳定性变差，而 MCAR 模式由于采用了模糊度得到固定的 WL 观测量，模型结构更优，一定程度上削弱了这一影响。对所有得到固定解的历元在不同方向上的定位偏差进行数理统计，得到表 6.44。

表 6.44　定位精度统计结果

| 基线长度 | 系统 | 中误差/cm | | |
| --- | --- | --- | --- | --- |
| | | E | N | U |
| 8 m | MCAR | 0.19 | 0.14 | 0.44 |
| | GLONASS/BDS | 0.20 | 0.31 | 0.60 |
| 8 km | MCAR | 0.92 | 0.68 | 1.01 |
| | GLONASS/BDS | 1.21 | 0.84 | 1.28 |

由表 6.44 可以看出，对于数据集 $A$，东向上 GLONASS/BDS 模型和 MCAR 模型定位中误差相近，分别为 0.20 cm 和 0.19 cm，北向和天顶向上，MCAR 模型定位中误差分别为 0.14 cm 和 0.44 cm，均优于 GLONASS/BDS 模型。对于数据集 $B$，MCAR 模型在各方向上的定位中误差是最小的，效果最优。因此，总的来

看,MCAR 模型定位效果优于 GLONASS/BDS 模型,MCAR 模型是可行的。

　　3)结论

　　本小节针对 GLONASS 与 BDS 在信号体制方面存在的差异,介绍了基于 GLONASS/BDS 双系统组合的 MCAR 算法,结合实测短基线数据,就模糊度解算效率和定位精度两个指标进行了验证分析,结果表明 MCAR 模型是可行的。

# §6.3　本章小结

　　基于短基线,本章首先对 BDS 三频无几何模型进行了介绍;然后基于几何模型,分别就 BDS/GLONASS、GPS/BDS 单历元单频以及双频组合 RTK 性能进行了实验论证;最后分别对 GPS/BDS 组合以及 GLONASS/BDS 组合 MCAR 算法的数学模型优化方法进行了介绍,并基于实测数据进行了分析。

　　(1)双差电离层延迟残差是影响经典 TCAR 算法中 NL 模糊度固定率的主要因素,随着基线长度的增加,NL 模糊度固定率下降明显,三频无几何模型的效果不佳,应用受到限制。

　　(2)相较于单系统条件,双系统组合定位时可观测卫星的数量更多,观测卫星的几何图形强度更强,多余观测量更多,使得定位结果的可靠性和可用性得到提高。基于实测数据,对 GPS/BDS 以及 GLONASS/BDS 单历元单频和双频 RTK 定位性能进行的验证表明,相较于单系统条件,GPS/BDS 和 GLONASS/BDS 单历元单频 RTK 定位结果的可用性和可靠性均有大幅提升,而双系统组合单历元双频 RTK 解算效果较之单系统也有所改善。

　　(3)采用不同的接收机对进行 GLONASS/BDS 联合 RTK 定位时,需要对 GLONASS 观测量的频间偏差进行修正,以提高模糊度固定的成功率。基于零基线校正,分别就载波相位观测量和伪距观测量频间偏差的修正方法进行了介绍,并采用短基线数据对上述修正方法的可行性进行了验证,结果表明该方法可使模糊度固定率从 $0.43\%$ 提高到 $91.37\%$,极大地改善了 RTK 解算效果。总体而言,在 GLONASS/BDS 联合 RTK 定位时,当采用不同型号的接收机对时,需要对载波相位观测量频间偏差进行校正,而伪距观测量的频间偏差校正与否对 RTK 模糊度的解算影响不大,用本章介绍的零基线校正法可准确得到频间偏差的修正值,能够有效改善模糊度的解算效果。

　　(4)对基于 GPS/BDS 和 GLONASS/BDS 双系统组合的 MCAR 算法,基于实测数据进行的实验论证结果表明,相较于直接求解 NL 模糊度参数,MCAR 模型在 NL 模糊度固定率和定位精度两个方面都有一定程度的改善,说明 BDS 三频信号在短基线多系统 RTK 定位时,采用基于组合的模糊度解算模式,更能有效发挥 BDS 三频信号的优势。

# 第7章 中长基线 RTK

随着基线长度的增加,双差电离层延迟残差以及双差对流层延迟残差不断增大,对模糊度解算造成的影响也已不能再被忽略。在数据处理过程中,通常采取两种策略克服电离层延迟造成的影响:一是采用无电离层组合观测量,这种方法在解算过程中不受电离层延迟的影响,但通过组合得到的虚拟观测量往往会将组合噪声放大;二是将电离层延迟参数化,该方法会在一定程度上降低观测方程的自由度。对于对流层延迟造成的影响,处理方法也分为两种:一是采用无几何观测量,即通过对原始观测量进行组合,将与卫星和接收机间几何距离相关的项消掉;二是将对流层延迟参数化,通过数学模型进行求解。

多频导航信号的应用可以提供许多具有较低噪声的无电离层、无几何组合观测量,为中长基线 RTK 解算创造了机遇,近些年来的许多研究也都围绕这一方向展开。Feng(2008)给定不同长度基线对应的电离层延迟、对流层延迟、轨道误差、多路径和观测噪声的量级,通过综合分析这些误差的影响,得出了不同多频 GNSS 的最优组合并推荐了一种 TCAR 算法。李博峰等(2009)采用无几何和无电离层的原始载波相位线性组合观测量,对中长基线 TCAR 算法进行了优化,并基于半仿真 GPS 数据进行了验证。Tang 等(2014)采用几何 TCAR 算法,对 BDS 单历元 RTK 定位的性能进行了研究,结果表明即使对于长度为 43 km 的静态基线,模糊度解算的固定率依然能够达到 94%,然而,随着基线长度的增加,对流层延迟残差使得单历元模糊度固定变得越发困难。为进一步挖掘 BDS 单系统三频信号在中长基线 RTK 方面的应用潜力,得到适合不同尺度 RTK 解算的组合观测量以及模糊度解算方案,本章前两节分别就 BDS 三频几何 RTK 和三频无几何、无电离层 RTK 展开介绍。

随着天空中 BDS 卫星数量的增加,当 GPS/BDS 联合进行 RTK 解算时,卫星空间几何结构优化带来的优势相较于单系统十分明显,这也为基于电离层延迟和对流层延迟参数化以实现中长基线 RTK 快速模糊度固定提供了可能。李金龙(2015)的研究表明,GPS/BDS 双系统组合 RTK,其模糊度收敛速度较之单系统条件有着明显的改善。但是由于在解算过程中采用的是非组合方法,即直接求解窄巷(NL)模糊度,上述研究并没有很好地体现 BDS 三频数据在中长基线 GPS/BDS 双系统组合 RTK 中的深层次价值,因此,在 BDS 三频组合条件下,与 GPS 中长基线联合 RTK 展开研究,可有效改善多系统多频条件下中长基线 RTK 的模糊度解算效果。本章在第三、四节重点展开探讨,并介绍两种基于 TCAR 算法与 GPS/BDS 双系统组合相结合的快速模糊度固定方法。

# §7.1　基于几何的 BDS 三频 RTK

中尺度基线条件下(基线长度 15～40 km),双差电离层延迟残差是影响 NL 模糊度固定率的最主要因素,忽略电离层延迟造成的影响,会最终造成模糊度解算成功率降低,这也是经典 TCAR 算法的局限所在。因此,在进行 RTK 解算时,必须要对这一部分影响予以消除。在本节介绍中,采用了经过优化之后的无电离层组合,可有效改善模糊度固定效果。此外,相较于无几何模型,基于几何的解算模型强度更优,模糊度固定率和可靠性也更高。因此,本节在基于几何 TCAR 算法的基础上,对 BDS 单历元三频 RTK 定位的数学模型进行了优化。通过对伪距观测量以及模糊度参数得到固定的 EWL 和 WL 观测量进行最优线性组合,得到具有最低噪声的无电离层虚拟组合观测量,并将其引入到 NL 模糊度求解中,以提高 NL 模糊度的固定率,最后通过实测数据进行论证分析。优化 TCAR 算法的具体形式如下所述。

## 7.1.1　优化 TCAR 算法

对于中尺度基线,双差电离层延迟残差严重影响 TCAR 算法中第三步 NL 模糊度的固定率,因此,本小节的优化算法着重针对 NL 模糊度解算进行改进。

由于 NL 信号波长更短,对电离层延迟、噪声等更敏感,使模糊度固定变得困难,因此,为提高模糊度固定率,必须对模型进行优化,以降低双差电离层残差和观测噪声对 NL 模糊度解算造成的不利影响。前两步中 EWL 和 WL 模糊度参数都已固定,因此可与 3 个原始伪距观测量以及 NL 观测量一起进行线性组合,得到无电离层、低噪声的最优虚拟观测量,用于 NL 模糊度的解算,以提高模糊度解算的成功率。其组成的虚拟观测量可描述如下

$$\phi_{LC} = h_1 \phi_{(1,0,0)} + h_2 \tilde{\phi}_{(0,-1,1)} + h_3 \tilde{\phi}_{(1,-1,0)} + k_1 P_1 + k_2 P_2 + k_3 P_3 \quad (7.1)$$

式中:$\tilde{\phi}_{(0,-1,1)}$ 和 $\tilde{\phi}_{(1,-1,0)}$ 表示模糊度参数得到固定的 WL 组合观测量;$P_i(i=1,2,3)$ 表示伪距观测量;组合系数 $h_i$ 和 $k_i(i=1,2,3)$ 的选取条件如式(7.2)所示

$$\left.\begin{array}{l} h_1 + h_2 + h_3 + k_1 + k_2 + k_3 = 1 \\ h_1 \beta_{(1,0,0)} + h_2 \beta_{(0,-1,1)} + h_3 \beta_{(1,-1,0)} + k_1 \beta_{(1,0,0)} + k_2 \beta_{(0,1,0)} + k_3 \beta_{(0,0,1)} = 0 \\ (h_1^2 \mu_{(1,0,0)}^2 + h_2^2 \mu_{(0,-1,1)}^2 + h_3^2 \mu_{(1,-1,0)}^2)\sigma_\phi^2 + \\ (k_1^2 \mu_{(1,0,0)}^2 + k_2^2 \mu_{(0,1,0)}^2 + h_3^2 k_{(0,0,1)}^2 n^2)\sigma_P^2 = \min \end{array}\right\}$$

$$(7.2)$$

式中:$\beta$ 和 $\mu$ 分别表示组合观测量的一阶电离层延迟尺度因子和噪声因子,其取值参照表 2.2;$n$ 为伪距观测量 $P_3$ 的噪声因子,$\sigma_{P_3} = n\sigma_P$,这里非差原始载波观测量噪声的标准差取 $\sigma_\phi = 0.002$ m,非差原始伪距观测量噪声的标准差 $\sigma_{P_1} = \sigma_{P_2} = \sigma_P =$

$0.3\ \mathrm{m},\sigma_{P_3}=0.06\ \mathrm{m}$,即 $n=0.2$。为了避免将未模型化的误差(如对流层延迟误差、轨道误差等)放大,系数之和等于 1,在消除电离层误差影响的情况下得到组合噪声最小的虚拟观测量。将模糊度固定的 WL 组合 $\bar{\phi}_{(1,-1,0)}$ 替换为 $\bar{\phi}_{(1,0,-1)}$,得到另一个无电离层虚拟观测量,将两者分别记为 $\phi_{\mathrm{LC1}}$ 和 $\phi_{\mathrm{LC2}}$,得到的两组组合系数如表 7.1 所示。

表 7.1　最优组合系数

| 优化组合 | $h_1$ | $h_2$ | $h_3$ | $k_1$ | $k_2$ | $k_3$ | $\mu$ |
|---|---|---|---|---|---|---|---|
| $\phi_{\mathrm{LC1}}$ | 0.566 9 | 0.407 6 | 0.017 5 | 0.000 5 | 0.000 7 | 0.006 8 | 2.24 |
| $\phi_{\mathrm{LC2}}$ | 0.557 5 | 0.403 0 | 0.027 1 | 0.000 8 | 0.001 0 | 0.010 6 | 2.73 |

由表 7.1 可以看出,$k_1$、$k_2$ 的数值都极小,这是因为伪距 $P_1$、$P_2$ 的观测噪声远大于载波相位的观测噪声,因此在优化组合过程中其权重很小,即组合系数很小。$h_3$、$k_3$ 相较于 $h_1$、$h_2$ 仍然较小,$h_3$ 略大于 $k_3$,这是因为 EWL 以及 $P_3$ 的观测噪声相较于 WL 和 NL 的噪声仍偏大,这由表 7.1 可以看出。这里通过优化得到了不同噪声水平观测量的组合系数,公式推导具有一定的普遍性和代表性,能够反映出组合过程中伪距观测量以及各载波观测量之间的相互关系。

NL 模糊度解算采用优化后的虚拟观测量,其载波双差观测方程如下

$$
\begin{bmatrix} \boldsymbol{v}_1 \\ \boldsymbol{v}_{\mathrm{LC1}} \\ \boldsymbol{v}_{\mathrm{LC2}} \end{bmatrix} = \begin{bmatrix} \boldsymbol{B} & \boldsymbol{I}\lambda_1 \\ \boldsymbol{B} & \boldsymbol{I}\lambda_1 k_{\mathrm{LC1}} \\ \boldsymbol{B} & \boldsymbol{I}\lambda_1 k_{\mathrm{LC2}} \end{bmatrix} \begin{bmatrix} \boldsymbol{a} \\ \boldsymbol{b}_1 \end{bmatrix} - \begin{bmatrix} \boldsymbol{l}_1 \\ \boldsymbol{l}_{\mathrm{LC1}} \\ \boldsymbol{l}_{\mathrm{LC2}} \end{bmatrix} \tag{7.3}
$$

式中:$k_{\mathrm{LC1}}$ 和 $k_{\mathrm{LC2}}$ 分别表示表 7.1 中两个虚拟无电离层观测量的系数 $h_1$,即 0.566 9 和 0.557 5。

### 7.1.2　实验分析

为验证优化 TCAR 算法的有效性和可行性,采用 3 组静态基线数据进行实验分析,并与前面介绍的经典 TCAR 算法进行比较。数据采集使用司南多模接收机,地点为河南郑州,卫星高度截止角设为 15°,数据概况如表 7.2 所示。

表 7.2　采用的数据集概况

| 数据集 | 基线长度 | 观测时长/s | 日期 | 采样间隔/s |
|---|---|---|---|---|
| $A$ | 8 m | 9 644 | 2015-01-11 | 1 |
| $B$ | 8 km | 7 200 | 2014-07-31 | 1 |
| $C$ | 23 km | 9 738 | 2014-07-01 | 1 |

实验中,采用后处理精密相对定位得到的固定解作为比对标准,将每个历元解算得到的模糊度固定解与"真值"比较,以判断模糊度参数是否固定正确。这里采用模糊度解算成功率来评价和比较模型的有效性和可靠性。模糊度解算成功率定

义为得到正确固定解的历元数与总历元数的百分比,其计算公式为

$$模糊度解算成功率 = \frac{N_{suc}}{N_{all}} \times 100\% \qquad (7.4)$$

式中:$N_{suc}$ 表示模糊度解算成功的历元数;$N_{all}$ 表示实验总历元数。对实验结果进行数理统计,得到表 7.3 至表 7.5。

**表 7.3　模糊度解算效果(数据集 A)**

| 模型 | | 经典 TCAR | 优化 TCAR |
|---|---|---|---|
| 总历元数/个 | | 9 644 | 9 644 |
| WL | 固定历元数/个 | 9 624 | 9 644 |
| | 成功率/% | 99.79 | 100.0 |
| NL | 固定历元数/个 | 9 266 | 9 599 |
| | 成功率/% | 96.08 | 99.49 |

**表 7.4　模糊度解算效果(数据集 B)**

| 模型 | | 经典 TCAR | 优化 TCAR |
|---|---|---|---|
| 总历元数/个 | | 7 200 | 7 200 |
| WL | 固定历元数/个 | 7 148 | 7 197 |
| | 成功率/% | 99.28 | 99.96 |
| NL | 固定历元数/个 | 6 658 | 7 171 |
| | 成功率/% | 92.48 | 96.37 |

**表 7.5　模糊度解算效果(数据集 C)**

| 模型 | | 经典 TCAR | 优化 TCAR |
|---|---|---|---|
| 总历元数/个 | | 9 738 | 9 738 |
| WL | 固定历元数/个 | 9 581 | 9 737 |
| | 成功率/% | 98.39 | 99.99 |
| NL | 固定历元数/个 | 8 586 | 9 291 |
| | 成功率/% | 88.17 | 95.41 |

由于 EWL 模糊度能够非常可靠地得到固定解,因此实验部分仅就 WL 和 NL 模糊度解算效果进行统计和分析。

对于 WL 模糊度解算,采用经典 TCAR 算法时,即使对于 23 km 长的基线,模糊度固定率依然高达 98.39%,能够准确可靠地得到固定解。采用优化后的 TCAR 算法,模糊度固定率略高于经典 TCAR 算法。这是因为 WL 的波长较长,受到电离层延迟残差的影响并不明显,因此对于中短基线而言,制约经典 TCAR 算法的并不是 WL 模糊度的固定效果。

对于 NL 模糊度解算,数据集 $A$ 为超短基线,双差电离层延迟残差可以忽略不计,经典 TCAR 算法的固定率高达 96.08%,能够保证其解的可靠性,但仍逊于优化后的算法。这主要是因为优化算法基于几何模型,使得模糊度固定率得以最大化。然而,随着基线长度不断增加,双差电离层延迟残差不断增大,对 NL 模糊度固定造成的影响也更加严重,当忽略这部分残差时,经典 TCAR 算法固定率明显下降,由 96.08% 下降到 88.17%。而优化后的 TCAR 算法由于采用了低噪声、无电离层延迟的最优虚拟观测量,能有效降低电离层延迟残差对 NL 模糊度固定带来的不利影响。实验证明,即使对于 23 km 长的基线,其单历元模糊度固定率依然高达 95.41%,优于经典 TCAR 算法。

为进一步验证优化模型的可行性,这里对采用优化模型得到的所有固定解进行定位精度统计,得到表 7.6。

表 7.6　定位精度统计结果　　　　　单位:cm

| 数据集 | 中误差 | | |
|---|---|---|---|
| | E | N | U |
| $A$ | 0.15 | 0.33 | 0.55 |
| $B$ | 0.82 | 0.97 | 1.34 |
| $C$ | 1.02 | 1.40 | 2.34 |

由表 7.6 可以看到,尽管随着基线长度的增加,定位精度有所下降,但是优化模型仍能保持厘米级的定位精度,可以满足 RTK 作业的要求。优化模型定位偏差的时序变化如图 7.1 至图 7.3 所示。

图 7.1 中,超短基线数据集 $A$ 在东向和北向上的定位偏差基本保持在 1 cm 以内,天顶方向上略差,保持在 1.5 cm 以内。随着基线长度增加,在图 7.3 中,对于 3 组基线中最长的数据集 $C$,其在东向和北向上的定位偏差基本保持在 4 cm 以内,天顶方向上保持在 6 cm 以内。因此,总的来看,就定位精度而言,该优化模型是可行的。

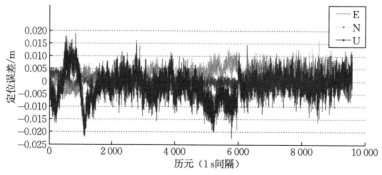

图 7.1　定位误差时序变化(数据集 $A$)

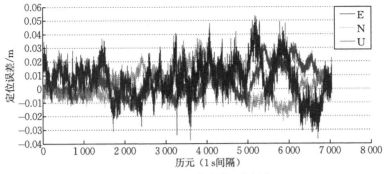

图 7.2　定位误差时序变化（数据集 B）

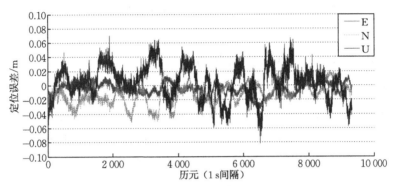

图 7.3　定位误差时序变化（数据集 C）

### 7.1.3　结　论

　　经典 TCAR 算法由于忽略了双差电离层延迟残差对 NL 模糊度解算造成的不利影响,其应用会随着残差的增大而明显受限。优化后的 TCAR 算法,在基于几何模型的基础上,通过对原始伪距观测量以及模糊度得到固定的 EWL 和 WL 观测量进行最优线性组合,得到了具有最低噪声的无电离层组合观测量,将其引入到 NL 模糊度解算中,有效提高了 NL 模糊度解算成功率。实验结果表明,即使对于 23 km 长的基线,其单历元模糊度固定率依然高达 95.41%,优于经典 TCAR 算法。

## §7.2　基于无几何无电离层组合的 BDS 三频 RTK

　　基于无几何和无电离层的原始载波相位线性组合观测量,由于消除了一阶电离层延迟项以及同卫星与测站间几何距离相关误差项的影响,可有效应用于长基线相对定位解算。

　　实际上,目前得到的许多无几何(GF)和无电离层(IF)的虚拟组合观测量都是线性相关的,而 3 个原始频点上的模糊度参数的成功解算,则需要 3 个线性无关的虚拟组合观测量。因此,近些年来,就如何得到第 3 个线性无关的 GF 和 IF 虚拟线性组合观测量,国内外的许多学者都进行了大量的研究,也得到了很多有用的结论。基于模糊度参数改正的载波相位观测量相较于伪距观测量,具有更低的观测噪声,可用于进行观测量的线性组合。Li 等(2010)选取了 3 组几何相关(GB)的组合观测量用于得到无几何(GF)线性组合观测量。此外,Li 等(2012)通过 GF 和 IF 的方法进行了窄巷模糊度的解算。Wang 等(2013)通过两个 GF 和 IF 组合观测量对第 3 个线性无关的组合观测量进行了研究,并采用 GPS 和 Galileo 三频实测数据进行了分析。为从理论上深入剖析适用于 BDS 长基线解算的 GF 和 IF 组合观测量,并对其性能进行验证,本节针对 BDS 三频信号的特性,对适用于长基线解算的 GF 和 IF 线性组合观测量进行详细的介绍,并采用 BDS 三频实测数据进行验证分析。

### 7.2.1   GF 和 IF 三频线性组合观测量

许多研究都表明,三频观测条件下,$\phi_{(0,-1,1)}$ 作为 EWL 具有长波长、低噪声和低电离层延迟等优良特性,长基线条件下极易进行模糊度固定(Li et al,2010;Zhao et al,2015b)。鉴于此,本节采用 $\phi_{(0,-1,1)}$ 作为 EWL 进行解算。这里需要指出的是 $\phi_{0,-1,1}$ 既不是 GF 也不是 IF,其模糊度参数固定采用式(7.5)

$$\left. \begin{array}{l} N_{(0,-1,1)} = \dfrac{\left| (P_{(0,0,1)} - \phi_{(0,-1,1)}) \right|}{\lambda_{(0,-1,1)}} \\[3mm] \tilde{\phi}_{(0,-1,1)} = \phi_{(0,-1,1)} + \lambda_{(0,-1,1)} N_{(0,-1,1)} \end{array} \right\} \tag{7.5}$$

式中:$\lambda_{(0,-1,1)}$ 表示虚拟波长。对于 BDS,$\lambda_{(0,-1,1)} = 4.884$ m,$|\cdot|$ 是取整算子。$\tilde{\phi}_{(0,-1,1)}$ 表示模糊度得到固定的超宽巷观测量,可用于下一步中 GF 和 IF 组合观测量的选取和优化。通过式(7.6)构造新的虚拟观测量(单位:m),有

$$\phi_x = a_1 L_1 + a_2 L_2 + a_3 L_3 + b_0 \tilde{\phi}_{(0,-1,1)} + b_1 P_3 \tag{7.6}$$

由于 BDS 的伪距观测量 $P_3$ 具有较高的精度,因此这里将其同 $\tilde{\phi}_{(0,-1,1)}$ 以及 3 个原始载波观测量 $L_1$、$L_2$ 和 $L_3$ 一起进行线性组合,组合观测量的模糊度参数 $N_x$ 为

$$N_x = a_x N_1 + b_x N_2 + c_x N_3 \tag{7.7}$$

式中:$a_x$、$b_x$ 和 $c_x$ 为整数,其中 $a_1 = \dfrac{a_x f_1}{f_x}, a_2 = \dfrac{b_x f_2}{f_x}, a_3 = \dfrac{c_x f_3}{f_x}$,$f_x$ 为虚拟组合频点。为满足 GF 和 IF 以及组合之后的观测噪声最小,构造如下的约束条件

$$\frac{a_x f_1 + b_x f_2 + c_x f_3}{f_x} + b_0 + b_1 = 0 \tag{7.8}$$

$$\frac{f_1 \left( a_x + b_x \dfrac{f_1}{f_2} + c_x \dfrac{f_1}{f_3} \right)}{f_x} + b_0 \beta_{(0,-1,1)} = b_1 \frac{f_1^2}{f_3^2} \tag{7.9}$$

式中: $\beta_{(0,-1,1)}$ 为 $\phi_{0,-1,1}$ 的电离层延迟系数,取值为 $-1.59$,组合之后的总噪声 $\sigma_x$ (单位:m)为

$$\sigma_x = \sqrt{\left(\left(\frac{a_x f_1}{f_x}\right)^2 + \left(\frac{b_x f_2}{f_x} - \frac{b_0 f_2}{f_{\phi_{(0,-1,1)}}}\right)^2 + \left(\frac{c_x f_3}{f_x} + \frac{b_0 f_3}{f_{\phi_{(0,-1,1)}}}\right)^2\right)\sigma_L^2 + b_1^2 \sigma_{P_3}^2}$$

(7.10)

其中,

$$f_{\phi_{(0,-1,1)}} = f_3 - f_2$$

$$b_0 = \frac{k_1 a_x + k_2 b_x + k_3 c_x}{f_x}$$

$$b_1 = \frac{m_1 a_x + m_2 b_x + m_3 c_x}{f_x}$$

$$m_1 = \frac{f_1 - \beta_{(0,-1,1)} f_1}{M_1}$$

$$m_2 = \frac{\dfrac{f_1^2}{f_2} - \beta_{(0,-1,1)} f_2}{M_1}$$

$$m_3 = \frac{\dfrac{f_1^2}{f_3} - \beta_{(0,-1,1)} f_3}{M_1}$$

$$k_1 = \frac{f_1 + \dfrac{f_1^3}{f_3^2}}{M_2}$$

$$k_2 = \frac{\dfrac{f_1^2}{f_2} + \dfrac{f_1^2 f_2}{f_3^2}}{M_2}$$

$$k_3 = \frac{\dfrac{f_1^2}{f_3} + \dfrac{f_1^2 f_3}{f_3^2}}{M_2}$$

$$M_1 = \frac{f_1^2}{f_3^2} + \beta_{(0,-1,1)}$$

$$M_2 = -\frac{f_1^2}{f_3^2} - \beta_{(0,-1,1)}$$

将 $\sigma_x$ 转换成以周为单位得到

$$\sigma_x^c = \frac{\sigma_x}{\lambda_x} = \frac{1}{f_x \lambda_x} \Bigg\{ \Bigg[ a_x^2 f_1^2 + \left( b_x - \frac{k_1 a_x + k_2 b_x + k_3 c_x}{f_{\phi_{(0,-1,1)}}} \right)^2 f_2^2 +$$

$$\left( c_x + \frac{k_1 a_x + k_2 b_x + k_3 c_x}{f_{\phi_{(0,-1,1)}}} \right)^2 f_3^2 \Bigg] \sigma_L^2 +$$

$$(m_1 a_x + m_2 b_x + m_3 c_x)^2 \sigma_{P_3}^2 \Bigg\}^{\frac{1}{2}} \tag{7.11}$$

式中：$f_x \lambda_x = C$ 为光速，可以看到 $\sigma_x^c$ 是关于 $a_x$、$b_x$ 和 $c_x$ 的函数，而与 $f_x$ 无关。假定观测噪声 $\sigma_x^c$ 服从正态分布，且忽略多路径效应造成的影响，理论上模糊度固定率可通过式(7.12)计算

$$P_{\text{suc}} = P \left( |z| < \frac{1}{2\sigma_{\text{dd}}^c} \right) \tag{7.12}$$

式中：$\sigma_{\text{dd}}^c = \dfrac{2\sigma_x^c}{\sqrt{n}}$，$n$ 为观测历元数。$a_x$、$b_x$ 和 $c_x$ 的取值空间设置为 $[-10,10]$，载波观测值的观测噪声为 $\sigma_{L_1} = \sigma_{L_2} = \sigma_{L_3} = 0.002\ \text{m}$，而伪距观测值的观测噪声为 $\sigma_{P_3} = 0.04\ \text{m}$，计算得到 $\sigma_x^c$ 的最小值以及对应的 $a_x$、$b_x$ 和 $c_x$，如表 7.7 所示。

表 7.7    最优组合

| $(a_x, b_x, c_x)$ | $\sigma_x^c$ / 周 | $P_{\text{suc}}$ / % | |
|---|---|---|---|
| | | $n = 1$ | $n = 10$ |
| $[1, -(v+1), v]$ | 0.339 2 | 53.89 | 98.02 |

表 7.7 中 $v \in [0,9]$，可知，只要 $(a_x, b_x, c_x)$ 满足形式 $[1, -(v+1), v]$，各种不同组合观测量的噪声理论上都为 0.339 2 周，这里采用 $\phi_{(1,-1,0)}$ 作为第 2 个 GF 和 IF 组合观测量，即 $(a_x, b_x, c_x) = (1, -1, 0)$。由于噪声水平与组合频率以及组合波长无关，取组合频率 $f_x = a_x f_1 + b_x f_2 + c_x f_3$，计算得到 $\lambda_{(1,-1,0)} = 0.847\ \text{m}$，显然，$\phi_{(1,-1,0)}$ 为宽巷(WL)组合观测量。组合观测量的各个系数如表 7.8 所示。

表 7.8    组合系数

| $(a_x, b_x, c_x)$ | $a_1$ | $a_2$ | $a_3$ | $b_0$ | $b_1$ |
|---|---|---|---|---|---|
| $(1, -1, 0)$ | 4.410 4 | −3.410 4 | 0 | 2.873 1 | −3.873 1 |

由表 7.7 可以看到经过 10 个历元的平滑之后，WL 模糊度固定率会非常高，优于 98%。表 7.8 中 $a_x$、$b_x$、$c_x$ 三者之和都为 0，此外，$N_{(0,-1,1)}$ 的系数之和也为 0。因此，对于所有组合系数 $a_x$、$b_x$、$c_x$ 三者之和为 0 的情况，其模糊度都可通过 $N_{(0,-1,1)}$ 与 $N_x$ 进行线性组合计算得到。因此，要想对 3 个原始载波相位模糊度进行解算，需要第 3 个线性无关的组合观测量，下面将对第 3 个 GF 和 IF 线性无关组合观测量进行介绍。

假设前两个线性组合观测量解算得到的模糊度参数为 $N_x$、$N_y$，第 3 个组合

观测量解算得到的模糊度参数为 $N_z$，得到

$$\left.\begin{array}{l} N_x = a_x N_1 + b_x N_2 + c_x N_3 \\ N_y = a_y N_1 + b_y N_2 + c_y N_3 \\ N_z = a_z N_1 + b_z N_2 + c_z N_3 \end{array}\right\} \quad (7.13)$$

将式(7.13)进行整理得到

$$\left.\begin{array}{l} N_z = \dfrac{b_z c_y - c_z b_y}{b_x c_y - c_x b_y} n_x + \dfrac{b_z c_x - c_z b_x}{b_y c_x - c_y b_x} n_y + K n_1 \\[3mm] K = a_z - a_x \dfrac{b_z c_y - c_z b_y}{b_x c_y - c_x b_y} - a_y \dfrac{b_z c_x - c_z b_x}{b_y c_x - c_y b_x} \end{array}\right\} \quad (7.14)$$

由 $a_x + b_x + c_x = 0, a_y + b_y + c_y = 0$ 可得到 $K = a_z + b_z + c_z$。因此，若使 $N_z$ 与 $N_x$、$N_y$ 线性无关，则 $K \neq 0$。$N_x$、$N_y$ 得到固定后，可得到

$$\left.\begin{array}{l} \widetilde{L}_x = \dfrac{a_x f_1}{f_x} L_1 + \dfrac{b_x f_2}{f_x} L_2 + \dfrac{c_x f_3}{f_x} L_3 + N_x \lambda_x \\[3mm] \widetilde{L}_y = \dfrac{a_y f_1}{f_y} L_1 + \dfrac{b_y f_2}{f_y} L_2 + \dfrac{c_y f_3}{f_y} L_3 + N_y \lambda_y \end{array}\right\} \quad (7.15)$$

由于 $\widetilde{L}_x$、$\widetilde{L}_y$ 的噪声要远远低于伪距观测量，因此，可通过式(7.16)构造新的观测量

$$L_z = a_1 L_1 + a_2 L_2 + a_3 L_3 + b_0 \widetilde{L}_x + b_1 \widetilde{L}_y \quad (7.16)$$

通过 GF 和 IF 构造约束条件

$$\left.\begin{array}{l} \dfrac{g_z}{f_z} + b_0 \dfrac{g_x}{f_x} + b_1 \dfrac{g_y}{f_y} = 0 \\[3mm] \dfrac{h_z}{f_z} + b_0 \dfrac{h_x}{f_x} + b_1 \dfrac{h_y}{f_y} = 0 \end{array}\right\} \quad (7.17)$$

其中

$$\left.\begin{array}{l} g_i = a_i f_1 + b_i f_2 + c_i f_3, \quad i = x, y, z \\[3mm] h_i = a_i + b_i \dfrac{f_1}{f_2} + c_i \dfrac{f_1}{f_3}, \quad i = x, y, z \end{array}\right\} \quad (7.18)$$

计算得到

$$\left.\begin{array}{l} b_0 = \dfrac{f_x(g_y h_z - g_z h_y)}{f_z(g_x h_y - g_y h_x)} \\[3mm] b_1 = -\dfrac{f_y(g_x h_z - g_z h_x)}{f_z(g_x h_y - g_y h_x)} \end{array}\right\} \quad (7.19)$$

对 $L_z$ 形式进行整理得到

$$\begin{array}{l} L_z = \left(\dfrac{a_z f_1}{f_z} + \dfrac{a_x f_1}{f_x} + \dfrac{a_y f_1}{f_y}\right) L_1 + \left(\dfrac{b_z f_2}{f_z} + \dfrac{b_x f_2}{f_x} + \dfrac{b_y f_2}{f_y}\right) L_2 + \\[3mm] \qquad \left(\dfrac{c_z f_3}{f_z} + \dfrac{c_x f_3}{f_x} + \dfrac{c_y f_3}{f_y}\right) L_3 + b_0 N_x \lambda_x + b_1 N_y \lambda_y \end{array} \quad (7.20)$$

对组合之后的总噪声(单位:周)计算得到

$$\sigma_z^c = \frac{\sigma_L^c \sqrt{P_a + P_b + P_c}}{\mathrm{abs}(K)} \tag{7.21}$$

其中,abs 表示取绝对值,且

$$\left.\begin{aligned}
P_a &= \left(a_z + a_x \frac{g_y h_z - g_z h_y}{g_x h_y - g_y h_x} - a_y \frac{g_x h_z - g_z h_x}{g_x h_y - g_y h_x}\right)^2 \\
P_b &= \left(b_z + b_x \frac{g_y h_z - g_z h_y}{g_x h_y - g_y h_x} - b_y \frac{g_x h_z - g_z h_x}{g_x h_y - g_y h_x}\right)^2 \\
P_c &= \left(c_z + c_x \frac{g_y h_z - g_z h_y}{g_x h_y - g_y h_x} - c_y \frac{g_x h_z - g_z h_x}{g_x h_y - g_y h_x}\right)^2
\end{aligned}\right\} \tag{7.22}$$

由 $a_x + b_x + c_x = 0$, $a_y + b_y + c_y = 0$ 可得到

$$\sigma_z^c = \frac{\sigma_L^c \sqrt{f_1^2(f_2^2 - f_3^2)^2 + f_2^2(f_1^2 - f_3^2)^2 + f_3^2(f_1^2 - f_2^2)^2}}{\mathrm{abs}((f_1 - f_2)(f_1 - f_3)(f_2 - f_3))} \tag{7.23}$$

由式(7.23)可以看出,第 3 个 GF 和 IF 组合观测量的观测噪声与 $f_x$、$f_y$ 和 $f_z$ 无关,相较于 $\sigma_L^c$ 其放大系数是一个常量。取 $\sigma_L^c = 0.01$ 周,将 BDS 的 3 个基准频点 $f_1$(1 561.098 MHz)、$f_2$(1 207.14 MHz)、$f_3$(1 268.520 MHz)代入式(7.23),计算得到 $\sigma_z^c = 1.912\,3$ 周,由式(7.12)计算得到表 7.9。

表 7.9　最优组合

| $\sigma_z^c$ / 周 | $P_{\mathrm{suc}}$ /% | | | |
|---|---|---|---|---|
| | $n = 1$ | $n = 10$ | $n = 100$ | $n = 200$ |
| 1.912 3 | 10.40 | 32.07 | 80.89 | 93.55 |

由表 7.9 可见,对于 NL 模糊度的准确固定,需要一个较长时间的平滑过程,由于组合观测量的噪声与组合频率以及组合波长无关,取组合频率 $f_z = a_z f_1 + b_z f_2 + c_z f_3$。取第 3 个 GF 和 IF 组合观测量为 $\phi_{(0,0,1)}$,即 $(a_z, b_z, c_z) = (0,0,1)$,$\phi_{(0,0,1)}$ 为 NL 组合观测量。组合观测量的各个系数如表 7.10 所示。

表 7.10　组合系数

| $(a_z, b_z, c_z)$ | $a_1$ | $a_2$ | $a_3$ | $b_0$ | $b_1$ |
|---|---|---|---|---|---|
| (0,0,1) | 0 | 0 | 1 | 9.413 2 | −10.413 2 |

## 7.2.2　实验分析

实验部分选取一条长度为 53 km、观测时长为 24 h、采样间隔为 30 s 的 BDS 三频静态基线数据进行论证分析,数据采集地点为浙江杭州,采集时间为 2015 年 4 月 9 日。卫星高度截止角设为 15°,分别选取 5 组卫星对:C01-C02、C03-C04、C03-C06、C03-C09、C07-C10,实验结果如图 7.4 至图 7.8 所示。

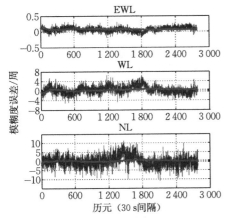

图 7.4　模糊度误差时序（C01-C02）

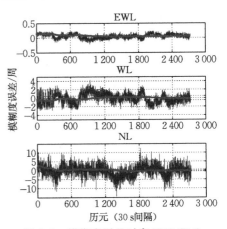

图 7.5　模糊度误差时序（C03-C04）

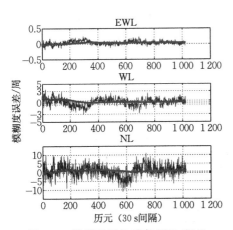

图 7.6　模糊度误差时序（C03-C06）

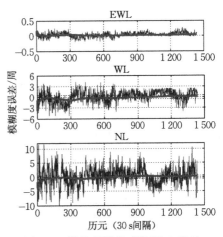

图 7.7　模糊度误差时序（C03-C09）

图 7.4 至图 7.8 中的平滑线条代表多个历元的浮点解平滑之后的偏差，波动线条代表未经平滑的浮点解偏差。可以看到，就 EWL 观测量而言，单历元条件下模糊度偏差均小于 0.5 周，因此，能够实现单历元模糊度的准确固定。对于 WL 观测量，通常情况下，经过少量历元的平滑，偏差都能收敛到 0.5 周以内，但是某些情况下，收敛时间会较长，如图 7.7 所示，这主要是因为多路径效应对伪距影响很大，使伪距观测量的精度大大降低，从而直接影

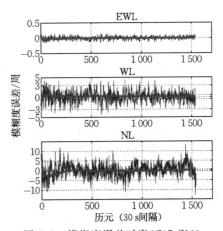

图 7.8　模糊度误差时序（C07-C10）

响了 WL 模糊度解算。就 NL 观测量而言,其偏差波动要比 WL 大,这是因为 NL 波长较小,GF 和 IF 组合之后噪声放大,且受到多路径效应影响,不利于 NL 模糊度的解算,通常需要经过一段时间的平滑其偏差才能收敛到 0.5 周以内。

为进一步对实验结果展开分析,这里分别对 EWL、WL 和 NL 模糊度浮点解进行统计,得到表 7.11 至表 7.13。

**表 7.11　EWL 模糊度浮点解误差统计**　　　单位:周

| 卫星对 | 中误差 | 最大值 | 最小值 |
| --- | --- | --- | --- |
| C01-C02 | 0.074 9 | 0.328 2 | −0.191 8 |
| C03-C04 | 0.077 5 | 0.229 3 | −0.222 6 |
| C03-C06 | 0.062 3 | 0.235 9 | −0.175 6 |
| C03-C09 | 0.072 3 | 0.267 7 | −0.187 1 |
| C07-C10 | 0.050 7 | 0.156 3 | −0.155 3 |

**表 7.12　WL 模糊度浮点解误差统计**　　　单位:周

| 卫星对 | 中误差 | 最大值 | 最小值 |
| --- | --- | --- | --- |
| C01-C02 | 1.666 9 | 6.315 7 | −5.194 2 |
| C03-C04 | 1.203 2 | 4.186 6 | −2.797 3 |
| C03-C06 | 0.971 0 | 3.450 1 | −2.981 4 |
| C03-C09 | 1.576 3 | 4.214 5 | −5.162 7 |
| C07-C10 | 1.402 0 | 4.230 5 | −4.314 7 |

**表 7.13　NL 模糊度浮点解误差统计**　　　单位:周

| 卫星对 | 中误差 | 最大值 | 最小值 |
| --- | --- | --- | --- |
| C01-C02 | 3.232 1 | 11.172 0 | −10.916 1 |
| C03-C04 | 3.388 1 | 12.297 8 | −14.257 4 |
| C03-C06 | 3.501 9 | 10.925 7 | −10.986 4 |
| C03-C09 | 3.075 7 | 11.539 1 | −10.485 8 |
| C07-C10 | 3.388 8 | 13.305 8 | −12.925 5 |

由表 7.11 至表 7.13 可以看出,EWL 模糊度的解算误差都很小,其中误差均小于 0.1 周,最大偏差均小于 0.5 周,因此极易得到固定。对于 WL 模糊度解算误差而言,中误差均大于理论值 0.339 2 周,小于 2 周。分析来看,造成这样的结果主要是因为 WL 模糊度解算使用了伪距观测量,而多路径效应造成伪距观测量精度变差,使得实际解算过程中,WL 模糊度的中误差相较于理论值偏大,解算效果较差。但是总的来看,WL 模糊度能够通过较短时间的平滑得到准确的固定解。对于 NL 模糊度解算误差而言,其中误差均大于 3 周,而小于 4 周,略大于理论值 1.912 3 周,最大偏差小于 15 周,这是由于多路径效应造成原始载波相位观测量的精度要逊于理论值 0.01 周,一定程度上影响了 NL 模糊度的解算,因此,可以看出多路径效应对本节模型的影响是很大的。由于受历元间相关误差影响,其收敛速

度缓慢,甚至由于 BDS 星座中含有地球静止轨道(GEO)卫星,其长周期多路径误差影响可能会最终造成 NL 模糊度无法收敛。因此,这里介绍的中长基线解算方案只有在载波相位多路径误差非常小时才能用于实际应用。

### 7.2.3　结　论

本节对适用于 BDS 中长基线模糊度解算的无几何(GF)和无电离层(IF)线性组合观测量进行了介绍,通过对载波观测量与伪距观测量组合得到噪声最小且基于 GF 和 IF 的 WL 组合观测量。然后,鉴于基于模糊度参数改正的载波相位观测量相较于伪距观测量具有更低的观测噪声,将模糊度得到固定的两个载波组合观测量与原始载波观测量进行最优线性组合,得到具有最低噪声的基于 GF 和 IF 的 NL 组合观测量。实验论证表明,EWL 模糊度可以实现单历元解算,得到模糊度的可靠解;对于 WL 而言,经过较短时间的平滑,模糊度解算偏差能够收敛到 0.5 周以内,实现模糊度固定;对于 NL 组合观测量,其偏差波动要比 WL 大,这是因为 NL 波长较小,GF 和 IF 组合之后噪声放大,且受到多路径效应影响,这些都不利于 NL 模糊度解算,因此,需要经过相对较长时间的平滑过程,其偏差才能收敛到 0.5 周以内,进而得到 NL 模糊度的可靠解。

总的来看,本节对基于 GF 和 IF 的最优组合观测量进行了介绍和论证,并基于 BDS 实测三频数据进行了相对定位模糊度解算实验。结果表明,经过一段时间的平滑过程,本节介绍的方法能够很快实现模糊度的准确解算。

## §7.3　GPS/BDS 中长基线单历元 RTK

由于 GLONASS 频分多址给 RTK 造成诸多不便,尤其在中长基线条件下基于 TCAR 算法进行 RTK 解算时这种不便显得尤为明显。因此,在 §7.3 和 §7.4 中,仅就中长基线条件下 GPS/BDS 组合 RTK 的数学模型和定位性能展开介绍,而不涉及 GLONASS/BDS 双系统条件。

随着基线长度的不断增加,双差电离层延迟残差对模糊度解算效率影响也愈加明显,如果不作处理,在进行平差计算时该部分残差会被模糊度参数和位置参数吸收,使最终的模糊度固定率下降。而通过采用无电离层组合观测量进行解算时,由于组合观测量一定程度上对噪声水平进行了放大,其单历元模糊度固定效果也明显不佳,因此为改善模糊度解算效果,有必要对该部分误差加以模型化,以消除其带来的不利影响。另外,考虑到单系统条件下引入新的参数会造成观测方程自由度减小,削弱解算模型的强度,因此,在本节中,采用了 GPS/BDS 双系统组合定位模式以增强模型的强度。此外,本节充分借鉴 TCAR 算法的优势,在基于几何的 TCAR 算法的基础上,对中长基线条件下 GPS/BDS 组合单历元多频 RTK 定位的数学模型进行了改进,意在通过双系统组合提高 WL 模糊度的固定率,最后将电离层延迟残差模型化,以改善单历元条件下 NL 模糊度的解算效果。具体思路如下所述。

### 7.3.1　多频模糊度解算

已有研究表明,对于 40～50 km 的中距离基线,双差电离层延迟残差是主要误差,通常小于 0.4 m,而双差对流层延迟残差小于 0.025 m,远小于前者。因此,在本节采用的中距离静态实验基线中,可忽略双差对流层残差的影响,仅考虑电离层延迟残差造成的影响。中长基线条件下基于 GPS 双频数据和 BDS 三频数据的多频模糊度解算(MCAR)算法可描述如下。

#### 1. 超宽巷(EWL)模糊度解算

由于中长基线条件下双差电离层延迟残差增大,WL 模糊度固定变得困难。事实上,组合系数为 0 的所有 EWL 和 WL 组合观测值中,只有两个是独立的,一旦固定两个组合模糊度,其余组合模糊度都可简单变换得到。例如,$\Delta N_{(1,-1,0)} = 5 \times \Delta N_{(0,-1,1)} - \Delta N_{(1,4,-5)}$,因此,根本没有必要直接求解 WL 模糊度。本节先固定两个 EWL 模糊度,然后通过简单变换得到 WL 模糊度。

BDS 三频观测条件下,对载波观测量进行组合可得到 EWL($\lambda = 2.76$ m)载波观测量。综合考虑组合观测量的各项优良特性,采用 $(0,-1,1)$ 和 $(1,4,-5)$ 组合,其对应的双差组合观测量可表示为 EWL1 和 EWL2。组合波长 $\lambda_{0,-1,1} = 4.884$ m,$\lambda_{(1,4,-5)} = 6.371$ m。相较于 EWL2,EWL1 模糊度极易进行固定。因此,先固定 EWL1 模糊度参数,然后固定 EWL2 模糊度参数,以提高 EWL2 模糊度参数固定率。EWL1 载波观测量与 3 个伪距观测量 $P_1$、$P_2$ 以及 $P_3$ 组成的基于几何模型的双差观测方程表示为

$$\begin{bmatrix} v^{\mathrm{B}}_{\mathrm{EWL1}} \\ v^{\mathrm{B}}_{P_1} \\ v^{\mathrm{B}}_{P_2} \\ v^{\mathrm{B}}_{P_3} \end{bmatrix} = \begin{bmatrix} \boldsymbol{B}^{\mathrm{B}} & \boldsymbol{I}\lambda^{\mathrm{B}}_{\mathrm{EWL1}} \\ \boldsymbol{B}^{\mathrm{B}} & 0 \\ \boldsymbol{B}^{\mathrm{B}} & 0 \\ \boldsymbol{B}^{\mathrm{B}} & 0 \end{bmatrix} \begin{bmatrix} \boldsymbol{a} \\ \boldsymbol{b}^{\mathrm{B}}_{\mathrm{EWL1}} \end{bmatrix} - \begin{bmatrix} \boldsymbol{l}^{\mathrm{B}}_{\mathrm{EWL1}} \\ \boldsymbol{l}^{\mathrm{B}}_{P_1} \\ \boldsymbol{l}^{\mathrm{B}}_{P_2} \\ \boldsymbol{l}^{\mathrm{B}}_{P_3} \end{bmatrix} \tag{7.24}$$

式中:$v$ 表示观测量减掉计算量(OMC)后的残余向量;$\boldsymbol{B}^{\mathrm{B}}$ 为基线位置向量 $\boldsymbol{a}$ 的设计矩阵,其右上标 B 表示 BDS 系统;$\boldsymbol{a}$ 为位置参数 $(x,y,z)$;$b^{\mathrm{B}}_{\mathrm{EWL1}}$ 为双差 EWL1 模糊度参数;$\boldsymbol{I}$、$\lambda^{\mathrm{B}}_{\mathrm{EWL1}}$、$\boldsymbol{l}$ 分别代表单位矩阵、EWL1 波长以及 EWL1 伪距观测量。采用经典最小二乘估计得到 $b^{\mathrm{B}}_{\mathrm{EWL1}}$ 参数的浮点解,然后采用 LAMBDA 算法对浮点解进行固定。当 $b^{\mathrm{B}}_{\mathrm{EWL1}}$ 参数得到固定时,将 EWL1 看作高精度的伪距观测量用于 EWL2 模糊度解算,以提高中长基线条件下 EWL2 模糊度参数固定率,解算模型如下

$$\begin{bmatrix} v^{\mathrm{B}}_{\mathrm{EWL2}} \\ v'^{\mathrm{B}}_{\mathrm{EWL1}} \end{bmatrix} = \begin{bmatrix} \boldsymbol{B}^{\mathrm{B}} & \boldsymbol{I}\lambda^{\mathrm{B}}_{\mathrm{EWL2}} \\ \boldsymbol{B}^{\mathrm{B}} & 0 \end{bmatrix} \begin{bmatrix} \boldsymbol{a} \\ \boldsymbol{b}^{\mathrm{B}}_{\mathrm{EWL2}} \end{bmatrix} - \begin{bmatrix} \boldsymbol{l}^{\mathrm{B}}_{\mathrm{EWL2}} \\ \boldsymbol{l}'^{\mathrm{B}}_{\mathrm{EWL1}} \end{bmatrix} \tag{7.25}$$

### 2. 宽巷(WL)模糊度解算

对于 WL 载波组合,BDS 系统采用 $(1,-1,0)$ 和 $(1,0,-1)$,GPS 系统采用 $(1,-1,0)$。将 $(1,-1,0)$ 和 $(1,0,-1)$ 组合各记为 WL12 和 WL13。当 $b_{\mathrm{EWL}}^{\mathrm{B}}$ 参数得到固定时,可由式(7.26)直接解算得到 BDS 的两个 WL 模糊度参数

$$\left.\begin{array}{l}\Delta N_{(1,-1,0)}=5\times\Delta N_{(0,-1,1)}-\Delta N_{(1,4,-5)}\\[4pt]\Delta N_{(1,0,-1)}=4\times\Delta N_{(0,-1,1)}-\Delta N_{(1,4,-5)}\end{array}\right\} \tag{7.26}$$

对于 GPS 单系统,中长基线条件下直接固定 WL 模糊度参数成功率不高,这里采用 BDS 模糊度得到固定的 WL 观测量辅助解算 GPS 的 WL 模糊度参数,以增强解算模型的强度,提高模糊度解算成功率,观测方程式如式(7.27)所示

$$\begin{bmatrix} v_{\mathrm{WL12}}^{\mathrm{G}} \\ v_{P_1}^{\mathrm{G}} \\ v_{P_2}^{\mathrm{G}} \\ v'^{\mathrm{B}}_{\mathrm{WL12}} \\ v'^{\mathrm{B}}_{\mathrm{WL13}} \end{bmatrix} = \begin{bmatrix} \boldsymbol{B}^{\mathrm{G}} & \boldsymbol{I}\lambda_{\mathrm{WL12}}^{\mathrm{G}} \\ \boldsymbol{B}^{\mathrm{G}} & 0 \\ \boldsymbol{B}^{\mathrm{G}} & 0 \\ \boldsymbol{B}^{\mathrm{B}} & 0 \\ \boldsymbol{B}^{\mathrm{B}} & 0 \end{bmatrix} \begin{bmatrix} \boldsymbol{a} \\ b_{\mathrm{WL12}}^{\mathrm{G}} \end{bmatrix} - \begin{bmatrix} l_{\mathrm{WL12}}^{\mathrm{G}} \\ l_{P_1}^{\mathrm{G}} \\ l_{P_2}^{\mathrm{G}} \\ l'^{\mathrm{B}}_{\mathrm{WL12}} \\ l'^{\mathrm{B}}_{\mathrm{WL13}} \end{bmatrix} \tag{7.27}$$

式中:$v_{\mathrm{WL12}}^{\mathrm{G}}$、$v_{P_1}^{\mathrm{G}}$ 和 $v_{P_2}^{\mathrm{G}}$ 分别表示 GPS 的 WL12 载波和两个伪距观测量的 OMC 残余向量;$\boldsymbol{B}^{\mathrm{G}}$ 和 $\lambda_{\mathrm{WL12}}^{\mathrm{G}}$ 分别表示 GPS 位置向量的设计矩阵以及 WL 波长;$l_{\mathrm{WL12}}^{\mathrm{G}}$、$l_{P_1}^{\mathrm{G}}$ 和 $l_{P_2}^{\mathrm{G}}$ 分别表示 WL12 载波和两个伪距观测量;$l'^{\mathrm{B}}_{\mathrm{WL}}$ 表示 WL 伪距观测量。这里仍采用经典最小二乘估计计算 $b_{\mathrm{WL12}}^{\mathrm{G}}$ 的浮点解,采用 LAMBDA 算法得到固定解。

### 3. 窄巷(NL)模糊度解算

将模糊度得到固定的 WL 看作是精度比 EWL 更高的"伪距"观测量,用于 NL 模糊度解算,这里 NL 采用 B1 和 L1 频点上的载波信号。对于中长基线,双差电离层延迟残差严重影响 NL 模糊度固定率,若采用无电离层组合会大幅增大组合观测量的观测噪声,模糊度固定率也不会提高。这里通过参数化的策略将电离层延迟残差进行有效分离,精化误差模型,优化解算方法,NL 载波的双差观测方程为

$$\begin{bmatrix} v_1^{\mathrm{G}} \\ v'^{\mathrm{G}}_{\mathrm{WL12}} \\ v_1^{\mathrm{B}} \\ v'^{\mathrm{B}}_{\mathrm{WL12}} \\ v'^{\mathrm{B}}_{\mathrm{WL13}} \end{bmatrix} = \begin{bmatrix} \boldsymbol{B}^{\mathrm{G}} & -\boldsymbol{I} & 0 & \boldsymbol{I}\lambda_1^{\mathrm{G}} & 0 \\ \boldsymbol{B}^{\mathrm{G}} & \boldsymbol{I}\dfrac{f_1^{\mathrm{G}}}{f_2^{\mathrm{G}}} & 0 & 0 & 0 \\ \boldsymbol{B}^{\mathrm{B}} & 0 & -\boldsymbol{I} & 0 & \boldsymbol{I}\lambda_1^{\mathrm{B}} \\ \boldsymbol{B}^{\mathrm{B}} & 0 & \boldsymbol{I}\dfrac{f_1^{\mathrm{B}}}{f_2^{\mathrm{B}}} & 0 & 0 \\ \boldsymbol{B}^{\mathrm{B}} & 0 & \boldsymbol{I}\dfrac{f_1^{\mathrm{B}}}{f_3^{\mathrm{B}}} & 0 & 0 \end{bmatrix} \begin{bmatrix} \boldsymbol{a} \\ a_{\mathrm{ion}}^{\mathrm{G}} \\ a_{\mathrm{ion}}^{\mathrm{B}} \\ b_1^{\mathrm{G}} \\ b_1^{\mathrm{B}} \end{bmatrix} - \begin{bmatrix} l_1^{\mathrm{G}} \\ l'^{\mathrm{G}}_{\mathrm{WL12}} \\ l_1^{\mathrm{B}} \\ l'^{\mathrm{B}}_{\mathrm{WL12}} \\ l'^{\mathrm{B}}_{\mathrm{WL13}} \end{bmatrix} \tag{7.28}$$

式中：$a_{ion}^G$、$a_{ion}^B$分别表示GPS系统L1和BDS系统B1频点上的电离层延迟误差参数向量,式(7.28)可简化为

$$v = A\tilde{x} - l \qquad (7.29)$$

由于对电离层延迟参数进行了先验约束(对一阶项进行了参数化),在参数化过程中,先验电离层修正模型仅针对电离层延迟一阶项,对于高阶项残差的影响仍无法消除,其影响约为0.1%,因此,所采用的先验模型存在模型误差。这里需对电离层延迟参数加权,以避免观测方程式发生变化(Leick,2004)。其最小二乘解算结果如式(7.30)所示

$$d\tilde{x} = (A^{\mathrm{T}}PA + P_{a_{ion}})^{-1}A^{\mathrm{T}}Pl \qquad (7.30)$$

式中：$P_{a_{ion}} = (\Sigma_{a_{ion}})^{-1}$,$\Sigma_{a_{ion}}$为电离层延迟参数的协方差矩阵;$P_{a_{ion}}$为对称矩阵,主对角线上的元素等于$\dfrac{1}{\sigma_{a_{ion}}^2}$,$\sigma_{a_{ion}}^2$为电离层延迟约束模型的先验误差,该误差的取值源于经验值,其大小与基线长度有关,而与高度角无关,因此可通过顾及基线长度给出$\sigma_{a_{ion}}^2$的经验值作为先验约束。

### 7.3.2　实验分析

为验证MCAR模型的有效性和可行性,实验部分采用6组静态基线数据进行论证分析。数据采集使用司南多模接收机以及和芯星通UR370多模接收机,卫星高度截止角设为15°,概况如表7.14所示。

表7.14　采用的数据集概况

| 数据集 | 基线长度 | 观测时长/s | 日期 | 采样间隔/s | 接收机 | GPS平均可见卫星数/个 | BDS平均可见卫星数/个 |
|---|---|---|---|---|---|---|---|
| $A$ | 8 m | 9 644 | 2015-01-11 | 1 | 司南 | 8 | 9 |
| $B$ | 8 km | 7 200 | 2014-07-31 | 1 | 司南 | 6 | 8 |
| $C$ | 17 km | 9 726 | 2014-07-01 | 1 | 司南 | 8 | 10 |
| $D$ | 37 km | 7 200 | 2015-01-13 | 1 | UR370 | 8 | 10 |
| $E$ | 44 km | 7 200 | 2015-03-20 | 1 | UR370 | 8 | 9 |
| $F$ | 50 km | 7 200 | 2014-07-01 | 1 | 司南 | 7 | 9 |

实验分别就MCAR模型模糊度解算和定位精度两个指标进行验证分析。解算过程均采用单历元模糊度固定模式,其优点是解算结果不受载波相位周跳的影响。采用后处理精密相对定位得到的固定解作为比对标准,将每个历元解算得到的模糊度固定解与"真值"比较,以判断模糊度参数是否固定正确。这里采用模糊度解算成功率来评价和比较模型的有效性和可靠性,其计算如式(7.4)所示。

EWL和WL模糊度固定ratio阈值分别设为2、3和5,以分析MCAR模式下BDS系统EWL、GPS系统WL以及GPS单系统模式下WL模糊度解算效果。对

6 组数据集解算结果进行统计,结果如表 7.15 所示。

表 7.15　模糊度解算效果　　　　　　单位:%

| 数据集 | 模糊度固定率 | | | | | | | | |
|---|---|---|---|---|---|---|---|---|---|
| | ratio≥2 | | | ratio≥3 | | | ratio≥5 | | |
| | EWL (MCAR) | WL (MCAR) | WL (GPS) | EWL (MCAR) | WL (MCAR) | WL (GPS) | EWL (MCAR) | WL (MCAR) | WL (GPS) |
| A | 100.0 | 100.0 | 100.0 | 100.0 | 100.0 | 100.0 | 100.0 | 100.0 | 100.0 |
| B | 100.0 | 100.0 | 98.0 | 100.0 | 100.0 | 92.1 | 100.0 | 100.0 | 65.3 |
| C | 100.0 | 99.9 | 91.2 | 100.0 | 94.2 | 78.6 | 100.0 | 69.1 | 54.5 |
| D | 100.0 | 99.8 | 73.1 | 99.9 | 94.0 | 61.6 | 99.5 | 68.8 | 37.1 |
| E | 99.9 | 99.6 | 65.3 | 99.6 | 93.7 | 55.3 | 99.3 | 68.6 | 32.8 |
| F | 99.7 | 99.5 | 59.9 | 99.5 | 93.3 | 42.2 | 99.2 | 68.2 | 24.9 |

由表 7.15 可以看出:

(1)就 EWL 模糊度固定率而言,对于数据集 $A$、$B$、$C$,针对不同的阈值水平,固定率都能达到 100%;对于数据集 $F$,50 km 长基线固定率依然优于 99%。因此,对于中长基线,MCAR 算法中 EWL1 和 EWL2 模糊度能可靠得到固定。

(2)就 WL 模糊度固定率而言,对于数据集 $A$ 和 $B$ 代表的短基线条件,MCAR 算法和 GPS 单系统条件效果相近,都能保持较高的水平。但是随着基线长度的不断增加,由数据集 $C$、$D$、$E$ 和 $F$ 可以看出,MCAR 算法要明显优于 GPS 单系统条件。即使对于 50 km 长基线,当 ratio 阈值为 3 时,MCAR 算法 WL 模糊度固定率依然优于 90%,这主要得益于利用 BDS 系统模糊度已固定的 WL 观测量,极大地增加了模型的约束强度,有利于提高 GPS 系统 WL 模糊度固定率。

对于 NL 模糊度,采用无电离层组合模型和将电离层延迟残差参数化两种不同的策略,以比较分析不同长度基线条件下电离层延迟残差对 NL 模糊度解算造成的影响,对 4 组数据集的解算结果进行分析统计,得到的结果如表 7.16 所示。

表 7.16　模糊度解算效果　　　　　　单位:%

| 数据集 | NL 模糊度固定率 | | | | | |
|---|---|---|---|---|---|---|
| | ratio≥2 | | ratio≥3 | | ratio≥5 | |
| | 消电离层模型 | MCAR | 消电离层模型 | MCAR | 消电离层模型 | MCAR |
| A | 100.0 | 100.0 | 100.0 | 100.0 | 100.0 | 100.0 |
| B | 100.0 | 100.0 | 100.0 | 100.0 | 96.6 | 94.9 |
| C | 99.7 | 99.9 | 90.7 | 91.6 | 40.0 | 47.0 |
| D | 48.2 | 96.2 | 16.3 | 88.4 | 0.0 | 38.7 |
| E | 35.7 | 94.5 | 11.3 | 82.6 | 0.0 | 34.4 |
| F | 30.9 | 93.4 | 8.7 | 78.2 | 0.0 | 29.5 |

由表 7.16 可以看出：

(1)对于数据集 $A$、$B$，短基线条件下，即使 ratio 阈值为 5，两种不同的算法 NL 模糊度固定率依然优于 90%；对于数据集 $C$，采用无电离层模型，ratio 阈值为 2 和 3 时，NL 模糊度优于 90%。

(2)对于数据集 $F$，当基线长度增大到 50 km，采用无电离层模型，ratio 阈值为 2 时，NL 模糊度固定率仅为 30.9%，无法保证单历元 RTK 定位的可靠性。这是因为在将组合观测噪声放大之后，随着基线变长，电离层延迟高阶项以及对流层延迟残差的作用增大，与噪声叠加到一起后被模糊度浮点解吸收，使模糊度固定变得十分困难。而采用将电离层延迟残差参数化的策略，使其得到了有效分离，从而进一步精化了误差模型，MCAR 算法 NL 模糊度固定率优于 90%，能够有效保证 RTK 定位的可靠性。

采用相关研究(Deng et al,2014)中的模糊度解算结果评价方法，进一步分析 MCAR 算法模糊度固定效果。ratio 阈值为 2 时，对未得到 NL 固定解的历元，当其浮点解与参考位置在东向和北向上的偏差小于 0.1 m、在天顶向的偏差小于 0.2 m 时，认为其模糊度固定解被错误地拒绝了而未被采纳。对 6 组数据集进行统计得到表 7.17。

表 7.17　ratio 阈值＝2 时模糊度解算效果

| 数据集 | $A$ | $B$ | $C$ | $D$ | $E$ | $F$ |
|---|---|---|---|---|---|---|
| 固定率/% | 100 | 100 | 99.9 | 96.2 | 94.5 | 93.4 |
| 未固定但解算正确历元数/个 | 0 | 0 | 10 | 64 | 96 | 135 |
| 错误拒绝率/% | 0 | 0 | 0.01 | 0.89 | 1.33 | 1.87 |

由表 7.17 可以看出，由于采用 GPS/BDS 双系统组合定位以及对双差电离层延迟残差进行了有效的分离，MCAR 算法 NL 模糊度固定错误拒绝率很低。即使对于 17 km 长度的基线，数据集 $C$ 中 NL 模糊度固定错误拒绝率仅为 0.01%。随着基线长度增加到 50 km，双差电离层延迟残差增大，对 NL 模糊度固定影响增大，错误拒绝率随之变大，但也仅为 1.87%。

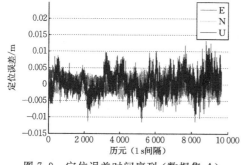

对 MCAR 算法定位精度进行分析，ratio 阈值为 2 时，针对所有得到固定解的历元，将其解算得到的位置参数与参考位置作差，得到东向、北向、天顶向 3 个方向上的定位误差，如图 7.9 至图 7.14 所示。

图 7.9　定位误差时间序列（数据集 $A$）

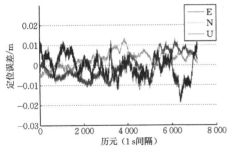

图 7.10　定位误差时间序列（数据集 $B$）

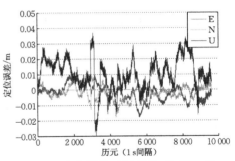

图 7.11　定位误差时间序列（数据集 $C$）

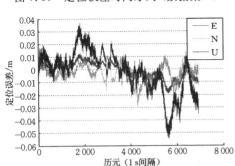

图 7.12　定位误差时间序列（数据集 $D$）

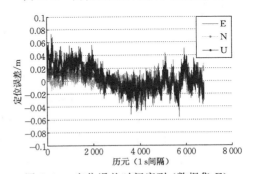

图 7.13　定位误差时间序列（数据集 $E$）

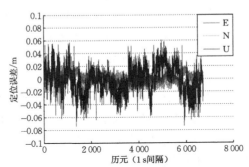

图 7.14　定位误差时间序列（数据集 $F$）

对不同方向上的定位偏差进行数理统计,得到表 7.18。

表 7.18　定位精度统计结果　　　　　　单位:cm

| 数据集 | 中误差 | | |
|---|---|---|---|
| | E | N | U |
| $A$ | 0.15 | 0.17 | 0.43 |
| $B$ | 0.48 | 0.37 | 0.56 |
| $C$ | 0.51 | 0.43 | 1.05 |
| $D$ | 0.59 | 0.61 | 1.65 |
| $E$ | 0.60 | 0.66 | 1.74 |
| $F$ | 0.63 | 0.74 | 1.90 |

由表 7.18 可以看出,随着基线长度不断增大,3 个方向的定位误差不断增大,其中天顶向上最大。对于 50 km 长基线,数据集 $F$ 在东向和北向上的中误差优于 1 cm,天顶向上中误差优于 2 cm。双差电离层延迟残差是影响中长基线 NL 模糊度解算的最主要因素,因此将其参数化是非常必要的。而双系统条件下的 3 个模糊度得到固定的 WL 组合作为高精度的"伪距"观测量,可有效保证 NL 模糊度解算过程中将电离层延迟残差参数化时的模型强度,进而有利于 NL 模糊度的固定。因此,总的来看,就模糊度解算效果和定位精度而言,MCAR 算法是可行的。

### 7.3.3　结　论

BDS/GPS 组合定位的优点主要是可观测卫星的数量更多,观测卫星的几何图形强度更强,多余观测量更多,使整个卫星定位系统的可靠性和可用性得到提高,尤其是对于单一卫星数量比较少或遮挡比较严重的情况,同时也提高了卫星定位系统的定位精度。针对中长基线 RTK 定位中双差电离层延迟残差对 GPS 单系统 WL 模糊度以及 GPS/BDS 组合 NL 模糊度固定造成的不利影响,本节介绍了基于多系统组合的 MCAR 优化算法,充分借鉴多系统组合定位以及 BDS 单系统 TCAR 模型的优点。该算法先以较高成功率快速固定 BDS 的两个 EWL 模糊度,继而通过简单变换得到 BDS 宽巷模糊度,然后将其辅助提高 GPS 宽巷模糊度固定率,最后采用将电离层延迟误差参数化的策略,对电离层延迟误差进行了有效的分离,进一步精化了误差模型,提高了 GPS/BDS 窄巷模糊度固定率。结合实测数据就模糊度解算效果和定位精度两个指标进行了验证分析,结果表明 MCAR 优化算法是可行的。这里需要指出的是,本节模型针对的是 50 km 以内的中长基线,该模型将电离层延迟残差进行了有效的分离,且顾及了先验模型的误差。其中,先验约束的误差取值与基线长度相关,只要取值在合适的区间内,该方法是可行的。对于长基线($>50$ km),双差电离层延迟残差高阶项以及双差对流层延迟残差增大,使单历元模糊度解算变得困难。

# §7.4　基于卡尔曼滤波的 GPS/BDS 中长基线 RTK 定位快速收敛方法

对于中长基线,双差电离层延迟残差以及双差对流层延迟残差使得单历元 RTK 实现变得越发困难,模糊度固定率得不到有效保证,因此,在进行多历元 RTK 定位时,需要对这两部分误差重新建模,使误差能够有效分离。基于多历元模式的卡尔曼滤波算法由于采用了更多的先验信息对模型进行了约束,因此其模型强度更优,这有利于模糊度浮点解的快速收敛。本节基于 TCAR 算法,在第 2 步 WL 模糊度解算过程中,仿照 §7.3 思路,通过 GPS/BDS 双系统组合以提高

WL 模糊度的固定率。然后着重对第 3 步 NL 模糊度解算进行优化,通过将电离层延迟和对流层延迟参数化,并采用卡尔曼滤波算法,从而有效加快模糊度参数估计的收敛速度,缩短 NL 模糊度首次固定时间。

## 7.4.1  多频模糊度解算

这里介绍的中长基线条件下基于 GPS 双频数据和 BDS 三频数据的多频模糊度解算(MCAR)算法,其解算过程分为 3 步,前两步 EWL 和 WL 模糊度解算与 7.3.1 小节相同,在进行第 3 步 NL 模糊度解算时,分别将双差电离层延迟残差以及双差对流层延迟残差参数化,并采用卡尔曼滤波模型进行多历元滤波解算,这里重点对第 3 步解算过程进行介绍。

将模糊度得到固定的 WL 看作是精度比 EWL 更高的距离观测量,用于 NL 模糊度解算,这里 NL 采用 B1 和 L1 频点上的载波信号。对于中长基线,双差电离层延迟残差严重影响 NL 模糊度固定率,而双差对流层延迟残差亦不能再忽略。这里将电离层延迟残差和对流层延迟残差参数化以精化解算模型,NL 载波的双差观测方程为

$$
\begin{bmatrix} \boldsymbol{v}_1^G \\ \boldsymbol{v'}_{WL12}^G \\ \boldsymbol{v}_1^B \\ \boldsymbol{v'}_{WL12}^B \\ \boldsymbol{v'}_{WL13}^B \end{bmatrix} = \begin{bmatrix} \boldsymbol{B}^G & \boldsymbol{M}_{T,r}^G & \boldsymbol{M}_{T,b}^G & -\boldsymbol{I} & 0 & \boldsymbol{I}\lambda_1^G & 0 \\ \boldsymbol{B}^G & \boldsymbol{M}_{T,r}^G & \boldsymbol{M}_{T,b}^G & \boldsymbol{I}\dfrac{f_1^G}{f_2^G} & 0 & 0 & 0 \\ \boldsymbol{B}^B & \boldsymbol{M}_{T,r}^B & \boldsymbol{M}_{T,b}^B & 0 & -\boldsymbol{I} & 0 & \boldsymbol{I}\lambda_1^B \\ \boldsymbol{B}^B & \boldsymbol{M}_{T,r}^B & \boldsymbol{M}_{T,b}^B & 0 & \boldsymbol{I}\dfrac{f_1^B}{f_2^B} & 0 & 0 \\ \boldsymbol{B}^B & \boldsymbol{M}_{T,r}^B & \boldsymbol{M}_{T,b}^B & 0 & \boldsymbol{I}\dfrac{f_1^B}{f_3^B} & 0 & 0 \end{bmatrix} \begin{bmatrix} \boldsymbol{a} \\ \boldsymbol{Z}_r \\ \boldsymbol{Z}_b \\ \boldsymbol{a}_{ion}^G \\ \boldsymbol{a}_{ion}^B \\ \boldsymbol{b}_1^G \\ \boldsymbol{b}_1^B \end{bmatrix} - \begin{bmatrix} \boldsymbol{l}_1^G \\ \boldsymbol{l'}_{WL12}^G \\ \boldsymbol{l}_1^B \\ \boldsymbol{l'}_{WL12}^B \\ \boldsymbol{l'}_{WL13}^B \end{bmatrix}
$$

$$(7.31)$$

式中:$Z_r$ 和 $Z_b$ 分别表示流动站和基准站对流层天顶延迟;$\boldsymbol{M}_{T,r}^G$ 和 $\boldsymbol{M}_{T,b}^G$ 矩阵元素为对应的对流层映射函数值;$\boldsymbol{a}_{ion}^G$、$\boldsymbol{a}_{ion}^B$ 分别表示 GPS 系统 L1 和 BDS 系统 B1 频点上的电离层延迟误差参数向量。

EWL 和 WL 模糊度解算仍采用单历元模式。对于 NL 模糊度,由于 NL 信号波长更短,对噪声、双差电离层延迟残差以及双差对流层延迟残差等更敏感,使模糊度固定变得困难。因此,为提高模糊度固定率,NL 模糊度计算采用卡尔曼滤波算法,通过引入上一历元的先验信息以增加模型的强度,加快滤波模型的收敛速度。这里对采用的卡尔曼滤波算法作概要介绍,观测方程为

$$\left.\begin{aligned}
&\tilde{\boldsymbol{x}}_k(+) = \tilde{\boldsymbol{x}}_k(-) + \boldsymbol{K}_k\{y_k - \boldsymbol{h}[\tilde{\boldsymbol{x}}_k(-)]\} \\
&\boldsymbol{P}_k(+) = \{\boldsymbol{I} - \boldsymbol{K}_k\boldsymbol{H}[\tilde{\boldsymbol{x}}_k(-)]\}\boldsymbol{P}_k(-) \\
&\boldsymbol{K}_k = \boldsymbol{P}_k(-)\boldsymbol{H}[\tilde{\boldsymbol{x}}_k(-)][\boldsymbol{H}(\tilde{\boldsymbol{x}}_k(-)] \\
&\boldsymbol{P}_k(-)\boldsymbol{H}\{[\tilde{\boldsymbol{x}}_k(-)]^{\mathrm{T}} + \boldsymbol{R}_k\}^{-1}
\end{aligned}\right\} \tag{7.32}$$

式中：$\tilde{\boldsymbol{x}}_k$ 和 $\boldsymbol{P}_k$ 为 $t_k$ 时刻的待估状态向量及其协方差矩阵，$\tilde{\boldsymbol{x}}_k$ 包含位置参数、对流层延迟参数、电离层延迟参数和模糊度参数，其中，位置参数的初始值由单点定位得到，对流层天顶延迟和电离层延迟均采用随机游走模型，模糊度参数的初始值由伪距相位差计算得到（Zhen et al，2009）；$\boldsymbol{I}$ 为单位矩阵，符号（—）和（+）分别代表观测更新之前和之后；$\boldsymbol{h}(x)$、$\boldsymbol{H}(x)$ 和 $\boldsymbol{R}_k$ 分别表示观测向量、设计矩阵和观测噪声向量。

状态方程为

$$\left.\begin{aligned}
&\tilde{\boldsymbol{x}}_{k+1}(-) = \tilde{\boldsymbol{x}}_k(+) \\
&\boldsymbol{P}_{k+1}(+) = \boldsymbol{P}_k(+) + \boldsymbol{Q}_k^{k+1}
\end{aligned}\right\} \tag{7.33}$$

式中：$\boldsymbol{Q}_k^{k+1}$ 代表 $t_k$ 到 $t_{k+1}$ 时刻的滤波系统噪声的协方差矩阵。当对载波相位观测量进行连续跟踪时，历元间模糊度参数不变，通过多历元数据积累可逐步提高整周模糊度浮点解精度，即浮点解逐渐收敛，最终得到固定解。从最初定位到模糊度首次得到固定所需的时间称为"首次固定时间"。当模糊度连续多个历元得到固定时，认为模糊度固定成功，即初始化完成，这里连续锁定历元数阈值设为 10。

## 7.4.2　实验分析

为验证模型的有效性和可行性，采用 3 组静态基线数据进行实验。数据采集使用司南多模接收机，卫星高度截止角设为 15°，概况如表 7.19 所示。

表 7.19　采用的数据集概况

| 数据集 | 基线长度/km | 观测时长/s | 日期 | 采样间隔/s |
|---|---|---|---|---|
| A | 17 | 9 726 | 2014-07-01 | 1 |
| B | 50 | 7 200 | 2014-07-01 | 1 |
| C | 56.6 | 18 000 | 2013-11-14 | 10 |

实验中将后处理精密相对定位得到的固定解作为比对标准，对于 EWL 和 WL 模糊度，将每个历元解算得到的模糊度固定解与"真值"比较，以判断模糊度参数是否固定正确，采用模糊度解算成功率来评价和比较模型的有效性和可靠性。模糊度解算成功定义为得到正确固定解的历元数与总历元数的百分比，其计算如式（7.4）所示。

　　对于 NL 模糊度参数的固定,采用"首次固定时间"来评价模型收敛速度的快慢。解算模式分别采用 BDS 单系统和 GPS/BDS 双系统,并对两种模型下 NL 模糊度的解算进行比较。

　　3 组实验数据集的可见卫星数时序如图 7.15 至图 7.17 所示。

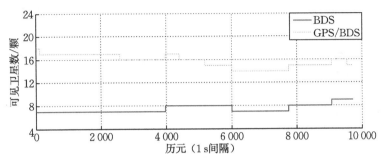

图 7.15　可见卫星数时序(数据集 A)

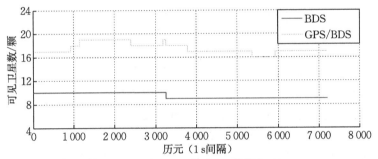

图 7.16　可见卫星数时序(数据集 B)

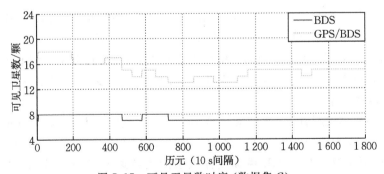

图 7.17　可见卫星数时序(数据集 C)

　　将 EWL 和 WL 模糊度固定 ratio 阈值分别设为 2、3 和 5,以分析 MCAR 模式下 BDS 系统 EWL、GPS 系统 WL 以及 GPS 单系统模式下 WL 模糊度解算效果。对 4 组数据集解算结果进行统计,结果如表 7.20 至表 7.22 所示。

表 7.20　模糊度解算效果（ratio≥2）　　单位：%

| 数据集 | 模糊度固定率 | | |
| --- | --- | --- | --- |
| | EWL（MCAR） | WL（MCAR） | WL（GPS） |
| A | 100.0 | 99.9 | 91.2 |
| B | 99.7 | 99.5 | 59.9 |
| C | 99.8 | 99.7 | 57.3 |

表 7.21　模糊度解算效果（ratio≥3）　　单位：%

| 数据集 | 模糊度固定率 | | |
| --- | --- | --- | --- |
| | EWL（MCAR） | WL（MCAR） | WL（GPS） |
| A | 100.0 | 94.2 | 78.6 |
| B | 99.5 | 93.3 | 42.2 |
| C | 99.4 | 93.1 | 40.4 |

表 7.22　模糊度解算效果（ratio≥5）　　单位：%

| 数据集 | 模糊度固定率 | | |
| --- | --- | --- | --- |
| | EWL（MCAR） | WL（MCAR） | WL（GPS） |
| A | 100.0 | 69.1 | 54.5 |
| B | 99.2 | 68.2 | 24.9 |
| C | 99.0 | 66.9 | 23.1 |

由表 7.20 至表 7.22 可以看出：

（1）就 EWL 模糊度固定率而言，对于数据集 $A$，针对不同的阈值水平，固定率都能达到 100%；对于数据集 $B$ 和 $C$，50 km 和 56.6 km 长基线固定率依然优于 99%。因此，对于中长基线，MCAR 算法中 EWL1 和 EWL2 模糊度能可靠得到固定。

（2）就 WL 模糊度固定率而言，随着基线长度的不断增加，可以看出，MCAR 算法要明显优于 GPS 单系统条件。即使对于 56.6 km 长基线，当 ratio 阈值为 3 时，MCAR 算法 WL 模糊度固定率依然优于 90%，这主要得益于采用 BDS 系统模糊度已固定的 WL 观测量，极大地增加了模型的约束强度，有利于提高 GPS 系统 WL 模糊度固定率。

对于 NL 模糊度解算，数据集 $A$ 每隔 10 min、数据集 $B$ 每隔 15 min、数据集 $C$ 每隔 30 min 重新初始化一次。将 ratio 阈值均设为 2，分别比较 BDS 单系统和 GPS/BDS 双系统条件下 NL 模糊度浮点解的收敛速度，实验结果如图 7.18 至图 7.20 所示。

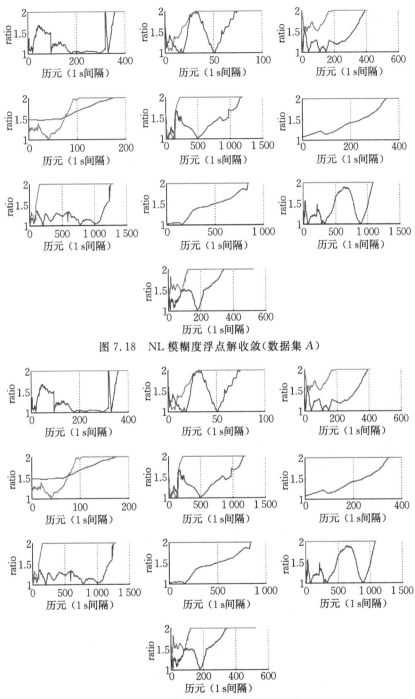

图 7.18 NL 模糊度浮点解收敛(数据集 A)

图 7.19 NL 模糊度浮点解收敛(数据集 B)

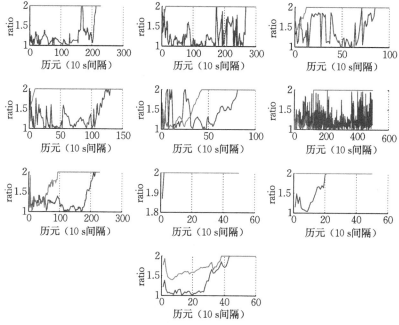

图 7.20　NL 模糊度浮点解收敛(数据集 C)

图 7.18 至图 7.20 中,深色线代表 BDS 单系统,浅色线代表 GPS/BDS 双系统。可以看出,GPS/BDS 双系统组合时 NL 模糊度浮点解的收敛速度要快于 BDS 单系统。这是因为,一方面,双系统条件下,可见卫星数更多,卫星空间几何构型更优;另一方面,相较于 BDS 星座中将近一半为静止不动的 GEO 卫星,GPS 空间星座全部由 MEO 卫星组成,相对于地面是运动的,而卫星空间几何结构的快速变化有利于几何相关量如位置参数、对流层延迟参数的快速分离和收敛,最终加快模糊度浮点解的快速收敛。

对首次固定时间进行统计得到表 7.23 至表 7.25。

表 7.23　NL 模糊度浮点解收敛结果(数据集 A)

| 编号 | 首次固定时长 | |
|---|---|---|
| | BDS | GPS/BDS |
| (1) | 00:03:50 | 00:00:04 |
| (2) | 00:26:30 | 00:04:20 |
| (3) | 00:20:20 | 00:12:00 |
| (4) | 00:07:50 | 00:07:30 |
| (5) | 00:04:30 | 00:00:50 |
| (6) | 00:08:30 | 00:06:00 |
| (7) | 00:02:40 | 00:02:30 |
| (8) | 00:00:30 | 00:00:01 |

续表

| 编号 | 首次固定时长 | |
|---|---|---|
| | BDS | GPS/BDS |
| (9) | 00:00:14 | 00:00:01 |
| (10) | 00:06:30 | 00:01:00 |
| 最大时长 | 00:26:30 | 00:12:00 |
| 平均时长 | 00:09:32 | 00:03:25 |

表 7.24　NL 模糊度浮点解收敛结果（数据集 B）

| 编号 | 首次固定时长 | |
|---|---|---|
| | BDS | GPS/BDS |
| (1) | 00:06:00 | 00:00:01 |
| (2) | 00:01:20 | 00:00:30 |
| (3) | 00:06:40 | 00:03:20 |
| (4) | 00:03:00 | 00:01:40 |
| (5) | 00:19:30 | 00:03:40 |
| (6) | 00:05:50 | 00:00:01 |
| (7) | 00:04:20 | 00:02:40 |
| (8) | 00:14:10 | 00:00:01 |
| (9) | 00:18:20 | 00:00:03 |
| (10) | 00:06:00 | 00:02:20 |
| 最大时长 | 00:19:30 | 00:03:40 |
| 平均时长 | 00:08:31 | 00:01:25 |

表 7.25　NL 模糊度浮点解收敛结果（数据集 C）

| 编号 | 首次固定时长 | |
|---|---|---|
| | BDS | GPS/BDS |
| (1) | 00:36:40 | 00:00:10 |
| (2) | 00:45:00 | 00:01:50 |
| (3) | 00:15:00 | 00:01:50 |
| (4) | 00:21:40 | 00:01:40 |
| (5) | 00:13:20 | 00:06:40 |
| (6) | — | 00:20:00 |
| (7) | 00:36:40 | 00:16:40 |
| (8) | 00:00:10 | 00:00:00 |
| (9) | 00:03:20 | 00:00:00 |
| (10) | 00:07:30 | 00:06:40 |
| 最大时长 | 00:45:00 | 00:20:00 |
| 平均时长 | 00:19:57 | 00:05:33 |

注："—"表示始终无法收敛。

由表 7.23 至表 7.25 的统计结果可以看出,GPS/BDS 双系统条件下,NL 模糊度的收敛速度要明显优于 BDS 单系统。

### 7.4.3 结 论

本节介绍了一种基于 TCAR 算法的 GPS/BDS 中长基线多历元多频 RTK 定位快速收敛模型。该模型首先以较高成功率快速固定 BDS 的两个 EWL 模糊度;继而通过简单变换得到 BDS 的 WL 模糊度;然后将其辅助提高 GPS 的 WL 模糊度固定率;最后采用卡尔曼滤波,将电离层延迟误差和对流层延迟误差参数化,以加快 NL 模糊度浮点解的收敛速度,缩短模糊度首次固定的时间。基于实测数据进行的实验验证分析结果表明,GPS/BDS 双系统组合时 NL 模糊度浮点解的收敛速度要快于 BDS 单系统。

## §7.5 本章小结

对于中长尺度基线,双差电离层延迟残差和双差对流层延迟残差不断增大,对模糊度解算造成的影响也已不能再忽略,本章首先分别就 BDS 三频几何模型和无几何模型进行了探讨和分析,然后基于 BDS 三频与 GPS 双频组合观测,分别介绍两种中长基线 GPS/BDS 组合 RTK 解算模型。

(1)经典 TCAR 算法忽略了双差电离层延迟残差对 NL 模糊度解算造成的不利影响,使其应用效果会随着残差的增大而明显受限。优化后的 TCAR 算法,在基于几何模型的基础上,通过对原始伪距观测量以及模糊度得到固定的 EWL 和 WL 观测量进行最优线性组合,得到具有最低噪声的无电离层组合观测量,并将其引入到 NL 模糊度解算中,有效提高了 NL 模糊度解算成功率。实验证明,即使对于 23 km 长的基线,其单历元模糊度固定率依然达到 95.41%,优于经典 TCAR 算法。

(2)本章介绍了适用于 BDS 中长基线模糊度解算的 GF 和 IF 线性组合观测量,通过对载波观测量与伪距观测量组合,得到噪声最小且基于 GF 和 IF 的 WL 组合观测量。鉴于基于模糊度参数改正的载波相位观测量相较于伪距观测量具有更低的观测噪声,将模糊度得到固定的两个载波组合观测量与原始载波观测量进行最优线性组合,从而得到具有最低噪声的基于 GF 和 IF 的 NL 组合观测量,充分利用了所有载波及伪距观测量信息,并根据其噪声水平进行了加权优化。实验部分,通过三频实测基线数据进行了论证分析,结果表明:EWL 模糊度可以实现单历元解算,得到模糊度的可靠解;对于 WL 模糊度而言,经过较短时间的平滑,模糊度解算偏差能够收敛到 0.5 周以内,实现模糊度固定;对于 NL 组合观测量,其偏差波动要比 WL 大,这是因为 NL 波长较小,GF 和 IF 组合之后噪声放大,且观测量受到多路径效应影响,这些都不利于 NL 模糊度解算,因此需要经过相对较长时间的平滑过程,其偏差才能收敛到 0.5 周以内,进而得到 NL 模糊度的可靠解。

(3)基于多系统组合定位以及 BDS 单系统 TCAR 模型的优点,介绍了基于多系统组合的 MCAR 优化算法。该算法先以较高成功率快速固定 BDS 的两个 EWL 模糊度;继而通过简单变换得到 BDS 宽巷模糊度;然后将其辅助提高 GPS 宽巷模糊度固定率;最后采用将电离层延迟误差参数化的策略,对电离层延迟误差进行了有效的分离,进一步精化了误差模型,以提高 GPS/BDS 窄巷模糊度固定率。结合实测数据,就模糊度解算效果和定位精度两个指标进行了验证分析,结果表明 MCAR 优化算法是可行的。这里需要指出的是,该模型针对的是 50 km 以内的中长基线,对于长基线(>50 km),双差电离层延迟残差高阶项以及双差对流层延迟残差增大,使单历元模糊度解算变得困难。

(4)针对长基线单历元 RTK 实现变得困难,介绍了一种基于 TCAR 模型的 GPS/BDS 中长基线多历元多频 RTK 定位快速收敛算法。该算法先以较高成功率快速固定 BDS 的两个超宽巷模糊度;继而通过简单变换得到 BDS 宽巷模糊度;然后将其辅助提高 GPS 宽巷模糊度固定率;最后采用卡尔曼滤波算法,将电离层延迟误差和对流层延迟误差参数化以加快窄巷模糊度浮点解的收敛速度,缩短模糊度首次固定的时间。基于实测数据进行的验证分析结果表明,GPS/BDS 组合 RTK 定位快速收敛模型是可行的。

# 第 8 章　GNSS 多系统姿态测量

基于 GNSS 进行高精度定位应用的必要前提是解决载波相位观测值中的整周模糊度的准确固定问题。在多系统组合姿态测量系统中超短基线的前提下,基线信息可以提前预知,研究如何利用该优势,从而实现载波相位整周模糊度的有效、准确固定,对增强 GNSS 多系统组合姿态测量的精度和可靠性具有重大意义。此外,将三维无约束平差方法应用于载体天线所在的基线网中,可以获得更有效、更高精度的 GNSS 多系统组合基线解,从而进一步提高 GNSS 多系统组合姿态测量的可靠性与可用性。

## §8.1　姿态表征方法

### 8.1.1　载体姿态的定义

假定一个平台固定于载体平面上,在平台上建立空间直角坐标系(即载体坐标系)。坐标系一个轴指向载体前进方向,另一个轴位于载体平面内,第 3 个轴垂直于载体平面,那么载体沿垂直轴、横轴和前进轴 3 个轴的转动角分别为载体的航向角(yaw)、俯仰角(pitch)和横滚角(roll)(王兵浩,2015)。载体三维姿态角的定义如图 8.1 所示。定义航向角以真北起算,顺时针取值从 0°~360°;俯仰角和横滚角以载体运动平面向上为正,向下为负,范围为 -90°~90°。

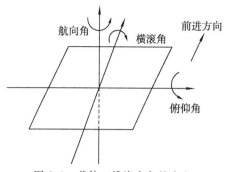

图 8.1　载体三维姿态角的定义

### 8.1.2　姿态表示方法

载体的姿态角可以由多种不同的方法表示,每一种方法都有它们各自的特点和发挥优势的领域。例如,欧拉角法适用于描述在轨航天器的轨道参数;四元数法已被多种成熟算法所选用,适用于线性动态系统;等等。下面主要对欧拉角法和四元数法这两种常用的姿态角表示法进行简要介绍。

#### 1. 欧拉角法

根据欧拉定理,在三维空间,任何刚性固体的旋转可以描述为围绕空间某轴 $n$ 旋转了某一个特定角度 $\theta$。如图 8.2 所示,空间直角坐标系 $X'$-$Y'$-$Z'$ 通过绕 $n$ 轴旋

转 $\theta$ 角度,可以和坐标系 $X$-$Y$-$Z$ 重合(Giorgi,2011)。

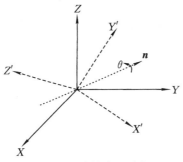

图 8.2  欧拉定理示意

如果欧拉轴 $n$ 与空间直角坐标系的 $X$、$Y$ 或 $Z$ 轴重合,那么形成的旋转矩阵可以表示为

$$
\left.\begin{aligned}
\boldsymbol{R}_x(\theta) &= \begin{bmatrix} 1 & 0 & 0 \\ 0 & \cos\theta & \sin\theta \\ 0 & -\sin\theta & \cos\theta \end{bmatrix} \\
\boldsymbol{R}_y(\theta) &= \begin{bmatrix} \cos\theta & 0 & -\sin\theta \\ 0 & 1 & 0 \\ \sin\theta & 0 & \cos\theta \end{bmatrix} \\
\boldsymbol{R}_z(\theta) &= \begin{bmatrix} \cos\theta & \sin\theta & 0 \\ -\sin\theta & \cos\theta & 0 \\ 0 & 0 & 1 \end{bmatrix}
\end{aligned}\right\}
\tag{8.1}
$$

在姿态测量中通常通过将当地水平坐标系绕 3 个轴按照 $Y$-$X$-$Z$ 顺序旋转变换到载体坐标系的方式进行姿态计算。将 3 个姿态角按照欧拉角形式形象地表示出来,如图 8.3 所示。

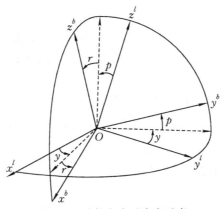

图 8.3  欧拉角表示姿态示意

假定载体的三维姿态角用 3 个欧拉角 $\theta_y$、$\theta_p$ 和 $\theta_r$ 来表示。若一基线在当地水平坐标系中的坐标为 $\boldsymbol{X}_L = \begin{bmatrix} x^l & y^l & z^l \end{bmatrix}^T$，在载体坐标系中的坐标为 $\boldsymbol{X}_B = \begin{bmatrix} x^b & y^b & z^b \end{bmatrix}^T$，那么 $\boldsymbol{X}_B$ 可以通过对 $\theta_r$、$\theta_p$ 和 $\theta_y$ 的依次旋转得到 $\boldsymbol{X}_L$，其转换关系为

$$\boldsymbol{X}_L = \boldsymbol{R}\boldsymbol{X}_B \qquad (8.2)$$

其中，$\boldsymbol{R}$ 称为姿态矩阵，且

$$\boldsymbol{R} = \boldsymbol{R}_z(\theta_y)\boldsymbol{R}_x(-\theta_p)\boldsymbol{R}_y(-\theta_r)$$

$$= \begin{bmatrix} \cos\theta_r\cos\theta_y + \sin\theta_r\sin\theta_p\sin\theta_y & \cos\theta_p\sin\theta_y & \sin\theta_r\cos\theta_y - \cos\theta_r\sin\theta_p\sin\theta_y \\ -\cos\theta_r\sin\theta_y + \sin\theta_r\sin\theta_p\cos\theta_y & \cos\theta_p\cos\theta_y & -\sin\theta_r\sin\theta_y - \cos\theta_r\sin\theta_p\cos\theta_y \\ -\sin\theta_r\cos\theta_p & \sin\theta_p & \cos\theta_r\cos\theta_p \end{bmatrix}$$

$$(8.3)$$

欧拉角方法简单、直观、几何意义明确的特点使其成为姿态角表示方法中最常用的一种。

### 2．四元数法

1843 年，爱尔兰数学家哈密顿提出，可以用一种四维的向量来描述姿态，称为四元数。由中间旋转轴 $\boldsymbol{n}$ 的三维单位矢量 $\boldsymbol{n} = \begin{bmatrix} n_1 & n_2 & n_3 \end{bmatrix}^T$ 和旋转角 $\theta$ 可以构成一个四维的向量，即四元数

$$\boldsymbol{q}' = \begin{bmatrix} q_1 & q_2 & q_3 & q_0 \end{bmatrix}^T \qquad (8.4)$$

其中

$$\left.\begin{aligned} q_1 &= n_1\sin\left(\frac{\theta}{2}\right) \\ q_2 &= n_2\sin\left(\frac{\theta}{2}\right) \\ q_3 &= n_3\sin\left(\frac{\theta}{2}\right) \\ q_0 &= \cos\left(\frac{\theta}{2}\right) \end{aligned}\right\} \qquad (8.5)$$

式中：$q_0$ 是四元数的实部；$\boldsymbol{q} = \begin{bmatrix} q_1 & q_2 & q_3 \end{bmatrix}^T$ 是四元数的虚部。四元数的实际意义是，坐标系之间的转换通过绕四元数的虚部所指方向旋转实部大小角度来实现。那么构成的姿态矩阵为

$$\boldsymbol{R}(\boldsymbol{q}') = \boldsymbol{R}_q(q_0) = (q_0^2 - \|\boldsymbol{q}\|^2)\boldsymbol{I}_{3\times 3} + 2\boldsymbol{q}\boldsymbol{q}^T + 2q_0\boldsymbol{q}^+$$

$$= \begin{bmatrix} q_1^2 - q_2^2 - q_3^2 + q_0^2 & 2(q_1q_2 + q_3q_0) & 2(q_1q_3 - q_2q_0) \\ 2(q_1q_2 - q_3q_0) & -q_1^2 + q_2^2 - q_3^2 + q_0^2 & 2(q_2q_3 + q_1q_0) \\ 2(q_1q_3 + q_2q_0) & 2(q_2q_3 - q_1q_0) & -q_1^2 - q_2^2 + q_3^2 + q_0^2 \end{bmatrix}$$

$$(8.6)$$

式中：$\boldsymbol{I}$ 是 $3 \times 3$ 的单位矩阵；$\boldsymbol{q}^+$ 表示为

$$\boldsymbol{q}^{+}=\begin{bmatrix} 0 & q_3 & -q_2 \\ -q_3 & 0 & q_1 \\ q_2 & -q_1 & 0 \end{bmatrix} \tag{8.7}$$

## §8.2　基于 GNSS 的姿态参数估计

### 8.2.1　直接计算姿态参数

采用图 8.4 中的天线配置,直接法计算载体姿态的基本步骤如下。

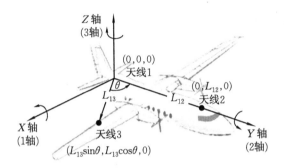

图 8.4　载体坐标系示意

(1)在每个历元,天线 1 的地心地固坐标可以由伪距的单点定位来确定,然后天线 2 和天线 3 对天线 1 的基线解可以通过载波相位相对定位来确定

$$\mathrm{d}\boldsymbol{X}_E=\begin{bmatrix} \mathrm{d}x_{E,12} & \mathrm{d}x_{E,13} \\ \mathrm{d}y_{E,12} & \mathrm{d}y_{E,13} \\ \mathrm{d}z_{E,12} & \mathrm{d}z_{E,13} \end{bmatrix} \tag{8.8}$$

(2)通过坐标转换可以得到当地水平坐标系下对应的基线解

$$\mathrm{d}\boldsymbol{X}_L=\begin{bmatrix} \mathrm{d}x_{L,12} & \mathrm{d}x_{L,13} \\ \mathrm{d}y_{L,12} & \mathrm{d}y_{L,13} \\ \mathrm{d}z_{L,12} & \mathrm{d}z_{L,13} \end{bmatrix}=\boldsymbol{R}_{xz}\,\mathrm{d}\boldsymbol{X}_E \tag{8.9}$$

式中,$\boldsymbol{R}_{xz}$ 表示地心地固系与当地水平坐标系之间的转换关系(宋超 等,2015),即

$$\begin{aligned} \boldsymbol{R}_{xz} &= \boldsymbol{R}_x(90°-\varphi)\boldsymbol{R}_z(\lambda+90°) \\ &= \begin{bmatrix} -\sin\lambda & \cos\lambda & 0 \\ -\cos\lambda\sin\varphi & -\sin\lambda\sin\varphi & \cos\varphi \\ \cos\lambda\cos\varphi & \sin\lambda\cos\varphi & \sin\varphi \end{bmatrix} \end{aligned} \tag{8.10}$$

式中:$\lambda$ 和 $\varphi$ 分别为载体位置的大地经纬度。

(3)通过上述得到的当地水平坐标系中的基线解,来直接计算姿态参数。将天线 2 的载体坐标系中的坐标 $\begin{bmatrix} 0 & L_{12} & 0 \end{bmatrix}^{\mathrm{T}}$ 代入载体坐标系中的坐标 $\boldsymbol{X}_B$ 和当地水

平坐标系中的坐标 $\boldsymbol{X}_L$ 的关系式(8.2)中,得到

$$\begin{bmatrix} \mathrm{d}x_{L,12} \\ \mathrm{d}y_{L,12} \\ \mathrm{d}z_{L,12} \end{bmatrix} = \begin{bmatrix} L_{12}\cos\theta_p\sin\theta_y \\ L_{12}\cos\theta_p\cos\theta_y \\ L_{12}\sin\theta_p \end{bmatrix} \tag{8.11}$$

从而求出航向角 $\theta_y$ 和俯仰角 $\theta_p$

$$\left.\begin{aligned} \theta_y &= \arctan\left(\frac{\mathrm{d}x_{L,12}}{\mathrm{d}y_{L,12}}\right) \\ \theta_p &= \arctan\left(\frac{\mathrm{d}z_{L,12}}{\sqrt{\mathrm{d}x_{L,12}^2 + \mathrm{d}y_{L,12}^2}}\right) \end{aligned}\right\} \tag{8.12}$$

在求得航向角 $\theta_y$ 和俯仰角 $\theta_p$ 之后,由天线 3 在载体坐标系下的坐标 $[L_{13}\sin\theta \quad L_{13}\cos\theta \quad 0]^{\mathrm{T}}$,并结合式(8.2)以及旋转矩阵的正交特性,可以得到

$$\begin{bmatrix} L_{13}\sin\theta \\ L_{13}\cos\theta \\ 0 \end{bmatrix} = \boldsymbol{R}_y(\theta_r)\boldsymbol{R}_x(\theta_p)\boldsymbol{R}_z(-\theta_y) \begin{bmatrix} \mathrm{d}x_{L,13} \\ \mathrm{d}y_{L,13} \\ \mathrm{d}z_{L,13} \end{bmatrix} \tag{8.13}$$

$$\begin{bmatrix} L_{13}\sin\theta \\ L_{13}\cos\theta \\ 0 \end{bmatrix} = \begin{bmatrix} \cos\theta_r & 0 & -\sin\theta_r \\ 0 & 1 & 0 \\ \sin\theta_r & 0 & \cos\theta_r \end{bmatrix} \begin{bmatrix} \mathrm{d}x''_{L,13} \\ \mathrm{d}y''_{L,13} \\ \mathrm{d}z''_{L,13} \end{bmatrix} \tag{8.14}$$

其中

$$\begin{bmatrix} \mathrm{d}x''_{L,13} \\ \mathrm{d}y''_{L,13} \\ \mathrm{d}z''_{L,13} \end{bmatrix} = \boldsymbol{R}_x(\theta_p)\boldsymbol{R}_z(-\theta_y) \begin{bmatrix} \mathrm{d}x_{L,13} \\ \mathrm{d}y_{L,13} \\ \mathrm{d}z_{L,13} \end{bmatrix} \tag{8.15}$$

利用式(8.14)的第 3 行就可以求得载体的横滚角 $\theta_r$,即

$$\theta_r = -\arctan\left(\frac{\mathrm{d}z''_{L,13}}{\mathrm{d}x''_{L,13}}\right) \tag{8.16}$$

下面对直接法计算三维姿态角的精度估计作出评估。

利用式(8.12)和式(8.16)的 3 个姿态角的表达式分别对 $\mathrm{d}x_L$、$\mathrm{d}y_L$、$\mathrm{d}z_L$ 求偏导数,利用误差传播定律,可以求得航向角 $\theta_y$、俯仰角 $\theta_p$ 和横滚角 $\theta_r$ 的精度因子

$$\left.\begin{aligned} \sigma_{\theta_y} &= \frac{\sqrt{\cos^2\theta_y\sigma_{\mathrm{d}x_{L,12}}^2 + \sin^2\theta_y\sigma_{\mathrm{d}y_{L,12}}^2}}{L_{12}\cos\theta_p} \\ \sigma_{\theta_p} &= \frac{\sqrt{\cos^2\theta_p\sigma_{\mathrm{d}z_{L,12}}^2 + \sin^2\theta_p\cos^2\theta_y\sigma_{\mathrm{d}x_{L,12}}^2 + \sin^2\theta_p\sin^2\theta_y\sigma_{\mathrm{d}y_{L,12}}^2}}{L_{12}} \\ \sigma_{\theta_r} &= \frac{\sqrt{\cos^2\theta_r\sigma_{\mathrm{d}x''_{L,13}}^2 + \sin^2\theta_r\sigma_{\mathrm{d}y''_{L,13}}^2}}{L_{13}\sin\theta} \end{aligned}\right\} \tag{8.17}$$

式中:$\theta$ 为基线 $L_{13}$ 与载体坐标系 $Y$ 轴之间的夹角。

从式(8.17)中可以看出,不论航向角 $\theta_y$、俯仰角 $\theta_p$ 还是横滚角 $\theta_r$,它们的精度都与载波相位观测值精度成正比,航向角 $\theta_y$ 和俯仰角 $\theta_p$ 的精度与主基线 $L_{12}$ 的长度成反比,横滚角 $\theta_r$ 的精度与辅基线 $L_{13}$ 的长度成反比。当基线 $L_{13}$ 垂直于 $L_{12}(\theta = 90°)$ 时,即第 3 个天线与前两个天线构成直角时,横滚角 $\theta_r$ 的精度最高。因此,对用户而言,可以通过增加基线长度、采用最优天线配置等手段来提高姿态测量的精度。本书的实验设置均采用天线正交配置。

直接法计算载体姿态仅通过当地水平坐标系的基线解就可以得到姿态信息,但是,它只能一次处理两条基线,不能同时处理三条或三条以上的基线,所以其未能充分利用 GNSS 所有天线观测量信息。

## 8.2.2　三参数最小二乘法计算姿态参数

姿态矩阵 $\boldsymbol{R}$ 含有 9 个元素,其中只含有 3 个姿态角的独立参数。将姿态矩阵作为 3 个独立参数的矩阵来处理,也就是通过三参数最小二乘法,它可以取得姿态角的最优估值。三参数最小二乘法通常由直接法计算的姿态角作为初值进行最小二乘估计,其计算载体姿态的基本步骤如下。

假设第 $i$ 组天线的基线向量在当地水平坐标系与载体坐标系之间的关系为

$$\boldsymbol{X}_{L,i} = \boldsymbol{R}\boldsymbol{X}_{B,i}, \quad i = 2, \cdots, n \tag{8.18}$$

式中:$n$ 表示载体上天线个数。首先通过直接法计算得到 3 个姿态角的解作为近似值 $\theta_{y,0}$、$\theta_{p,0}$、$\theta_{r,0}$,式(8.18)可线性化为

$$\left.\begin{array}{c} \begin{bmatrix} \boldsymbol{I}_3 & \boldsymbol{B}_i \end{bmatrix} \begin{bmatrix} \boldsymbol{v}_{\boldsymbol{X}_{L,i}} \\ \boldsymbol{v}_{\boldsymbol{X}_{B,i}} \end{bmatrix} = \boldsymbol{A}_i \hat{\boldsymbol{\delta}} - \boldsymbol{l}_i \\[4mm] \boldsymbol{\Sigma}_i = \begin{bmatrix} \boldsymbol{\Sigma}_{\boldsymbol{X}_{L,i}} & 0 \\ 0 & \boldsymbol{\Sigma}_{\boldsymbol{X}_{B,i}} \end{bmatrix} \end{array}\right\} \tag{8.19}$$

式中,有

$$\underset{3\times 3}{\boldsymbol{A}_i} = \begin{bmatrix} \dfrac{\partial \boldsymbol{R}}{\partial \theta_y} \boldsymbol{X}_{B,i} & \dfrac{\partial \boldsymbol{R}}{\partial \theta_p} \boldsymbol{X}_{B,i} & \dfrac{\partial \boldsymbol{R}}{\partial \theta_r} \boldsymbol{X}_{B,i} \end{bmatrix}$$

$$\hat{\boldsymbol{\delta}} = \begin{bmatrix} \delta\theta_y & \delta\theta_p & \delta\theta_r \end{bmatrix}^{\mathrm{T}}$$

$$\boldsymbol{B}_i = -\boldsymbol{R} \begin{bmatrix} \theta_{y,0} & \theta_{p,0} & \theta_{r,0} \end{bmatrix}$$

$$\boldsymbol{l}_i = \boldsymbol{X}_{L,i} - \boldsymbol{R} \begin{bmatrix} \theta_{y,0} & \theta_{p,0} & \theta_{r,0} \end{bmatrix} \boldsymbol{X}_{B,i}$$

通过求解式(8.19)得到未知姿态参数改正数的最小二乘解为(刘建业 等,2010)

$$\hat{\boldsymbol{\delta}} = \Big[ \sum_{i=2}^n \boldsymbol{A}_i^{\mathrm{T}} (\boldsymbol{\Sigma}_{\boldsymbol{X}_{L,i}} + \boldsymbol{B}_i \boldsymbol{\Sigma}_{\boldsymbol{X}_{B,i}} \boldsymbol{B}_i^{\mathrm{T}})^{-1} \boldsymbol{A}_i \Big]^{-1} \Big[ \sum_{i=2}^n \boldsymbol{A}_i^{\mathrm{T}} (\boldsymbol{\Sigma}_{\boldsymbol{X}_{L,i}} + \boldsymbol{B}_i \boldsymbol{\Sigma}_{\boldsymbol{X}_{B,i}} \boldsymbol{B}_i^{\mathrm{T}})^{-1} \boldsymbol{l}_i \Big] \tag{8.20}$$

从而得到航向角 $\theta_y$、俯仰角 $\theta_p$、横滚角 $\theta_r$ 的最小二乘解

$$\begin{bmatrix}\hat{\theta}_y\\\hat{\theta}_p\\\hat{\theta}_r\end{bmatrix}=\begin{bmatrix}\theta_{y,0}\\\theta_{p,0}\\\theta_{r,0}\end{bmatrix}+\begin{bmatrix}\delta\hat{\theta}_y\\\delta\hat{\theta}_p\\\delta\hat{\theta}_r\end{bmatrix} \tag{8.21}$$

三参数最小二乘法能充分利用 GNSS 所有天线包含的全部观测量信息,其参数估值是最优的(高源骏,2011)。但它通常需要迭代计算,运算量较大。

## §8.3　附加固定基线长度约束的模糊度解算

利用 GNSS 接收机进行姿态测量时,由于固定在载体平台上的天线之间的距离都比较短,而且基线长度固定且可以预先精确确定,因此,可以通过附加固定基线长度约束的 LAMBDA 方法来进行模糊度的确定。基线长度约束有两方面的作用:一是对模糊度浮点解的求解辅助,二是对搜索得到的模糊度的正确性进行判断。通过充分利用已知几何约束信息,将大大改善模糊度浮点解的精度并提高整周模糊度的搜索效率,最终使得到的姿态解算结果精度更优且可靠性更高。

对于固定在载体上的两台接收机天线,它们之间的相对几何位置固定且已知,将它们组成的基线长度作为约束条件,可得到附加固定基线长度约束的单基线 GNSS 观测模型

$$\left.\begin{array}{l}\mathrm{E}(\boldsymbol{y})=\boldsymbol{A}\boldsymbol{z}+\boldsymbol{G}\boldsymbol{b},\ \boldsymbol{z}\in\mathbb{Z}^{(m-1)N\times1},\ \boldsymbol{b}\in\mathbb{R}^{3\times1},\ \boldsymbol{b}^{\mathrm{T}}\boldsymbol{b}=d_{r_{12}}\\\mathrm{D}(\boldsymbol{y})=\boldsymbol{Q}_{yy}\end{array}\right\} \tag{8.22}$$

式中:E(·) 和 D(·) 分别是数学期望和方差运算符;向量 $z$ 包含整周模糊度未知数,包含 $b$ 基线相对坐标未知参数;$d_{r_{12}}$ 为预先测定的天线组成的基线长度值。

通过最小二乘法求解式(8.22)获得模糊度的浮点解,然后通过一定的准则将其固定为整数模糊度。LAMBDA 算法利用模糊度浮点解 $\hat{z}$ 及其协方差矩阵 $\Sigma_{\hat{z}}$ 建立模糊度的搜索空间,以模糊度残差平方和最小为原则进行搜索

$$\Omega(\boldsymbol{z})=[\hat{z}-z]^{\mathrm{T}}\Sigma_{\hat{z}}[\hat{z}-z]=\min \tag{8.23}$$

顾及模糊度的整数特性,即 $z\in\mathbb{Z}^{(m-1)N\times1}$。由于组双差后使原本独立的模糊度之间具有了一定的相关性,$\Sigma_{\hat{N}}$ 通常是非对角矩阵,不能直接取整,因此可以通过搜索的方法找出满足式(8.23)的最小整数组合来求解。基于此,可以得到一个搜索空间

$$[\hat{z}-z]^{\mathrm{T}}\Sigma_{\hat{z}}[\hat{z}-z]<\chi^2 \tag{8.24}$$

LAMBDA 算法首先利用转换矩阵 $Z$ 对 $\hat{z}$ 和 $\Sigma_{\hat{z}}$ 进行降相关处理,从而减小模糊度搜索空间(Teunissen,1998)

$$\left.\begin{array}{l}\tilde{z}=\boldsymbol{Z}^{\mathrm{T}}\hat{z}\\\Sigma_{\tilde{z}}=\boldsymbol{Z}^{\mathrm{T}}\Sigma_{\hat{z}}\boldsymbol{Z}\end{array}\right\} \tag{8.25}$$

式中：$Z$ 矩阵通常取为整数矩阵，且 $|\det(Z)|=1$。

为了求解矩阵 $Z$，下面对双差模糊度协方差矩阵 $\Sigma_{\hat{z}}$ 作楚列斯基（Cholesky）分解从而得到一个下三角矩阵 $L$ 和一个对角矩阵 $D_Z$

$$\Sigma_{\hat{z}}=LD_ZL^{\mathrm{T}} \tag{8.26}$$

然后对 $L$、$Z$ 和 $\tilde{z}$ 分别作整数高斯变换，即将其元素各自减去其整数部分，剩下小数部分。最后将 $D_Z$ 的对角线元素按从大到小排列更新为一个新的对角矩阵 $D'_Z$，同时更新 $L$ 和 $Z$。

求出矩阵 $Z$ 后，新的模糊度搜索空间为

$$[\tilde{z}_{\mathrm{fix}}-\tilde{z}]^{\mathrm{T}}D_Z^{-1}[\tilde{z}_{\mathrm{fix}}-\tilde{z}]<\chi^2 \tag{8.27}$$

得到 $\tilde{z}_{\mathrm{fix}}$ 后，由式（8.25）作逆变换，求得可能的模糊度整数解为

$$\hat{z}=(Z^{\mathrm{T}})^{-1}\tilde{z}_{\mathrm{fix}} \tag{8.28}$$

对所有可能的模糊度整数解通过式（8.29）置信区间进行模糊度确认，得到唯一解

$$(\hat{z}_i-t(\alpha/2)m_i,\ \hat{z}_i+t(\alpha/2)m_i) \tag{8.29}$$

式中：$\hat{z}_i$ 表示第 $i$ 个整周模糊度；$t(\alpha/2)$ 为 $t$ 分布的双侧 $\alpha/2$ 分位数；$m_i$ 为第 $i$ 个模糊度的估计误差。

同时，对于附有几何约束条件的短基线，在得到的多组模糊度候选值中，还可以给出长度判定条件进行模糊度确认，即

$$\big|\,|b_{r_{12}}|-d_{r_{12}}\big|\leqslant\gamma \tag{8.30}$$

式中：$|b_{r_{12}}|$ 为计算的基线长度；$d_{r_{12}}$ 为预先精确测定的基线长度；$\gamma$ 为判断限值。通常对于短基线测量，$\gamma$ 一般取 1 cm。

在 LAMBDA 算法的模糊度确认过程中，通常将 ratio 值阈值设定为 2 或 3。由于姿态测量是基于超短基线，因而统一设定为 3。

每一个历元的观测数据经过解算都可以获得一个对应的 ratio 值，所有历元的 ratio 值组成一个 ratio 值时间序列。如果解算结果 ratio 值大于设定的阈值，则表示当前历元整周模糊度固定成功，反之则认为模糊度固定失败。

为了验证附加固定基线长度约束的模糊度解算算法的有效性，通过实测数据对该算法与常规 LAMBDA 算法进行比较分析，验证在 GNSS 多系统组合姿态测量过程中，已知基线长度约束对模糊度解算的改善效果。如表 8.1 所示。

表 8.1　时段三、时段四 BDS/GPS/GLONASS 静态数据概况

| 时段 | 日期 | 主基线 $AB$ 长度/m | 辅基线 $AC$ 长度/m | 总历元数/个 |
|---|---|---|---|---|
| 时段三 | 2015-11-11 | 1.12 | 1.09 | 6 321 |
| 时段四 | 2015-11-11 | 2.40 | 2.50 | 5 398 |

算例采用表 8.1 中时段三和时段四的主基线 $AB$ 的观测数据对附加基线长度

约束的 LAMBDA 算法性能进行验证分析。其中时段三基线 $AB$ 的约束基线长度值为 0.913 m,时段四基线 $AB$ 的约束基线长度值为 2.953 m,它们的标准差都设置为 0.05 m。分别采用 GPS 单系统(双频)、BDS 单系统(双频)、GPS/BDS 组合、BDS/GPS/GLONASS 三系统组合 4 种不同的方案进行基线解算,得到无约束和约束的 LAMBDA 算法模糊度固定率统计结果,如表 8.2 所示。

表 8.2　添加几何约束前后 LAMBDA 算法解算结果对比

| 数据时段 | | 时段三 | | 时段四 | |
|---|---|---|---|---|---|
| 基线长度/m | | 0.913 | | 2.953 | |
| 观测历元数/个 | | 1 801 | | 1 801 | |
| 系统 | | 无约束 | 约束 | 无约束 | 约束 |
| 模糊度固定率/% | GPS 单系统 | 99.2 | 99.5 | 99.1 | 99.3 |
| | BDS 单系统 | 99.4 | 99.6 | 99.2 | 99.4 |
| | GPS/BDS | 98.6 | 98.7 | 98.8 | 98.9 |
| | BDS/GPS/GLONASS | 98.9 | 99.0 | 99.2 | 99.2 |

通过表 8.2 统计结果可知:

(1)附加固定基线长度约束的 LAMBDA 算法,提高了 GNSS 多系统组合姿态测量过程中单历元短基线整周模糊度的固定率,同时也增强了整周模糊度解算的正确性,进而加强了姿态解算的有效性。

(2)相比 GPS 或 BDS 单系统观测数据,附加固定基线长度约束的 LAMBDA 算法对于 GPS/BDS 组合及 BDS/GPS/GLONASS 三系统组合观测数据的模糊度解算改善效果没有那么明显。这是因为 GPS/BDS 组合及 BDS/GPS/GLONASS 三系统组合数据解算过程中本身观测量充足,并且基线本身是短基线,其模糊度固定率已经达到了较高的水平,所以添加基线长度约束对其模糊度固定改善效果并不明显。

总之,附加固定基线长度约束的 LAMBDA 算法在 GNSS 多系统组合姿态测量模糊度确认过程中能够有效地筛选出错误的模糊度组合,确保模糊度固定的正确性,在一定程度上能有效提高模糊度固定率,从而有效地保证 GNSS 多系统组合姿态测量单历元短基线解算以及姿态角解算获得较高的正确率和成功率。

# §8.4　一种适用于 GNSS 多系统组合姿态测量的平差方法

通常,利用载体平面上 3 个不共线的天线构成的两条独立基线就能够确定载体姿态角。在基于多天线构型的姿态测量系统中,若采用直接法求解姿态角,通常只利用两条独立基线的信息,可以提高姿态角的输出频率,但同时也会造成冗余信息的缺失,使姿态角解算可靠性得不到保证。此外,若运动载体处于城市峡谷、树木遮挡等复杂观测环境下,即使是通过 GNSS 多系统组合,卫星可视性也会有所降低,再加上多路径干扰等恶劣影响,往往导致基线解算过程中,无法得到所有时刻的固定解,最终导致 GNSS 多系统组合姿态测量在复杂环境下的可用性降低。如果能充分利用基线网多余观测量的信息,将 GNSS 多系统组合姿态测量系统中所有基线作为整体进行单历元基线网平差,这样姿态角解算所需的载体平面上两条独立基线结果精度更高,可用率更强。利用平差后的两条独立基线结果进行姿态解算,能使最终 3 个姿态角的结果更加可靠,所有时刻姿态测量的可用性将大大提高。

　　GNSS 多系统组合姿态测量过程中,对同步观测的所有 GNSS 天线构成的基线网进行平差,由于缺少必要的起算数据,因此通常选择三维无约束平差方法(李征航,2013)。

## 8.4.1　GNSS 基线网三维无约束平差

### 1. GNSS 基线网平差误差方程式

假设 GNSS 基线网中任一天线 $\boldsymbol{A}_i$ 的空间直角坐标值为参数,那么

$$\begin{bmatrix} \hat{X}_i \\ \hat{Y}_i \\ \hat{Z}_i \end{bmatrix} = \begin{bmatrix} X_i^0 \\ Y_i^0 \\ Z_i^0 \end{bmatrix} + \begin{bmatrix} \mathrm{d}X_i \\ \mathrm{d}Y_i \\ \mathrm{d}Z_i \end{bmatrix} \tag{8.31}$$

式中: $X_i^0$、$Y_i^0$、$Z_i^0$ 为天线 $\boldsymbol{A}_i$ 的概略三维坐标; $\mathrm{d}X_i$、$\mathrm{d}Y_i$、$\mathrm{d}Z_i$ 为其改正数。

　　对于任意基线 $\boldsymbol{A}_i\boldsymbol{B}_j$,列出其误差方程式为

$$\begin{bmatrix} v_{\Delta X} \\ v_{\Delta Y} \\ v_{\Delta Z} \end{bmatrix} = \begin{bmatrix} -1 & 0 & 0 & 1 & 0 & 0 \\ 0 & -1 & 0 & 0 & 1 & 0 \\ 0 & 0 & -1 & 0 & 0 & 1 \end{bmatrix} \begin{bmatrix} \mathrm{d}X_i \\ \mathrm{d}Y_i \\ \mathrm{d}Z_i \\ \mathrm{d}X_j \\ \mathrm{d}Y_j \\ \mathrm{d}Z_j \end{bmatrix} - \begin{bmatrix} \Delta X_{ij} - X_j^0 + X_i^0 \\ \Delta Y_{ij} - Y_j^0 + Y_i^0 \\ \Delta Z_{ij} - Z_j^0 + Z_i^0 \end{bmatrix}$$

$$\tag{8.32}$$

　　若在 GNSS 基线网中共有 $n$ 个点,则通过观测可以得到 $l = C_n^2$ 条基线,所有基线向量之间是误差不相关的(王霞迎 等,2013;何海波 等,2014)。若采用 5 个 GNSS 天线,那么有 $n=5$,$l=10$。

　　假设第 $l_1$ 条基线向量是由第 $n_1$ 点(起点)指向第 $n_2$ 点(终点),总的误差方程式可以表示为

$$V = A\hat{X} - L \tag{8.33}$$

式中,有

$$\boldsymbol{L} = \begin{bmatrix} l_1 & l_2 & \cdots & l_{l_1} & \cdots & l_l \end{bmatrix}^{\mathrm{T}}, 其中, \underset{3\times 1}{\boldsymbol{l}_{l_1}} = \begin{bmatrix} \Delta X_{l_1} \\ \Delta Y_{l_1} \\ \Delta Z_{l_1} \end{bmatrix} - \begin{bmatrix} \Delta X_{l_1}^0 \\ \Delta Y_{l_1}^0 \\ \Delta Z_{l_1}^0 \end{bmatrix};$$

$$\underset{3l\times 1}{\boldsymbol{V}} = \begin{bmatrix} \boldsymbol{v}_1 & \boldsymbol{v}_2 & \cdots & \boldsymbol{v}_{l_1} & \cdots & \boldsymbol{v}_l \end{bmatrix}^{\mathrm{T}}, 其中, \boldsymbol{v}_{l_1} = \begin{bmatrix} v_{\Delta X_{l_1}} & v_{\Delta Y_{l_1}} & v_{\Delta Z_{l_1}} \end{bmatrix}^{\mathrm{T}};$$

$$\underset{3n\times 1}{\hat{\boldsymbol{X}}} = \begin{bmatrix} \hat{\boldsymbol{x}}_1 & \hat{\boldsymbol{x}}_2 & \cdots & \hat{\boldsymbol{x}}_{n_1} & \cdots & \hat{\boldsymbol{x}}_{n_2} & \cdots & \hat{\boldsymbol{x}}_n \end{bmatrix}^{\mathrm{T}}, 其中 \hat{\boldsymbol{x}}_{n_1} = \begin{bmatrix} \hat{x}_{n_1} & \hat{y}_{n_1} & \hat{z}_{n_1} \end{bmatrix}^{\mathrm{T}};$$

$$\underset{3l\times 3n}{\boldsymbol{A}} = \begin{bmatrix} \bullet & \bullet & \cdots & \bullet & \cdots & \bullet & \cdots & \bullet \\ \bullet & \bullet & \cdots & \bullet & \cdots & \bullet & \cdots & \bullet \\ \vdots & \vdots & & \vdots & & \vdots & & \vdots \\ \boldsymbol{0} & \boldsymbol{0} & \cdots & \underset{第 n_1 列块}{-\boldsymbol{I}} & \cdots & \underset{第 n_2 列块}{\boldsymbol{I}} & \cdots & \boldsymbol{0} \\ \vdots & \vdots & & \vdots & & \vdots & & \vdots \\ \bullet & \bullet & \cdots & \bullet & \cdots & \bullet & \cdots & \bullet \end{bmatrix}, 该矩阵由 l\times n 个 3\times 3 的$$

子块所构成,式中给出了第 $l_1$ 个行块的具体内容,其中, $\boldsymbol{I} = \begin{bmatrix} 1 & 0 & 0 \\ 0 & 1 & 0 \\ 0 & 0 & 1 \end{bmatrix}$。

### 2. 秩亏自由网基准

GNSS 基线向量网平差中, $R(A) = t - 3 = 3n - 3$,其中秩亏数为 $d = 3$,下面引入基准方程式

$$\boldsymbol{H}\hat{\boldsymbol{X}} = \boldsymbol{0} \tag{8.34}$$

其中, $\underset{3\times 3n}{\boldsymbol{H}} = \begin{bmatrix} \underset{3\times 3}{\boldsymbol{I}} & \underset{3\times 3}{\boldsymbol{I}} & \underset{3\times 3}{\boldsymbol{I}} & \cdots & \underset{3\times 3}{\boldsymbol{I}} \end{bmatrix}$,该矩阵由 $n$ 个 $3\times 3$ 的单位矩阵组成。

### 3. 观测值权矩阵

在本书介绍的 GNSS 基线网平差中,采用的是单基线解模式来确定基线向量解。假设所有参加构网的基线向量为 $\boldsymbol{B} = \begin{bmatrix} \boldsymbol{b}_1 & \boldsymbol{b}_2 & \cdots & \boldsymbol{b}_l \end{bmatrix}^{\mathrm{T}}$,由基线解算时得出的各基线向量的方差-协方差矩阵就可以确定基线向量观测值权矩阵。而由于条基线向量之间是彼此独立的,所以其方差-协方差矩阵可以表达成

$$\boldsymbol{D}_B = \begin{bmatrix} \boldsymbol{d}_{b_1} & & & \boldsymbol{0} \\ & \boldsymbol{d}_{b_2} & & \\ & & \ddots & \\ \boldsymbol{0} & & & \boldsymbol{d}_{b_l} \end{bmatrix} \tag{8.35}$$

第 $k$ 条基线向量为 $\boldsymbol{b}_k = \begin{bmatrix} \Delta X_k & \Delta Y_k & \Delta Z_k \end{bmatrix}^{\mathrm{T}}$,其方差-协方差矩阵表达成

$$\boldsymbol{d}_{b_k} = \begin{bmatrix} \sigma^2_{\Delta X_k} & \sigma_{\Delta X_k \Delta Y_k} & \sigma_{\Delta X_k \Delta Z_k} \\ \sigma_{\Delta Y_k \Delta X_k} & \sigma^2_{\Delta Y_k} & \sigma_{\Delta Y_k \Delta Z_k} \\ \sigma_{\Delta Z_k \Delta X_k} & \sigma_{\Delta Z_k \Delta Y_k} & \sigma^2_{\Delta Z_k} \end{bmatrix} \tag{8.36}$$

那么,所有参加构网的基线向量 $\boldsymbol{B}$ 观测值权矩阵可以表示为

$$\boldsymbol{P}_B = \left(\frac{\boldsymbol{D}_B}{\sigma^2_0}\right)^{-1} \tag{8.37}$$

式中: $\sigma^2_0$ 为单位权中误差,可以任意设置,但考虑权阵中元素不要太大,需要适当选择。这里取 $\sigma^2_0 = 1$。

### 4. 方程式的解

联合式(8.33)、式(8.34)和式(8.37),按照最小二乘原理进行平差解算,得到平差结果,可以表示为

$$\hat{\boldsymbol{B}} = (\boldsymbol{A}^{\mathrm{T}} \boldsymbol{P}_B \boldsymbol{A} + \boldsymbol{H}^{\mathrm{T}} \boldsymbol{H})^{-1} \boldsymbol{A}^{\mathrm{T}} \boldsymbol{P}_B \boldsymbol{L} \tag{8.38}$$

$\hat{\boldsymbol{B}}$ 的权逆矩阵,可以表示为

$$\boldsymbol{Q}_{\hat{\boldsymbol{B}}} = (\boldsymbol{A}^{\mathrm{T}} \boldsymbol{P}_B \boldsymbol{A} + \boldsymbol{H}^{\mathrm{T}} \boldsymbol{H})^{-1} \boldsymbol{A}^{\mathrm{T}} \boldsymbol{P}_B \boldsymbol{A} (\boldsymbol{A}^{\mathrm{T}} \boldsymbol{P}_B \boldsymbol{A} + \boldsymbol{H}^{\mathrm{T}} \boldsymbol{H})^{-1} \tag{8.39}$$

最后可以得到观测量 $\boldsymbol{B}$ 的单位权中误差为

$$\hat{\sigma}_0 = \sqrt{\frac{\boldsymbol{V}^{\mathrm{T}} \boldsymbol{P}_B \boldsymbol{V}}{3l - 3n + 3}} \tag{8.40}$$

## 8.4.2　算例与分析

本节的算例采用表 8.3 中时段一的观测数据,对 GNSS 基线网三维无约束平差应用于 GNSS 多系统组合姿态测量过程中的性能进行验证分析。实验过程中 4 个 GNSS 天线 $A$、$B$、$C$、$D$ 如图 8.5 所示配置。假设其位于某载体平面上,另外在该载体附近地势较高的某楼楼顶架设一个 GNSS 接收机天线 $O$ 作为基准站, 5 台接收机 $O$、$A$、$B$、$C$、$D$ 数据采样率均为 1 Hz,高度角截止角设为 15°,它们同步采集 GNSS 卫星数据,构成整体的基线网,如图 8.6 所示。利用 GPS/BDS 组合和 BDS/GPS/GLONASS 组合的数据分别对天线 $O$、$A$、$B$、$C$、$D$ 构成的 10 条基线同时进行基线解算,解算过程中采用附加固定基线长度约束的 LAMBDA 算法进行单历元整周模糊度固定,ratio 值阈值设为 3,忽略对对流层及电离层的改正,星历均采用广播星历。然后将这 10 条基线构成 GNSS 基线网同一时刻的基线解作为整体进行三维无约束平差,并得到对应时刻的基线平差结果;最后对正交的主基线 $AB$ 和辅基线 $AC$ 的原始基线解和平差基线解分别利用直接法计算相应的姿态参数,对经过三维无约束平差前后的基线解性能及其各自姿态角结果进行对比分析。

表 8.3　时段一、时段二 BDS 和 GPS 静态数据概况

| 时段 | 日期 | 主基线 AB 长度/m | 辅基线 AC 长度/m | 辅基线 AD 长度/m | 总历元数/个 |
|------|------|------------------|------------------|------------------|-------------|
| 时段一 | 2015-10-27 | 2.40 | 2.75 | 3.65 | 2 477 |
| 时段二 | 2015-10-27 | 8.30 | 3.88 | 9.16 | 2 422 |

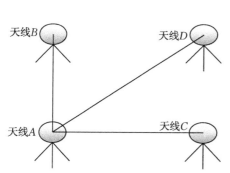

图 8.5　时段一、时段二载体天线分布示意

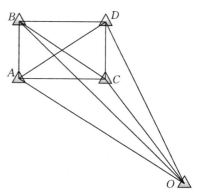

图 8.6　时段一 GNSS 基线网结构示意

### 1. 基线平差结果对比分析

对于 GPS/BDS 组合和 BDS/GPS/GLONASS 组合,它们分别得到 GNSS 网中所有 10 条基线的解算结果,表 8.4 统计了基线 AB 和基线 AC 的整周模糊度固定情况(ratio=3)。

表 8.4　时段一基线 AB 和基线 AC 的整周模糊度固定效果统计

| 系统 | GPS/BDS 组合 | | BDS/GPS/GLONASS 组合 | |
|------|------------|------------|------------|------------|
| 观测历元 | 2 477 个 | | | |
| 基线 | 模糊度固定历元数 /个 | 模糊度固定率 /% | 模糊度固定历元数 /个 | 模糊度固定率 /% |
| OA | 2 461 | 99.35 | 2 468 | 99.64 |
| OB | 2 465 | 99.52 | 2 470 | 99.72 |
| OC | 2 459 | 99.27 | 2 461 | 99.35 |
| OD | 2 462 | 99.39 | 2 466 | 99.56 |
| AB | 2 454 | 99.07 | 2 459 | 99.27 |
| AC | 2 453 | 99.03 | 2 454 | 99.07 |
| AD | 2 447 | 98.79 | 2 450 | 98.91 |
| BC | 2 457 | 99.19 | 2 459 | 99.27 |
| BD | 2 442 | 98.59 | 2 449 | 98.87 |
| CD | 2 453 | 99.03 | 2 455 | 99.11 |

通过表 8.4 可以看出,不论采用 GPS/BDS 组合还是 BDS/GPS/GLONASS组合观测数据进行基线解算,得到的 10 条基线的模糊度解算固定率都达到 98%以上。而对于主基线 AB 和辅基线 AC,平差前它们的整周模糊度同时得到固定解

的历元数为 2 430(GPS/BDS)和 2 436(BDS/GPS/GLONASS),其对应的模糊度固定率为 98.10%(GPS/BDS)和 98.34%(BDS/GPS/GLONASS),分别还有 1.90%(GPS/BDS)和 1.66%(BDS/GPS/GLONASS)的历元数所需的两条基线的整周模糊度未能同时完成固定,它们无法得到高精度的载体姿态测量结果。

对于 GPS/BDS 组合和 BDS/GPS/GLONASS 组合,分别将其所有 10 条基线结果进行三维无约束平差,平差前后主基线 $AB$ 和辅基线 $AC$ 东向、北向、天顶向(E、N、U 方向)结果的对比情况见图 8.7 和图 8.8。需要说明的是,图 8.7 和图 8.8 中展示的东向、北向、天顶向的平差前基线结果包括了整周模糊度固定解及非固定解,因而某些历元的解偏差比较大。从图 8.7 和图 8.8 中可以看出,不论 GPS/BDS 组合还是 BDS/GPS/GLONASS 组合,其基线解经过基线网内单历元三维无约束平差,可以得到所有时刻更加稳定的基线结果。通过基线网三维无约束平差,主基线 $AB$ 和辅基线 $AC$ 的可用率可以提高到 100%,这是因为平差过程其实是将所有基线的观测量信息进行综合从而得到当前时刻更可靠的基线结果,即使某历元姿态解算所需的基线 $AB$ 或 $AC$ 得不到固定解,通过结合其他冗余模糊度准确固定的基线解进行基线网三维无约束平差,得到平差后的基线 $AB$ 或 $AC$ 的结果也是可用的。而这一结果也将影响到下文的姿态角解算结果,即采用平差后基线结果经过直接法计算姿态参数,使 GNSS 多系统组合姿态测量的姿态角结果可靠性得到加强,且 GNSS 多系统组合姿态测量的整体可用性得到有效的提高。

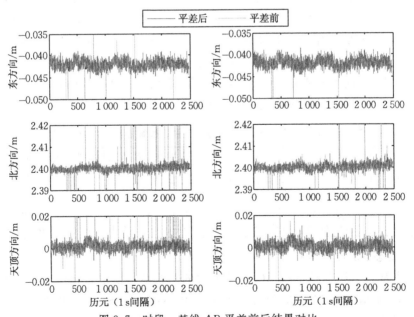

图 8.7　时段一基线 $AB$ 平差前后结果对比

(左:GPS/BDS 组合。右:BDS/GPS/GLONASS 组合)

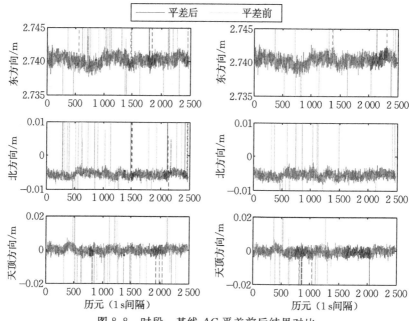

图 8.8　时段一基线 *AC* 平差前后结果对比

（左：GPS/BDS 组合。右：BDS/GPS/GLONASS 组合）

　　基线 *AB* 和 *AC* 经过基线网三维无约束平差后 GNSS 多系统组合基线结果进行数学统计，如表 8.5 所示，可以看到两条基线在 E、N、U 方向的精度都在毫米级。通过 GPS/BDS 组合及 BDS/GPS/GLONASS 组合，不论基线 *AB* 或 *AC*，其 E 方向和 N 方向的精度可以达到 1 mm 左右，而 U 方向的精度略差，但也可以达到 2 mm 左右，这主要是由于 GNSS 的空间星座几何构型导致的高程方向精度往往不如平面方向精度的原因。这也同样体现在之后的姿态解算结果中。

表 8.5　时段一基线网三维无约束平差基线解标准差（STD）统计　　　单位：m

| 基线 | 系统 | E 方向标准差 | N 方向标准差 | U 方向标准差 |
|---|---|---|---|---|
| *AB* | GPS/BDS | 0.001 1 | 0.001 5 | 0.002 7 |
|  | BDS/GPS/GLONASS | 0.001 0 | 0.001 3 | 0.002 4 |
| *AC* | GPS/BDS | 0.000 7 | 0.001 0 | 0.001 9 |
|  | BDS/GPS/GLONASS | 0.000 7 | 0.000 8 | 0.001 8 |

### 2. 姿态解算结果分析

　　对主基线 *AB* 和辅基线 *AC* 平差前后的基线结果通过直接法进行姿态角解算，图 8.9 给出了 GPS/BDS 组合和 BDS/GPS/GLONASS 组合基线平差前后进行姿态解算的结果对比情况。图 8.9 中基线平差前进行姿态解算的结果是保留了模糊度未固定历元的所有基线的情况。可以看到，不论是采用 GPS/BDS 组合还是 BDS/GPS/GLONASS 组合观测量,其基线解经过基线网内单历元三维无约束平差后再求解姿态参数,其姿态结果的稳定性得到了有效的提高,并且平差方法应用于 GNSS 多系统组合姿态测量后其可用率达到了 100%。

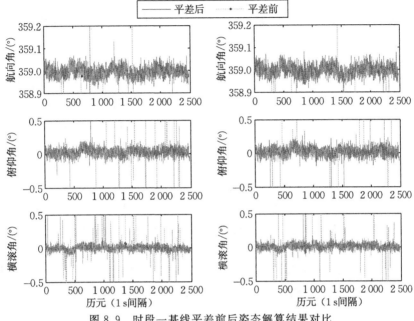

图 8.9　时段一基线平差前后姿态解算结果对比

(左:GPS/BDS 组合。右:BDS/GPS/GLONASS 组合)

从表 8.6 基线单历元平差后的 GNSS 多系统组合姿态解算结果统计中可以看到,平差后所有历元的观测量用于姿态测量,其精度始终是可靠的。对于时段一长度 2.5 m 左右的基线,不论是 GPS/BDS 组合还是 BDS/GPS/GLONASS 组合,航向角的精度能达到 0.02°,俯仰角和横滚角精度略差,在 0.06°左右,这与 GNSS 在高程方向的精度低于平面方向的精度有关。也就是说,采用本书介绍的 GNSS 基线网三维无约束平差方法,在 GNSS 多系统组合姿态测量的过程中对所需的原始基线进行组网平差,能有效增强 GNSS 多系统组合姿态测量结果的可靠性且提高姿态测量的可用性。

表 8.6　时段一基线网平差后姿态解算结果标准差(STD)统计　　单位:(°)

| 系统 | 航向角 | 俯仰角 | 横滚角 |
| --- | --- | --- | --- |
| GPS/BDS | 0.024 5 | 0.063 7 | 0.040 4 |
| BDS/GPS/GLONASS | 0.023 1 | 0.056 5 | 0.039 9 |

总之,将 GNSS 多系统组合观测基线结果整体进行单历元三维无约束平差后,实质上是充分利用基线网多余观测量信息,将基线网内总体误差更加合理地分

摊到每条基线上,使基线结果精度更加均衡,所有时刻的观测数据都可以达到 100% 的可用率。同时使用平差后基线结果进行姿态解算,也能够有效地增强 GNSS 多系统组合姿态测量结果的可靠性以及姿态测量的可用性。

# §8.5　GNSS 多系统组合姿态测量性能评估指标

通过 GNSS 多系统组合进行载体姿态角解算后,如何评定载体姿态角的精度、可靠性以及 GNSS 多系统组合姿态测量的可用性,关系到 GNSS 多系统组合姿态测量的可信与否,进而对具体分析 GNSS 多系统组合姿态测量相比单系统所具有的优势,具有重要的实际意义。本节将引入几个指标对 GNSS 多系统组合姿态测量的精度、可靠性及可用性进行评估,从而为动静态实验中针对 GNSS 多系统组合姿态测量的性能进行评估建立理论依据。

### 1. 固定基线测量均方根误差(BRMS)

通过 GNSS 多系统组合进行载体姿态测量时,假设载体为刚性固体,载体平面上的主基线和辅基线长度固定且可以提前精确测量,在每个历元,通过伪距和载波相位观测量可以计算出所有基线矢量。针对载体平面上某固定基线,记其在载体坐标系中固定基线长度为 $d$,记时刻 $i$ 解算的对应基线矢量为 $\boldsymbol{b}_i$,$i = 1 \sim t$,其中 $t$ 为观测历元总数。那么该基线 BRMS 的值可以根据式(8.41)得到,即

$$\mathrm{BRMS} = \sqrt{\frac{\sum\limits_{i=1}^{t} (|\boldsymbol{b}_i| - d)^2}{t}} \tag{8.41}$$

显然 BRMS 的值越小,说明对于载体姿态测量的精度越高,结果越可靠。通常,将 BRMS 的阈值设为 4 cm。而对于在复杂环境下运动的载体,BRMS 的阈值可放宽至 6~8 cm。

### 2. 姿态角测量标准差(ASTD)

通过 GNSS 多系统组合进行静态载体姿态测量过程中,如果缺少姿态角已知真值数据,那么可以利用静态时段所有时刻的姿态角测量标准差(ASTD)来评估其姿态角测量的精度及可靠性。ASTD 的值可根据所有时刻解算的姿态角进行计算,即

$$\mathrm{ASTD} = \sqrt{\frac{\sum\limits_{i=1}^{t} (|\theta_i| - \bar{\theta})^2}{t - 1}} \tag{8.42}$$

当 $\theta$ 取航向角、俯仰角或横滚角时,分别得到其相应的姿态角测量标准差。ASTD 的值越小,GNSS 多系统组合姿态角测量的精度越高,结果越可靠。通常,基线长度在 1 m 的情况下,航向角的标准差在 0.23° 以内,俯仰角、横滚角的标准差在

0.46°以内(95％概率误差),视其结果可靠。值得注意的是,ASTD 的值通常仅适用于静态载体进行 GNSS 多系统组合姿态测量性能评估验证。

**3. 姿态角测量均方根误差(ARMS)**

通过 GNSS 多系统组合进行载体姿态测量过程中,如果可以获得每一时刻姿态角真值数据,那么可以利用所有时刻的姿态角测量均方根误差(ARMS)来评估其姿态角测量的精度及可靠性。

ARMS 的值可根据所有时刻解算的姿态角进行计算,即

$$ARMS = \sqrt{\frac{\sum_{i=1}^{t}(|\theta_i| - \hat{\theta}_i)^2}{t}} \tag{8.43}$$

式中:$\hat{\theta}_i$ 为时刻 $i$ 对应的姿态角真值。当 $\theta$ 取航向角、俯仰角或横滚角时,分别得到其相应的姿态角测量均方根误差。ARMS 的值越小,GNSS 多系统组合姿态角测量的精度越高,结果越可靠。通常,基线长度在 1 m 的情况下,航向角的精度在 0.23°以内,俯仰角、横滚角的精度在 0.46°以内(95％概率误差),视其结果可靠。

**4. 姿态角解算成功率**

在 GNSS 多系统组合单历元姿态测量过程中,当某时刻载体平面上主基线 $AB$ 和辅基线 $AC$ 都得到固定解(ratio 阈值设为 3),且 BRMS 满足阈值时,则认为该时刻姿态解算成功。姿态解算成功的有效历元数占总历元数的百分比,称之为姿态角解算成功率。姿态角解算的有效历元数越多,说明 GNSS 多系统组合姿态测量的可用率越高,即可通过所有时刻姿态角解算成功率来评估 GNSS 多系统组合姿态测量的可用性。

通常,GNSS 多系统组合姿态测量的可用性参考值设为 99.9％,而对于在复杂环境下运动的载体,可放宽至 99.7％。

## 8.5.1　静态实验

为了验证在复杂观测环境下 GNSS 多系统组合的载体姿态测量相比单系统所具有的优势,本小节将通过静态实测数据,采用 GNSS 多系统组合姿态测量的理论与方法,设置不同高度截止角,分析 BDS/GPS/GLONASS 组合姿态测量能达到的精度、稳定性、可用性和可靠性,并与单系统及双系统组合的姿态测量进行对比分析,包括卫星的观测性能、PDOP 值、模糊度固定效果和姿态测量结果精度等。

**1. 数据处理策略与来源**

GNSS 多系统组合姿态测量是基于超短基线,采用短基线双差模型后,卫星轨道误差、对流层误差、电离层误差、卫星钟差和接收机钟差等都可以忽略不计,多路径效应误差是主要的误差。由于目前没有有效削弱多路径效应的方法,因此本小节数据处理均未考虑多路径效应的影响。仅在实验过程中,设置卫星高度截止角

为 15°,以减弱多路径效应对接收到的卫星信号的影响。

本小节处理的所有数据都是基于 GNSS 多系统组合短基线差分模型,忽略对其他误差项的改正,单点定位时星历采用广播星历。整周模糊度使用单历元模糊度处理模式和添加基线长度约束的 LAMBDA 算法来固定,使用 ratio 值检验模糊度整数解的正确性和可用性(ratio=3),利用直接法计算姿态参数。

为了评估 BDS/GPS/GLONASS 组合单历元姿态测量的性能,于 2014 年 10 月 11 日在郑州某 GNSS 实验场利用 3 台司南 M300 Pro GPS/BDS/GLONASS 三系统八频接收机(天线型号:AT 330)进行了两组静态实验(时段五和时段六)。其中 3 台接收机采用了图 8.10 所示的三天线正交配置,假设其固定于某刚性载体,其中以天线 A 的中心为载体坐标系原点,主基线 AB 沿载体前进主轴放置。实验过程中时段五和时段六的数据采样率均为 1 s,各自历时约 30 min,高度截止角设置为 15°,这两个时段测试数据概况见表 8.7。

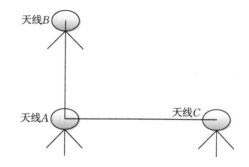

图 8.10　载体三天线配置示意

表 8.7　时段五、时段六 BDS/GPS/GLONASS 静态数据概况

| 时段 | 日期 | 主基线 AB 长度/m | 辅基线 AC 长度/m | 总历元数/个 |
|------|------|------|------|------|
| 时段五 | 2014-10-11 | 0.913 | 1.010 | 2 171 |
| 时段六 | 2014-10-11 | 2.953 | 3.890 | 2 111 |

通过 6 种方案,在不同卫星高度截止角情况下分别进行姿态角解算,进而对比分析了 6 种方案姿态测量的性能。方案一:BDS。方案二:GPS。方案三:GPS/BDS。方案四:GLONASS/BDS。方案五:GPS/GLONASS。方案六:BDS/GPS/GLONASS。下文图表分析中以字母 B、G 和 R 分别表示 BDS、GPS 和 GLONASS,以符号"+"表示它们之间的组合。

### 2. 卫星观测性能

首先以时段五主基线 AB 为例,分析了 3 种高度截止角(15°,30°,45°)情况下 6 种方案用于基线解算的各自卫星共视情况以及 PDOP 值,以评估不同卫星导航系统及其组合系统在受遮挡环境下的卫星观测性能。如图 8.11 所示。

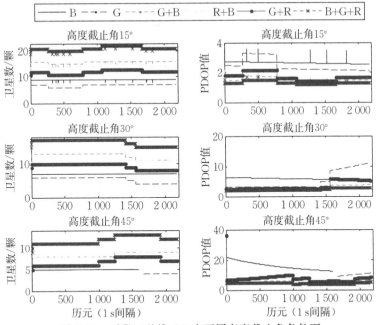

图 8.11　时段五基线 *AB* 在不同高度截止角条件下
6 种方案共视卫星数目及 PDOP 值

从图 8.11 可以看出,高度截止角为 15°时,BDS 的可见卫星数为 8～9 颗,GPS 的可见卫星数为 6～7 颗;而通过不同卫星导航系统的组合,共视卫星数大大增加,其中 GPS/BDS 组合可见卫星数为 15～16 颗,BDS/GPS/GLONASS 三系统组合的可见卫星数达到 20 颗以上,PDOP 值均小于 4。高度角截止角为 30°时,BDS 可见卫星为 7 颗,GPS 的可见卫星数 4～6 颗,GPS/BDS 组合可见卫星数为 11～13 颗,BDS/GPS/GLONASS 三系统组合的可见卫星数为 16～18 颗;其中 BDS 单系统 PDOP 值在 6～7,GPS 单系统 PDOP 值出现了部分大于 10 的时段,而其他卫星导航系统之间的组合 PDOP 值基本都小于 4。高度截止角为 45°时,BDS 和 GPS 单系统均存在大量可见卫星小于 4 颗的时段,而 GPS/BDS 组合可见卫星数依然在 7～8 颗,BDS/GPS/GLONASS 三系统组合的可见卫星数依然可以达到 12 颗以上,并且它们的 PDOP 值仍然小于 5。由此可见,不同 GNSS 多系统组合姿态测量时可见卫星明显增多,观测量也随之增加,卫星观测几何结构强度明显得到增强,这也证实了组合导航系统能够在遮挡严重等的复杂环境下满足定位测姿的高精度、高可靠性的要求。

由图 8.11 还可以看到,随着高度截止角的增大,6 种方案的可见卫星数均随之减少,且 PDOP 值均不断变大。这也说明观测环境越复杂,卫星遮挡越严重,那么基于 GNSS 的定位测姿的精度越低,误差越大。

### 3. 模糊度固定效果

为了评估不同卫星导航系统及其组合系统在受遮挡环境下的模糊度解算性能,对时段五和时段六中的主基线 $AB$ 和辅基线 $AC$ 在不同高度截止角情况下6种方案的单历元模糊度固定率(ratio=3)分别进行了统计,见表8.8及表8.9。

表8.8　时段五不同高度截止角条件下6种方案整周模糊度固定率统计　单位:%

| 高度截止角 | 基线 | 模糊度固定率 | | | | | |
|---|---|---|---|---|---|---|---|
| | | B | G | G+B | R+B | G+R | B+G+R |
| 15° | $AB$ | 99.9 | 100 | 99.9 | 99.9 | 100 | 99.9 |
| | $AC$ | 100 | 100 | 100 | 100 | 100 | 100 |
| 30° | $AB$ | 100 | 95.4 | 100 | 100 | 100 | 100 |
| | $AC$ | 100 | 92.4 | 100 | 100 | 100 | 100 |
| 45° | $AB$ | 94.4 | 83.8 | 100 | 100 | 77.3 | 100 |
| | $AC$ | 79.5 | 68.9 | 100 | 99.7 | 69.0 | 100 |

表8.9　时段六不同高度截止角条件下6种方案整周模糊度固定率统计　单位:%

| 高度截止角 | 基线 | 模糊度固定率 | | | | | |
|---|---|---|---|---|---|---|---|
| | | B | G | G+B | R+B | G+R | B+G+R |
| 15° | $AB$ | 100 | 100 | 100 | 100 | 100 | 100 |
| | $AC$ | 99.7 | 100 | 99.8 | 99.7 | 100 | 100 |
| 30° | $AB$ | 100 | 99.8 | 100 | 100 | 100 | 100 |
| | $AC$ | 100 | 98.4 | 100 | 100 | 100 | 100 |
| 45° | $AB$ | 99.8 | 77.0 | 100 | 97.8 | 57.9 | 100 |
| | $AC$ | 98.0 | 5.3 | 100 | 97.4 | 37.4 | 100 |

数据处理时发现,当高度截止角为45°时,采用BDS单系统(方案一)处理时段五的基线 $AB$ 和基线 $AC$ 的有效历元数(能进行单点定位解)下降至1599(73.7%),相应的时段六两条基线有效历元数降至450(21.3%);采用GPS单系统(方案二)处理时段五的基线 $AB$ 和基线 $AC$ 的有效历元数下降至499(23%),相应的时段六两条基线有效历元数降至113(5.4%);其他方案均保持100%的有效历元数。说明GPS和BDS单系统无法完成所有时刻的基线解算,因而造成其姿态解算的可用率极低。

以上计算结果表明:

(1)当高度截止角为15°时,6种方案单历元整周模糊度解算的固定率均达到100%;而当高度截止角增大时,BDS和GPS模糊度固定率均迅速降低,且GPS模糊度固定率降低速度远大于BDS,并且GLONASS/BDS组合单历元模糊度固定率均高于GPS/GLONASS组合。这是因为在郑州地区这两个时段观测到的GPS卫星的高度角较低,随着高度截止角的增大,部分GPS卫星不再可见,可视卫星数迅速减少,从而导致卫星几何强度显著减弱。

　　(2)GPS/BDS 组合和 BDS/GPS/GLONASS 组合单历元模糊度固定率均高于 BDS 或 GPS 单系统或其他双系统组合,且随着高度截止角的增大,改善更明显。即使当高度截止角达到 45°时,GPS/BDS 组合和 BDS/GPS/GLONASS 组合单历元模糊度固定率依然达到 100%。由此可见,GPS/BDS 组合和 BDS/GPS/GLONASS 组合对单历元的模糊度解算的可用性和可靠性具有显著贡献,也说明 GPS/BDS 双组合和 BDS/GPS/GLONASS 三系统组合将改善 GNSS 单系统定位应用在城市峡谷等复杂观测条件下的性能,从而可以拓展基于 GNSS 定位测姿的应用领域。

### 4. BDS/GPS/GLONASS 组合姿态测量结果分析

　　对于时段五和时段六的数据,高度截止角分别为 15°、30° 和 45° 时 6 种方案姿态角(航向角、俯仰角和横滚角)测量结果对比分别如图 8.12、图 8.13 和图 8.14 所示。在图中可以直观地看到,随着高度截止角的增大,BDS 或 GPS 单系统、GLONASS/BDS 和 GPS/GLONASS 组合姿态测量的误差越来越大,当高度截止角为 45°时,它们大多数历元的姿态角误差变得很大,基本不能满足载体姿态测量的要求。而 GPS/BDS 组合与 BDS/GPS/GLONASS 组合始终能保持较高的姿态角输出精度,因此可以认为 GPS/BDS 组合和 BDS/GPS/GLONASS 组合可以有效提高 GNSS 姿态测量的可靠性,即使在复杂观测条件下,仍能满足一定精度姿态测量的要求。

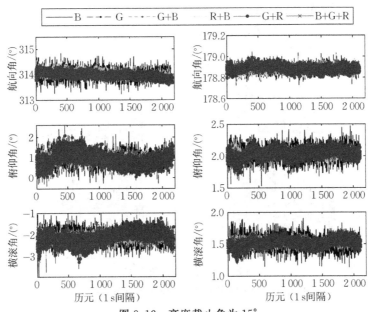

图 8.12　高度截止角为 15°
时段五(左)和时段六(右)6 种方案姿态测量结果

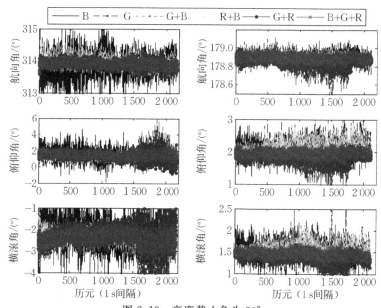

图 8.13    高度截止角为 30°
时段五(左)和时段六(右)6 种方案姿态测量结果

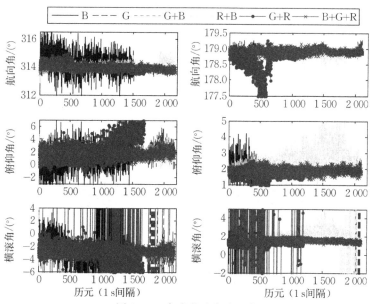

图 8.14    高度截止角为 45°
时段五(左)和时段六(右)6 种方案姿态测量结果

    图 8.12、图 8.13 和图 8.14 分别给出了高度截止角为 15°、30°和 45°时 6 种方案姿态测量结果,由这 3 个图可以直观地看到,高度截止角为 15°时,不论 BDS 或

GPS 单系统进行姿态测量还是 BDS、GPS 和 GLONASS 系统之间的组合进行姿态测量,都能得到可靠且稳定的姿态结果。随着高度截止角的增大,BDS 或 GPS 单系统姿态测量的结果误差迅速增大,而 GPS/BDS 组合以及 BDS/GPS/GLONASS 组合的姿态测量结果始终保持较高的稳定性。图 8.12、图 8.13 和图 8.14 直观地反映了 GPS/BDS 组合和 BDS/GPS/GLONASS 组合姿态测量相比 BDS 或 GPS 单系统姿态测量在结果可靠性与可用性方面具有明显的优势。

　　表 8.10 对 6 种方案单历元姿态测量的姿态成功率进行了统计。可以看到,当高度截止角为 15°或 30°时,6 种方案的姿态成功率均可达到或接近 100%,说明基于 GNSS 的单历元姿态测量在观测条件良好的情况下具有较强的可用性。而当高度截止角增大到 45°时,可以看到 BDS 或 GPS 单系统姿态成功率迅速降低,GPS 单系统甚至仅有 4.1% 的历元有效。然而不同 GNSS 之间进行组合后的姿态成功率保持在较高水平,GPS/BDS 组合和 BDS/GPS/GLONASS 组合始终保持 100% 的姿态成功率,说明 GPS/BDS 和 BDS/GPS/GLONASS 两种组合模式在复杂观测条件依然保持很高的可用性。

表 8.10　不同高度截止角条件下 6 种方案单历元姿态测量的姿态成功率　单位:%

| 数据时段 | 高度截止角 | 成功率 | | | | | |
|---|---|---|---|---|---|---|---|
| | | B | G | G+B | R+B | G+R | B+G+R |
| 时段五 | 15° | 100 | 100 | 100 | 100 | 100 | 100 |
| | 30° | 100 | 95.4 | 100 | 100 | 100 | 100 |
| | 45° | 69.6 | 19.3 | 100 | 99.9 | 77.3 | 100 |
| 时段六 | 15° | 100 | 100 | 100 | 100 | 100 | 100 |
| | 30° | 100 | 99.8 | 100 | 100 | 100 | 100 |
| | 45° | 21.3 | 4.1 | 100 | 99.7 | 56.7 | 100 |

　　下面具体量化地分析不同高度截止角情况下 6 种方案姿态测量结果的精度。首先统计高度截止角 15°时两个时段中各自 6 种方案姿态测量结果的标准差,分别如表 8.11 和表 8.12 所示。通过表中计算结果可知,当高度截止角为 15°时,对于时段五中的 1 m 基线,单系统(GPS 和 BDS)的单历元姿态测量可以达到航向角约 0.2°、俯仰角和横滚角约 0.4°的精度,GLONASS/BDS 组合和 GPS/GLONASS 组合对姿态角精度有所改善,但改善并不明显,而 GPS/BDS 双系统组合及 BDS/GPS/GLONASS 三系统组合的单历元姿态测量可以提高到航向角约 0.1°、俯仰角和横滚角约 0.2°的精度,提高了近一倍,体现出多系统组合的优势。而在时段六中,6 种方案均可以达到航向角 0.05°以内、俯仰角和横滚角精度约 0.1°的精度,这是由于时段六基线长度比时段五的长,因而得到更高精度的姿态角。

表 8.11　时段五高度截止角 15°时 6 种方案姿态测量结果误差数学统计　单位:(°)

| 姿态角 | | B | G | G+B | R+B | G+R | B+G+R |
|---|---|---|---|---|---|---|---|
| 航向角 | 最大值 | 0.900 | 0.500 | 0.400 | 0.600 | 0.400 | 0.400 |
| | 中误差 | 0.239 | 0.122 | 0.109 | 0.151 | 0.117 | 0.104 |
| 俯仰角 | 最大值 | 1.210 | 1.360 | 1.020 | 0.830 | 1.150 | 0.770 |
| | 中误差 | 0.370 | 0.433 | 0.251 | 0.244 | 0.339 | 0.222 |
| 横滚角 | 最大值 | 1.320 | 1.400 | 0.900 | 1.100 | 1.100 | 1.000 |
| | 中误差 | 0.357 | 0.328 | 0.218 | 0.236 | 0.299 | 0.207 |

表 8.12　时段六高度截止角 15°时 6 种方案姿态测量结果误差数学统计　单位:(°)

| 姿态角 | | B | G | G+B | R+B | G+R | B+G+R |
|---|---|---|---|---|---|---|---|
| 航向角 | 最大值 | 0.200 | 0.100 | 0.100 | 0.200 | 0.100 | 0.100 |
| | 中误差 | 0.042 | 0.037 | 0.026 | 0.034 | 0.029 | 0.023 |
| 俯仰角 | 最大值 | 0.500 | 0.440 | 0.270 | 0.260 | 0.300 | 0.220 |
| | 中误差 | 0.124 | 0.112 | 0.072 | 0.066 | 0.074 | 0.057 |
| 横滚角 | 最大值 | 0.770 | 0.330 | 0.200 | 0.190 | 0.290 | 0.160 |
| | 中误差 | 0.120 | 0.102 | 0.058 | 0.059 | 0.067 | 0.047 |

　　为了进一步分析 GPS/BDS 组合与 BDS/GPS/GLONASS 组合在城市峡谷等复杂环境下姿态测量精度的可靠性,表 8.13 和表 8.14 分别对高度截止角为 30°和 45°时两个时段方案三(GPS/BDS)和方案六(BDS/GPS/GLONASS)计算的姿态结果误差进行了数学统计。

表 8.13　高度截止角 30°时方案三与方案六姿态测量结果误差数学统计　单位:(°)

| 数据时段 | 姿态角 | G+B | | B+G+R | |
|---|---|---|---|---|---|
| | | 最大值 | 中误差 | 最大值 | 中误差 |
| 时段五 | 航向角 | 0.900 | 0.126 | 0.700 | 0.096 |
| | 俯仰角 | 2.500 | 0.397 | 1.900 | 0.296 |
| | 横滚角 | 1.600 | 0.346 | 1.500 | 0.268 |
| 时段六 | 航向角 | 0.500 | 0.034 | 0.300 | 0.030 |
| | 俯仰角 | 0.600 | 0.098 | 0.500 | 0.089 |
| | 横滚角 | 0.600 | 0.075 | 0.600 | 0.070 |

表 8.14　高度截止角 45°时方案三与方案六姿态测量结果误差数学统计　单位:(°)

| 数据时段 | 姿态角 | G+B | | B+G+R | |
|---|---|---|---|---|---|
| | | 最大值 | 中误差 | 最大值 | 中误差 |
| 时段五 | 航向角 | 0.800 | 0.182 | 0.600 | 0.141 |
| | 俯仰角 | 2.400 | 0.711 | 2.400 | 0.630 |
| | 横滚角 | 2.000 | 0.589 | 1.600 | 0.505 |
| 时段六 | 航向角 | 0.300 | 0.078 | 0.300 | 0.071 |
| | 俯仰角 | 0.700 | 0.197 | 0.600 | 0.179 |
| | 横滚角 | 0.700 | 0.162 | 0.500 | 0.161 |

从表 8.13 和表 8.14 计算结果可知：

（1）当高度截止角为 30°时，时段五中采用 GPS/BDS 组合或 BDS/GPS/GLONASS 组合进行姿态测量可以得到航向角 0.1°左右、俯仰角和横滚角 0.3°左右的精度；而时段六中由于基线长度较长，其相应的航向角、俯仰角和横滚角测量精度均在 0.1°以内。

（2）高度截止角增大到 45°时，时段五中采用 GPS/BDS 组合或 GPS/BDS/GLONASS 组合进行姿态测量依然可以得到航向角 0.2°左右、俯仰角和横滚角 0.8°左右的精度，而时段六中相应的姿态角测量精度分别为 0.1°左右和 0.2°左右。说明 GPS/BDS 组合或 GPS/BDS/GLONASS 组合特别适用于高楼、峡谷等受遮挡严重的复杂环境下的姿态测量，姿态精度稳定且可靠。

（3）结合表 8.11、表 8.12、表 8.13 和表 8.14 可知，不论高度截止角是 15°、30°还是 45°，GPS/BDS 双系统组合和 BDS/GPS/GLONASS 三系统组合进行姿态测量的精度基本处于同一水平，但 BDS/GPS/GLONASS 三系统组合的测姿精度略优。

以上分析结果表明，GPS/BDS 组合或 BDS/GPS/GLONASS 组合特别适用于高楼、峡谷等受遮挡严重的复杂环境下姿态测量，姿态精度稳定且可靠，而且通过 GPS/BDS 组合或 BDS/GPS/GLONASS 组合的观测数据进行姿态测量，其结果保持较高的可用率。因此，GPS/BDS 组合与 BDS/GPS/GLONASS 组合，在城市高楼、峡谷、树木遮挡等复杂条件和环境下，对提高 BDS 或 GPS 单系统单历元姿态测量的可用性与可靠性，进而拓展 GNSS 姿态测量的应用领域具有重要意义。

### 8.5.2　动态跑车实验

为了进一步分析在城市高楼、树木遮挡等动态环境下 GNSS 多系统组合姿态测量的可用性及可靠性，本小节进行两组城市地区实测跑车实验，GNSS 多系统组合基线解算的过程中采用附加固定基线长度约束的 LAMBDA 算法进行模糊度解算，最终通过直接法计算跑车姿态参数，从而分析 GNSS 多系统组合姿态测量在复杂动态环境下的精度、稳定性、可用性和可靠性。

#### 1. 测试一

本小节的动态跑车测试于 2015 年 11 月 19 日在郑州市某高新区进行，利用 4 台司南 M300 Pro GPS/BDS/GLONASS 三系统八频接收机（天线型号：AT 330）进行数据采集。其中接收机 A、B 的天线沿汽车前进轴方向放置（A 在后，B 在前），接收机 C 的天线沿汽车横轴方向放置（A 在左，C 在右）。即天线 A、B、C 采用了图 8.10 所示的三天线正交配置，将其固定于车顶平面上，基线 AB 长度为 1.764 m，基线 AC 长度为 0.952 m。假设汽车为刚性载体，则天线之间的相对位置固定不变,以天线 A 的中心为载体坐标系原点。在跑车附近某实验楼楼顶设置了一台基准站接收机 O,与其他 3 台接收机同时接收卫星数据,基准站接收机天线与跑车载体上的接收机天线构成一个 GNSS 基线网。车载实验场景及 GNSS 天线放置如图 8.15 所示。测试过程中数据采样率为 1 s,高度截止角设置为 15°,测试一共收集了 1 213 个历元的 GPS/BDS/GLONASS 三系统八频动态数据。通过 8.5.1 小节中的 6 种组合方案分别采用附加固定基线长度约束的 LAMBDA 算法进行模糊度解算从而获得所有基线解,并对基线结果利用三维无约束平差方法进行单历元平差,最后通过直接法计算姿态角,并对 6 种方案的姿态测量结果进行对比分析。

图 8.15    车载实验场景及 GNSS 天线放置示意

测试一动态跑车测试时段汽车在某校园环道内以约 20 km/h 的速度行进,跑车过程中,道路两旁树木较多,且高楼林立。测试一跑车路径如图 8.16 所示,跑车过程大致方向及时间点列举如表 8.15 所示。

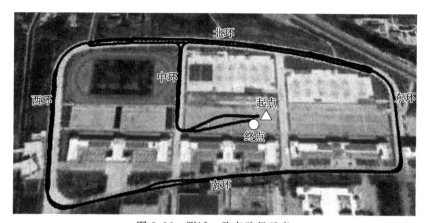

图 8.16    测试一跑车路径示意

表 8.15　测试一跑车实验时间点记录

| 时间点<br>(UTC 时间:hh:mm:ss) | 汽车行动 |
| --- | --- |
| 04:17:48 | 汽车启动由起点出发向西行驶 |
| 04:18:26 | 右拐进入中环向北行驶 |
| 04:18:56 | 中环最北端右拐进入北环向东行驶 |
| 04:19:55 | 北环最东端调头向西行驶 |
| 04:21:25 | 北环最西端调头向东行驶 |
| 04:22:41 | 北环最东端调头向西行驶 |
| 04:24:05 | 北环最西端左转进入西环向南行驶 |
| 04:24:44 | 西环最南端左转进入南环向东行驶 |
| 04:26:17 | 南环最东端左转进入东环向北行驶 |
| 04:26:51 | 东环最北端左转进入北环向西行驶 |
| 04:28:22 | 北环最西端左转进入西环向南行驶 |
| 04:29:02 | 西环最南端左转进入南环向东行驶 |
| 04:30:33 | 南环最东端左转进入东环向北行驶 |
| 04:31:05 | 东环最北端左转进入北环向西行驶 |
| 04:32:37 | 北环最西端左转进入西环向南行驶 |
| 04:33:18 | 西环最南端左转进入南环向东行驶 |
| 04:34:45 | 南环最东端左转进入东环向北行驶 |
| 04:35:12 | 东环最北端左转进入北环向西行驶 |
| 04:36:40 | 北环最西端调头向东行驶 |
| 04:37:06 | 北环中端右转进入中环向南行驶 |
| 04:37:40 | 中环左转向东行驶回到起点 |
| 04:38:00 | 汽车熄火停靠在起点 |

　　首先分析测试一跑车过程中的卫星观测性能。以基线 $AB$ 为例,测试一动态跑车过程中共视卫星数目如图 8.17 所示。从图中可以看出,在 UTC 时间 04:18、04:22 和 04:37 左右以及 04:25 到 04:35 之间,由于汽车行进于高楼之间,遮挡严重,6 种组合方案的共视卫星数均出现小于 4 的情形,因而相应历元无法完成基线解算。通过 BDS、GPS 和 GLONASS 之间的组合系统,跑车过程中能够保持较多的卫星数目可视,而且它们小于 4 的历元数目明显少于 BDS 或 GPS 单系统。其中 BDS/GPS/GLONASS 组合系统在跑车过程中共视卫星数大多在 12～22 颗,因此整个跑车过程中大多数历元可实现基线解算,进而完成姿态求解,由此可见 BDS/GPS/GLONASS 组合可以有效增强在复杂观测条件下姿态测量的可用性。

　　为了评估不同模式下的单历元模糊度解算性能,表 8.16 统计了 6 种方案各自 6 条基线解算的模糊度固定率(ratio=3)。可以看到,动态跑车过程中,由于高楼、树木等遮挡,BDS 或 GPS 单系统的所有 6 条基线的单历元模糊度固定率都不是很高,都在 90% 以下,而通过 BDS、GPS 和 GLONASS 之间的组合,可以有效地改善基线解算的单历元模糊度固定率,其中 BDS/GPS/GLONASS 三系统组合所有 6 条基线的单历元模糊度固定率均在 90％以上。此外还可以看到,以基准站 $O$ 为起点的基线 $OA$、$OB$、$OC$ 的模糊度固定率普遍高于汽车载体平面的基线($AB$、$AC$、$BC$),这是由于基准站 $O$ 位于某高楼楼顶,视野空旷,共视卫星数目相对也较多,因而有利于整周模糊度解算。

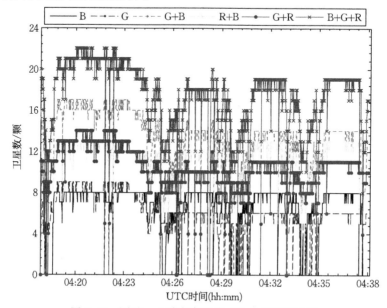

图 8.17   测试一 6 种方案基线 $AB$ 共视卫星数目

表 8.16   测试一 6 种方案基线解算单历元模糊度固定率          单位:％

| 基线 | 模糊度固定率 | | | | | |
| --- | --- | --- | --- | --- | --- | --- |
| | B | G | G+B | R+B | G+R | B+G+R |
| $OA$ | 84.8 | 81.7 | 91.6 | 89.2 | 88.7 | 96.1 |
| $OB$ | 88.1 | 86.4 | 95.6 | 91.3 | 91.5 | 95.9 |
| $OC$ | 87.3 | 84.6 | 94.4 | 90.2 | 91.2 | 94.7 |
| $AB$ | 80.7 | 78.5 | 89.1 | 82.0 | 81.6 | 91.2 |
| $AC$ | 79.3 | 72.2 | 89.5 | 82.9 | 80.9 | 91.6 |
| $BC$ | 83.5 | 83.3 | 89.1 | 86.5 | 84.7 | 92.1 |

为了验证§8.4 中介绍的基线网三维无约束平差在动态测试中的可用性,表 8.17 对测试一 6 种方案基线结果三维无约束平差前后进行姿态解算的有效历元数分别进行了统计。由表 8.17 可以看到,经过基线网单历元三维无约束平差后,6 种方案的姿态解算成功率都得到了提高,这是由于充分利用了基线网内其他基线的信息得到主基线 $AB$ 和辅基线 $AC$ 更精确的结果,从而获得更可靠的姿态角结果,这也进一步证明了三维无约束平差可以有效提高基于 GNSS 姿态测量的

可用性。经过三维无约束平差后,BDS 和 GPS 单系统单历元姿态解算的成功率仍然仅为 83.9％和 76.3％,这是由于复杂观测条件下单系统卫星遮挡严重;而平差后 GPS/BDS 组合和 BDS/GPS/GLONASS 组合的单历元姿态解算成功率分别达到了 96.9％和 99.7％,证明 GPS/BDS 组合和 BDS/GPS/GLONASS 组合可以有效改善 BDS 或 GPS 单系统姿态测量的可用性和可靠性,其中 BDS/GPS/GLONASS 组合的改善效果更佳。

表 8.17　测试一 6 种方案基线平差前后进行姿态解算的有效历元统计

| 方案 | | B | G | G+B | R+B | G+R | B+G+R |
|---|---|---|---|---|---|---|---|
| 平差前 | 有效历元数/个 | 985 | 889 | 1 066 | 1 012 | 991 | 1 099 |
| | 姿态成功率/％ | 81.2 | 73.3 | 87.9 | 83.4 | 81.7 | 90.6 |
| 平差后 | 有效历元数/个 | 1 018 | 925 | 1 176 | 1 128 | 1 029 | 1 209 |
| | 姿态成功率/％ | 83.9 | 76.3 | 96.9 | 93.0 | 84.8 | 99.7 |

利用 6 种方案求得的所有 6 条基线经过单历元三维无约束平差获得基线 $AB$ 和 $AC$ 的平差解,再通过直接法求解姿态角,结果如图 8.18 所示。由于测试一动态跑车过程中没有一个外部基准,即精确的姿态角信息无法得到,这里结合跑车过程中的实际运动情况和固定基线长度的测量误差来评价基于 GNSS 的姿态测量性能。结合相应的时间点记录表 8.15,可知图 8.18 中姿态计算结果与跑车实际的运动轨迹是相符的。

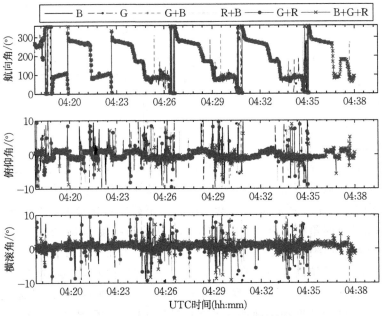

图 8.18　测试一 6 种方案姿态测量结果

　　图 8.19 给出了 6 种方案对固定于跑车载体平面的基线 $AB$ 测量误差序列(平差后),结合表 8.18 中测试一 6 种方案基线 $AB$ 测量误差数学统计,可知 BDS、GPS 单系统基线测量均方根误差分别为 0.034 m 和 0.043 m,而通过 BDS、GPS 和 GLONASS 之间的组合可以有效减小基线测量均方根误差,其中 GPS/BDS 组合和 BDS/GPS/GLONASS 组合可以分别提高到 0.022 m 和 0.016 m,提高了近一倍。

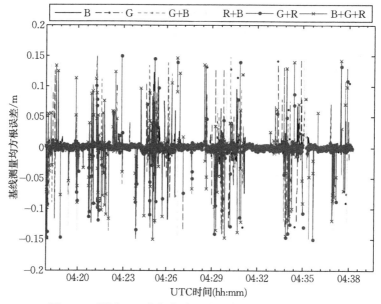

图 8.19　测试一 6 种方案平差后基线 $AB$ 测量误差序列

表 8.18　测试一 6 种方案平差后基线 $AB$ 测量误差数学统计　　　　单位:m

| 基线长度误差 | B | G | G+B | R+B | G+R | B+G+R |
|---|---|---|---|---|---|---|
| 最大值 | 0.144 7 | 0.144 3 | 0.139 8 | 0.153 2 | 0.149 2 | 0.138 9 |
| 中误差 | 0.034 | 0.043 | 0.022 | 0.031 | 0.039 | 0.016 |

### 2.测试二

　　本小节的动态跑车数据于 2015 年 12 月 8 日采集,实验地点、场景、GNSS 天线设置以及数据处理策略与测试一相同,测试二数据总历元数为 2 116 个。相比测试一,测试二汽车上还放置了一套 Trimble 车载定位定姿系统(POS LV 220. Applanix),其航向角精度为 0.025°,俯仰角、横滚角精度为 0.02°,其精度与通常 GNSS 姿态测量系统的精度相比,高出一个数量级,因而可以用来作为 GNSS 多系统组合姿态测量系统的姿态角真值。测试二跑车过程中车载定位定姿系统 POS LV 220. Applanix 与 GNSS 接收机同步对跑车过程进行测试,进而用来验证 GNSS 姿态测量的精度和正确性。下文仅针对 BDS 三频(B1/B2/B3)、GPS/BDS 组合以及 BDS/GPS/GLONASS 组合 3 种方案的情况进行精度分析。

测试二动态跑车轨迹如图 8.20 所示。测试二跑车过程分为两个时段：第一时段约 10 min，为汽车静止时段；第二时段约 25 min，为动态跑车时段。汽车静止时段将汽车停在空旷地带，与惯性导航同步采集数据，最终通过处理这段数据来消除车载 GNSS 姿态测量系统与惯性导航姿态测量系统之间因为系统轴向差异而造成的系统误差。

图 8.20    测试二跑车路径示意

本小节的实验采用了 Trimble 车载定位定姿系统作为基准，因而这里以同步的 Trimble 车载定位定姿系统姿态角输出为真值，得到 3 种方案基线网三维无约束平差后基线结果进行单历元姿态解算的误差序列（删除模糊度固定错误历元），如图 8.21 所示。其相应的单历元姿态解算结果误差统计结果如表 8.19 所示。

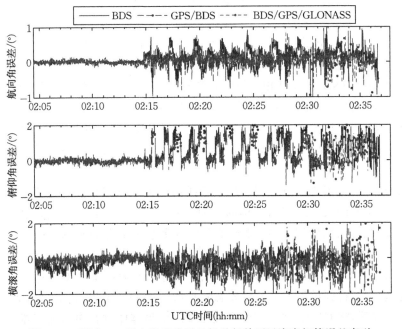

图 8.21    测试二 3 种方案基线平差解进行单历元姿态解算误差序列

表8.19　测试二3种方案基线平差后单历元姿态解算的误差统计

单位:(°)

| 姿态角 | BDS | | GPS/BDS | | BDS/GPS/GLONASS | |
|---|---|---|---|---|---|---|
| | 最大值 | 中误差 | 最大值 | 中误差 | 最大值 | 中误差 |
| 航向角 | 0.960 | 0.247 | 0.887 | 0.146 | 0.848 | 0.130 |
| 俯仰角 | 1.998 | 0.649 | 1.598 | 0.474 | 1.479 | 0.422 |
| 横滚角 | 1.997 | 0.582 | 1.466 | 0.435 | 1.412 | 0.359 |

需要指出的是,UTC时间02:04到02:14之间汽车处于空旷地域静止状态,卫星基本不存在受遮挡的情况,因而其误差变化幅度比后半段的数据小得多,精度更稳定。通过以上姿态解算误差统计结果可以看出,在动态跑车过程中,BDS单系统可以获得航向角约0.2°、俯仰角和横滚角约0.6°的姿态精度,而GPS/BDS组合和BDS/GPS/GLONASS组合对应的姿态角误差分别降低到0.146°、0.474°、0.435°和0.130°、0.422°、0.359°,其中BDS/GPS/GLONASS组合的改善效果稍好,但优势并不明显。结果表明,通过GPS/BDS组合和BDS/GPS/GLONASS组合进行姿态测量可以有效改善BDS单系统姿态测量的精度,因此GPS/BDS组合和BDS/GPS/GLONASS组合可以有效提高BDS单系统姿态测量的精度和可靠性。

## §8.6　本章小结

本章系统地介绍了GNSS多系统组合姿态测量的基本理论与方法,并通过算例进行了实验分析。基于前面讨论的GNSS姿态测量的理论与方法,本章对基于BDS、GPS、GLONASS及其相应组合系统进行姿态测量的性能进行了初步评估,主要包括不同高度截止角情形下不同卫星导航系统及其组合姿态测量模式下的卫星观测性能、模糊度固定效果和测姿结果精度评估等,并通过两次城市地区车载动态实验进一步评估基于GNSS多系统姿态测量在复杂动态环境下的可用性和可靠性。

(1)充分利用姿态测量系统中超短基线的前提下基线信息可以提前预知的优势,可将固定基线长度约束与经典的LAMBDA算法相结合从而实现载波相位整周模糊度的有效、准确固定,这对增强GNSS多系统组合姿态测量的有效性和可靠性具有重大意义。

(2)在GNSS多系统组合姿态系统中,可将三维无约束平差应用于多个天线组成的基线网,得到单历元平差后姿态测量所需的基线结果,进而求得姿态参数。实验算例表明,将GNSS多系统组合观测基线结果整体进行单历元三维无约束平差后,每条基线结果精度更加均衡,所有时刻的观测数据均可以达到100%的可用率。同时使用平差后基线结果进行姿态解算也能够有效地增强 GNSS 多系统组合姿态测量结果的可靠性以及姿态测量的可用性。

(3)GNSS 多系统组合姿态测量可明显增加复杂观测环境下可见卫星数目,明显增强卫星观测几何结构强度。尤其是在大高度截止角情形下,BDS/GPS/GLONASS 组合的可见卫星数依然可以达到 12 颗以上,并且它们的 PDOP 值依然小于 5,理论上证明了 BDS/GPS/GLONASS 组合能够在遮挡严重等复杂环境下满足定位测姿的高精度、高可靠性的要求。

(4)GPS/BDS 组合和 BDS/GPS/GLONASS 组合可显著改善 BDS 或 GPS 单系统单历元模糊度固定率、姿态解算成功率和姿态角的精度。在高度截止角为 15°时,GPS/BDS 组合和 BDS/GPS/GLONASS 组合相对于 BDS 或 GPS 单系统单系统姿态测量,其精度可提高近一倍。即使在大高度截止角情形下或复杂城市环境下,GPS/BDS 组合和 BDS/GPS/GLONASS 组合依然能保持可靠的模糊度固定率和姿态解算成功率,且保持较高的姿态角精度。因此,GPS/BDS 组合和 BDS/GPS/GLONASS 组合将显著改善目前 BDS 或 GPS 单系统姿态测量在城市峡谷等复杂观测环境下的可用性与可靠性,进而拓展 GNSS 姿态测量的应用领域。

# 参考文献

曹冲,2013.全球导航卫星系统体系发展趋势探讨[J].导航定位学报,1(1):72-77.

陈俊勇,2010.GPS技术进展及其现代化[J].大地测量与地球动力学,30(3):1-4.

段举举,沈云中,2012.GPS/GLONASS组合静态相位相对定位算法[J].测绘学报,41(6):825-830.

范建军,王飞雪,2007.一种短基线GNSS的三频模糊度解算(TCAR)方法[J].测绘学报,36(1):43-49.

付梦印,邓志红,闫莉萍,2010.Kalman滤波理论及其在导航系统中的应用[M].北京:科学出版社.

高星伟,过静珺,程鹏飞,等,2012.基于时空系统统一的北斗与GPS融合定位[J].测绘学报,41(5):743-748.

高星伟,李毓麟,葛茂荣,2004.GPS/GLONASS相位差分的数据处理方法[J].导航定位学报,29(2):22-24.

高源骏,2011.GPS测姿算法与天线布局研究[D].哈尔滨:哈尔滨工程大学.

何海波,李金龙,郭海荣,等,2014.北斗/GPS双系统单频RTK模糊度解算性能分析[J].测绘科学与工程,34(1):50-54.

胡自全,何秀凤,刘志平,等,2012.GPS/GLONASS/GALILEO组合导航DOP值及可用性分析[J].全球定位系统,37(5):33-39.

黄令勇,宋力杰,王琰,等,2012.北斗三频无几何相位组合周跳探测与修复[J].测绘学报,41(5):763-768.

黄令勇,翟国君,欧阳永忠,等,2015.削弱电离层影响的三频TurboEdit周跳处理方法[J].测绘学报,44(8):840-847.

柯福阳,王庆,潘树国,2013.GPS/GLONASS周跳探测与修复方法[J].测绘科学技术学报,30(2):114-118.

李博峰,沈云中,周泽波,2009.中长基线三频GNSS模糊度的快速算法[J].测绘学报,38(4):296-301.

李鹤峰,党亚民,秘金钟,等,2013.BDS与GPS、GLONASS多模融合导航定位时空统一[J].大地测量与地球动力学,33(4):73-78.

李金龙,2015.北斗/GPS多频实时精密定位理论与算法[J].测绘学报,44(11):1297-1297.

李金龙,杨元喜,徐君毅,等,2011.基于伪距相位组合实时探测与修复GNSS三频非差观测数据周跳[J].测绘学报,40(6):717-722.

李学逊,1994.GPS相位观测值中周跳的探测与修复[J].武测科技(3):14-21

李征航,2013.GPS测量与数据处理[M].武汉:武汉大学出版社.

李征航,张小红,2009. 卫星导航定位新技术及高精度数据处理方法[M].武汉:武汉大学出版社.

刘基余,2008.GPS卫星导航定位原理与方法[M].北京:科学出版社.

刘建业,曾庆化,赵伟,等,2010. 导航系统理论与应用[M].西安:西北工业大学出版社.

宁津生,姚宜斌,张小红,2013.全球导航卫星系统发展综述[J].导航定位学报,1(1):3-8.

申俊飞,何海波,郭海荣,等,2012.三频观测量线性组合在北斗导航中的应用[J].全球定位系统,37(6):37-40.

宋超,郝金明,王兵浩,2015.基于DSP的GNSS实时高频姿态测量技术研究[J].全球定位系统,40(2):53-57.

王兵浩,2015. BDS/GPS姿态测量方法研究[D].郑州:解放军信息工程大学.

王霞迎,秘金钟,2013.GPS/BDS静态基线处理方法及其结果分析[J]. 导航定位学报,1(2):71-73.

王泽民,柳景斌,2003. Galileo卫星定位系统相位组合观测值的模型研究[J].武汉大学学报(信息科学版),28(6):723-727.

伍岳,付小林,李海军,等,2007. TCAR/MCAR方法在不同距离基线模糊度求解中的应用[J].武汉大学学报(信息科学版),32(2):172-175.

伍岳,郭金来,孟央,等,2006. GPS多频相位组合观测值的定位精度分析[J].武汉大学学报(信息科学版),31(12):1082-1085.

许国昌,2011.GPS理论、算法与应用[M].北京:清华大学出版社.

杨元喜,2006. 自适应动态导航定位[M].北京:测绘出版社.

杨元喜,李金龙,徐君毅,等,2011.中国北斗卫星导航系统对全球PNT用户的贡献[J].科学通报,56(21):1734-1740.

周巍,2013.北斗卫星导航系统精密定位理论方法研究与实现[D].郑州:解放军信息工程大学.

AL-SHAERY A, ZHANG S, RIZOS C,2013. An enhanced calibration method of GLONASS inter-channel bias for GNSS RTK[J]. GPS Solution, 17(2):165-173.

BANVILLE S, LANGLEY R B, 2009. Improving real-time kinematic PPP with instantaneous cycle-slip correction[C] //Proceedings of the 22th International Technical Meeting of the Satellite Division of The Institute of Navigation. Savannah: ION GNSS:2470-2478.

BANVILLE S,LANGLEY R B, 2012. Cycle-slip correction for single-frequency PPP[C]// Proceedings of the 25th International Technical Meeting of The Satellite Division of the Institute of Navigation. Nashville: ION GNSS:3753-3761.

CARCANAGUE S, 2012. Real-time geometry-based cycle slip resolution technique for single-frequency PPP and RTK[C]//Proceedings of the 25th International Technical Meeting of The Satellite Division of the Institute of Navigation. Nashville: ION GNSS:1136-1148.

COCARD M, BOURGON S, KAMALI O, et al, 2008. A systematic investigation of optimal carrier-phase combinations for modernized triple-frequency GPS[J]. Journal of Geodesy, 82 (9):555-564.

DAI L, ESLINGER D, SHARPE T, 2007. Innovative algorithms to improve long range RTK reliability and availability[C]// Proceedings of ION NTM 2007. San Diego:CA:860-872.

DENG C L, TANG W M, LIU J N, et al,2014. Reliable single-epoch ambiguity resolution for short baselines using combined GPS/BeiDou system[J]. GPS Solutions, 18(3): 375-386.

GIORGI G, 2011. GNSS carrier phase-based attitude determination: estimation and applications [D]. TU Delft: Delft University of Technology.

EULER H J, SCHAFFRIN B, 1991. On a measure for the discernibility between different ambiguity solutions in the static-kinematic GPS-mode[C]// Proceedings of Schwarz KP., Lachapelle G. (eds) Kinematic Systems in Geodesy, Surveying, and Remote Sensing. NewYork:Springer:285-295.

FENG Y,2008. GNSS three carrier ambiguity resolution using ionosphere-reduced virtual signals [J]. Journal of Geodesy, 82(12): 847-862.

FENG Y M,RIZOS C,2009. Geometry-based TCAR models and performance analysis[J].

FORESSELL B, MARTIN-NEIRA M, HARRIS R A,1997. Carrier phase ambiguity resolution in GNSS-2[C]//Proceedings of ION GPS-97. Kansas City:1727-1736.

HAN S, RIZOS C, 1996. Improving the computational efficiency of the ambiguity function algorithm[J]. Journal of Geodesy, 70(6): 330-341.

HATCH R, JUNG J, ENGE P, et al, 2000. Civilian GPS: the benefits if three frequencies[J]. GPS Solution, 3(4):1-9.

HAN S, RIZOS C, 1999. The impact of two additional civilian GPS frequencies on ambiguity resolution strategies[C]. Proceedings of 55th National Meeting U. S. Institute of Navigation. Cambridge: MA: 315-321.

HE H B, LI J L,YANG Y X,et al,2014. Performance assessment of single- and dual-frequency BeiDou/GPS single-epoch kinematic positioning[J]. GPS Solutions, 18(3):393-403.

HOFMANN W,LICHTENEGGER W,2008. GNSS—global navigation satellite systems:GPS, GLONASS,Galileo and more[M]. Berlin:Springe.

JI S, CHEN W, ZHAO C, et al,2007. Single epoch ambiguity resolution for Galileo with the CAR and LAMBDA methods[J]. GPS Solutions, 11(4):259-268.

JONKMAN N, 1998. The geometry-free approach to integer GPS ambiguity estimation[C]// Proceedings of International Technical Meeting of the Satellite Division of the Institute of Navigation. Nashville: ION GPS:369-379.

JUNG J, 1999. High integrity carrier phase navigation for future LAAS using multiple civilian

GPS signals[C]// Proceedings of the 1999 IEEE. Nashville: ION GPS.

JUNG J, ENGE P, PERVAN B, 2000. Optimization of cascade interger resolution with three civil GPS frequencies[C]// Proceedings of the 13th International Technical Meeting of The Satellite Division of the Institute of Navigation. Salt Lake City, UT:ION GPS:2191-2200.

LACY M C D, REGUZZONI M, FERNANDO S, 2012. Real-time cycle slipdetection in triple-frequency GNSS[J]. GPS Solution, 16(3):353-362.

LEICK A, 2004. GPS satellite surveying /-3rd ed[M]. New York: John Wiley.

LI B, FENG Y, SHEN Y, 2010. Three carrier ambiguity resolution: distance-independent performance demonstrated using semi-generated triple frequency GPS signals [J]. GPS Solutions, 14(2):177-184.

LI J L, Yang Y X Xu J Y, et al, 2012. Ionosphere-free combinations for triple-frequency GNSS with application in rapid ambiguity resolution over medium-long baselines[J].

LI X X, GE M R, DAI X L, et al, 2015. Accuracy and reliability of multi-GNSS real-time precise positioning: GPS, GLONASS, BeiDou, and Galileo[J]. Journal of Geodesy, 89(6): 607-635.

LIU Z Z, 2011. A new automated cycle slip detection and repair method for a single dual-frequency GPS receiver[J]. Journal of Geodesy, 85(3):171-183.

MONTENBRUCK O, HAUSCHILD A, STEIGENBERGER P,et al,2013. Initial assessment of the COMPASS/BeiDou-2 regional navigation satellite system[J]. GPS Solutions, 17(2): 211-222.

ODIJK D, TEUNISSEN P J G, 2013. Characterization of between-receiver GPS-Galileo inter-system biases and their effect on mixed ambiguity resolution[J], GPS Solution, 17 (4): 521-533.

ODIJK D, TEUNISSEN P J G, HUISMAN L, 2012. First results of mixed GPS + GIOVE single-frequency RTK in Australia[J]. Journal of Spatial Science, 57(1): 3-18.

ODOLINSKI R, TEUNISSEN P J G, ODIJK D, 2015. Combined BDS, Galileo, QZSS and GPS single-frequency RTK[J]. GPS Solution, 19(1):151-163.

RICHERT T, EI-SHEIMY N, 2007. Optimal linear combinations of triple frequency carrier phase data from future global navigation satellite sysytems[J]. GPS Solution, 11(1):11-19.

SAASTAMOINEN J, 1972. Contributions to the theory of atmospheric refraction[J]. Bulletin Geodesique, 105(1): 279-298.

SIMSKY A, 2016. Three's the Charm: Triple-frequency combinations in future GNSS[J]. Inside GNSS:38-41.

SHI C, ZHAO Q, HU Z, 2013. Precise relative positioning using real tracking data from COMPASS GEO and IGSO satellites[J]. GPS Solution,17(1): 103-119.

TANG W, DENG C, SHI C, et al, 2014. Triple-frequency carrier ambiguity resolution for BeiDou navigation satellite system[J]. GPS Solutions, 18(3):335-344.

TEUNISSEN P J G, 1997. The geometry-free GPS ambiguity search space with a weighted ionosphere[J]. Journal of Geodesy, 71(6):370-383.

TEUNISSEN P J G, 1998. Success probability of integer GPS ambiguity rounding and bootstrapping [J]. Journal of Geodesy, 72(10):606-612.

TEUNISSEN P J G, 1999. An optimality property of the integer least-squares estimator[J]. Journal of Geodesy, 73(11): 587-593.

TEUNISSEN P, JOOSTEN P, TIBERIUS C, 2002. A comparison of TCAR, CIR and LAMBDA GNSS ambiguity resolution[C]. Proceedings of the 15th International Technical Meeting of The Satellite Division of the Institute of Navigation. Portland: ION GPS: 2799-2808.

TIUNISSEN P J G, ODOLINSKI R, ODIJK D, 2014. Instantaneous BeiDou + GPS RTK positioning with high cut-off elevation angles[J]. Journal of Geodesy, 88(4):335-350.

URQUHART L, 2009. An analysis of multi-frequency carrier phase linear combinations for GNSS [C]// Proceedings of the 37th COSPAR Scientific Assembly.

VERHAGEN S, 2004. Integer ambiguity validation: an open problem? [J]. GPS Solution, 8(1): 36-43.

VOLLATH U, BIRNBOAH S, LANDAU L, et al, 1999. Analysis of three-carrier ambiguity resolution (TCAR) technique for precise relative positioning in GNSS-2 [J]. Navigation, 46 (1):13-23.

WANG K, ROTHACHER M, 2013. Ambiguity resolution for triplefrequency geometry-free and ionosphere-free combination tested with real data[J]. Journal of Geodesy, 87(6):539-553.

WANNINGER L, 2012. Carrier phase inter-frequency biases of GLONASS receivers[J]. Journal of Geodesy, 86(2):139-148.

XU D Y, KOU Y H, 2011. Instantaneous cycle slip detection and repairfor a standalone triple-frequency GPS receiver[C]. Proceedings of the 24th nternational Technical Meeting of the Satellite Division of The Institute of Navigation. Portland OR:3916-3922.

XU G, 2003. GPS: theory, algorithms and applications [M]. Berlin: Springer Publishing Company, Incorporated.

YAMANDA H, TAKASU T, KUBO N, et al, 2010. Evaluation and calibrationof receiver inter-channel biases for RTK-GPS/GLONASS [C]// Proceedings of the 23th International Technical Meeting of The Satellite Division of the Institute of Navigation. Portland: ION GNSS 1580-1587.

ZHANG X H, HE X Y, 2015. BDS triple-frequency carrier-phase linear combination models and their characteristics[J]. Science China Earth Sciences,58(6): 896-905.

ZHANG X H, LI X X, 2012. Instantaneous re-initialization in real-time kinematic PPP with cycle slip fixing[J]. GPS Solutions, 16(3):315-327.

ZHAO Q L, DAI Z, HU Z, et al, 2015a. Three-carrier ambiguity resolution using the modified TCAR method [J]. GPS Solution, 19(4):589-599.

ZHAO Q L, SUN B Z, DAI Z Q, et al,2015b. Real-time detection and repair of cycle slips in triple-frequency GNSS measurements[J]. GPS Solutions, 19(3):381-391.

ZHEN D, STEFAN K, OTMAR L, 2009. Instantaneous triple-frequency GPS cycle-slip detection and repair[J]. International Journal of Navigation and Observation:1-15.

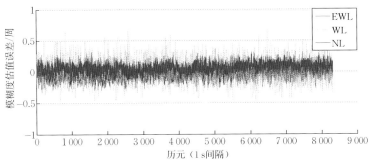

图 6.1  C02-C01(数据集 A)

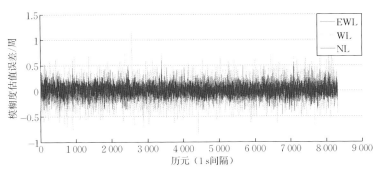

图 6.2  C04-C03(数据集 A)

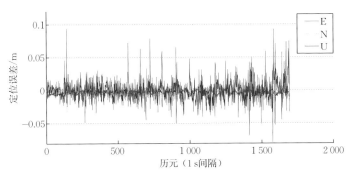

图 6.21  定位误差时序

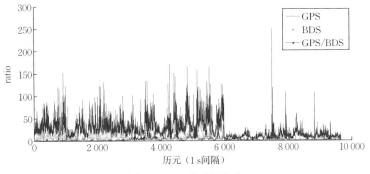

图 6.22  ratio 值时间序列

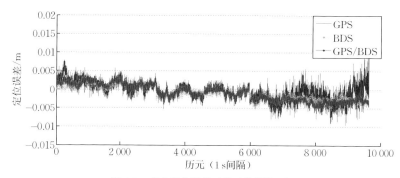

图 6.28 东向定位误差时序（数据集 A）

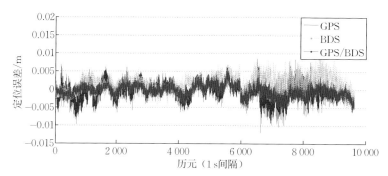

图 6.29 北向定位误差时序（数据集 A）

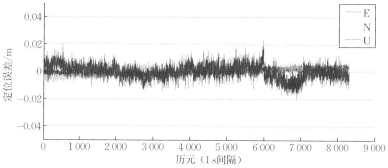

图 6.36 GLONASS/BDS 双频组合定位误差时间序列（数据集 A）

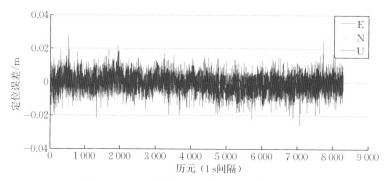

图 6.37 BDS 双频定位误差时间序列（数据集 A）

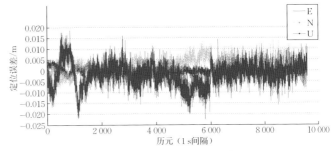

图 7.1 定位误差时序变化（数据集 $A$）

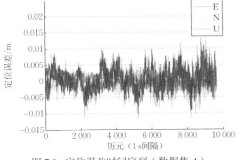

图 7.9 定位误差时间序列（数据集 $A$）

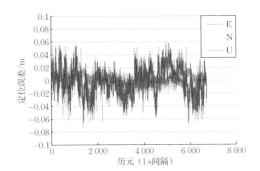

图 7.14 定位误差时间序列（数据集 $F$）

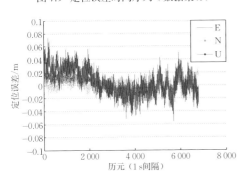

图 7.13 定位误差时间序列（数据集 $E$）

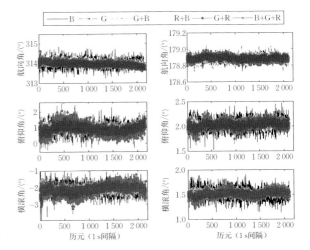

图 8.12 高度截止角为 15° 时段五（左）和
时段六（右）6 种方案姿态测量结果

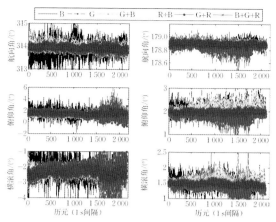

图 8.13 高度截止角为 30° 时段五（左）和时段六（右）
6 种方案姿态测量结果

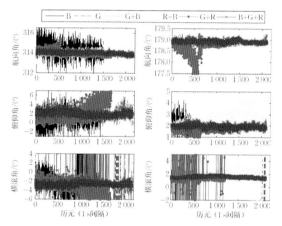

图 8.14 高度截止角为 45° 时段五（左）和时段六（右）
6 种方案姿态测量结果

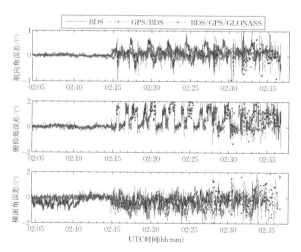

图 8.21 测试二 3 种方案基线平差解进行单历元姿态解算误差序列